"十四五"职业教育人工智能技术应用专业系列教材

智能制造技术与应用

孟广斐 周 苏◎主 编
朱 准 王 赟 周斌斌◎副主编

中国铁道出版社有限公司
CHINA RAILWAY PUBLISHING HOUSE CO., LTD.

内 容 简 介

本书针对职业院校学生的发展需求，较为系统、全面地介绍了智能制造的相关概念、理论与应用知识，内容包括制造概述、智能制造基础、信息物理系统（CPS）、CPS技术体系与应用体系、基于智能代理的智能制造、离散型和流程型智能制造、工业大数据思维、工业大数据运用、智能制造信息技术、智能制造装备技术、协同制造与个性化定制、智能制造生产管理、远程运维与智能服务、智能制造安全与法律等，可帮助学生扎实地打好智能制造的知识基础。教师和学生可依照学习进度与需求，选学相关内容。

本书适合作为高等职业教育院校、技师学院智能制造、人工智能、工业智能机器人等相关专业的教材，也可作为对人工智能、智能制造相关领域感兴趣的读者的自学参考用书。

图书在版编目（CIP）数据

智能制造技术与应用/孟广斐，周苏主编. —北京：
中国铁道出版社有限公司，2022.1
"十四五"职业教育人工智能技术应用专业系列教材
ISBN 978-7-113-28609-5

Ⅰ.①智… Ⅱ.①孟… ②周… Ⅲ.①智能制造系统-
职业-教育 Ⅳ.①TH166

中国版本图书馆CIP数据核字（2021）第247221号

书　　名：智能制造技术与应用
作　　者：孟广斐　周　苏

策　　划：汪　敏
责任编辑：汪　敏　彭立辉　　　　编辑部电话：（010）51873628
封面设计：郑春鹏
责任校对：焦桂荣
责任印制：樊启鹏

出版发行：中国铁道出版社有限公司（100054，北京市西城区右安门西街8号）
网　　址：http://www.tdpress.com/51eds/
印　　刷：三河市兴博印务有限公司
版　　次：2022年1月第1版　2022年1月第1次印刷
开　　本：787 mm×1 092 mm　1/16　印张：16.75　字数：415千
书　　号：ISBN 978-7-113-28609-5
定　　价：46.00元

版权所有　侵权必究

凡购买铁道版图书，如有印制质量问题，请与本社教材图书营销部联系调换。电话：（010）63550836
打击盗版举报电话：（010）63549461

前言

制造业是一个国家综合国力最重要的体现，也是决定民众生活质量的重要条件，发展制造业是改善人们生活和社会进步的必经之路。经过数十年的发展，如今，中国已经成为名副其实的制造大国，先进装备产品销往世界各地。制造的传承和进步需要靠人的经验、知识和创新，转型迫在眉睫。从制造大国走向制造强国，是我们共同的目标。

德国正在推动的工业 4.0、美国的信息物理系统（CPS），都提出了以互联网和大数据为手段，以知识为核心的智能制造。中国同样高度重视工业化和信息化相融合的智能制造。

"工欲善其事，必先利其器。"在智能制造时代来临之际，我们必须首先厘清发展中国制造的思路。本书相关智能制造领域丰富和全面的知识内容，相信能够解答大家对智能制造的疑惑，并为如何通过大数据实现智能制造的方法提供参考。

本书是为职业教育智能制造、人工智能、工业机器人等相关专业"智能制造导论"等课程设计编写，是具有丰富应用案例与实践特色的教材。针对职业教育学生的发展需求，本书较为系统、全面地介绍了智能制造的相关概念、理论与应用知识，内容包括制造概述、智能制造基础、信息物理系统（CPS）、CPS 技术体系与应用体系、基于智能代理的智能制造、离散型与流程型智能制造、工业大数据思维、工业大数据运用、智能制造信息技术、智能制造装备技术、协同制造与个性化定制、智能制造生产管理、远程运维与智能服务、智能制造安全与法律等，共 14 课。每课的编写都做了以下安排：

（1）精选的导读案例，以深入浅出的方式，激发读者的自主学习兴趣。

（2）解释基本原理，让学生切实理解和掌握智能制造相关知识与应用。

（3）浅显易懂的案例，注重培养扎实的基本理论知识，重视培养学习方法。

（4）思维与实践并进，为学生提供自我评价的作业，让学生自我建构智能制造的基本观念与技术。在书最后的附录中给出了各课作业的参考答案。

（5）研究性学习（或课程实践、课程学习与实践总结），依托互联网环境完成精心设计的研究性小组活动或课程实践活动，以带来真切的实践体验。

■ 课程进度安排

本课程的教学进度设计见"课程教学进度表",供教师授课和学生学习参考。

课程教学进度表

(20 —20   学年第   学期)

课程号:_____   课程名称:<u>智能制造技术与应用</u>   学分:<u>2.5</u>
周学时:<u>3</u> 总学时:<u>48</u> (其中理论学时:<u>32</u> 课外实践学时:<u>16</u>)
主讲教师:_____

序号	校历周次	章节(或实训、习题课等)名称与内容	学时	教学方法	课后作业布置
1	1	课程引言(任课老师补加)	3	导读案例 课文	作业 研究性学习 (课程实践)
2	2	第1课 制造概述	2+1		
3	3	第2课 智能制造基础	2+1		
4	4	第3课 信息物理系统(CPS)	2+1		
5	5	第4课 CPS技术体系与应用体系	2+1		
6	6	第5课 基于智能代理的智能制造	2+1		
7	7	第6课 离散型和流程型智能制造	2+1		
8	8	课程实践活动	3		
9	9	第7课 工业大数据思维	2+1		
10	10	第8课 工业大数据运用	2+1		
11	11	第9课 智能制造信息技术	2+1		
12	12	第10课 智能制造装备技术	2+1		
13	13	第11课 协同制造与个性化定制	2+1		
14	14	第12课 智能制造生产管理	2+1		
15	15	第13课 远程运维与智能服务	2+1		
16	16	第14课 智能制造安全与法律	2+1		作业 课程学习与实训总结

填表人(签字):   日期:
系(教研室)主任(签字):   日期:

■ **建议测评手段**

本课程的教学评测可以从以下几个方面入手：

（1）每课课前的"导读案例"（共 14 项）。

（2）结合每课的课后作业（四选一标准选择题，共 14 组）。

（3）结合每课的课后"研究性学习"（共 11 项）。

（4）智能制造课程实践（第 11、13 课，共 2 项）。

（5）"课程学习与实践总结"（第 14 课）。

（6）平时学习考勤记录。

（7）任课老师认为必要的其他考核方法。

最后，综合上述得分折算为本课程百分制成绩。

本书特色鲜明、易读易学，适合作为高等职业教育院校相关专业的教材，也可供对人工智能和智能制造相关领域感兴趣的读者阅读参考。

本书的编写得到嘉兴技师学院、温州商学院、杭州汇萃智能科技有限公司、浙大城市学院等多所院校师生的支持，王文、李涛、原瑞彬、东超、陆雄雄等参与了本书的部分编写工作，在此一并表示感谢！

本书配套授课电子课件，需要的教师可登录 http://www.tdpress.com/51eds/ 免费注册，审核通过后下载，也可联系作者索取（E-mail:zhousu@qq.com；QQ:81505050）。

由于时间仓促，编者水平有限，书中难免存在疏漏与不妥之处，恳请读者批评指正。

周 苏
2021 年 9 月于嘉兴南湖

目 录

第1课 制造概述 ... 1

1.1 制造与制造技术 ... 4
1.1.1 制造 ... 4
1.1.2 制造业 ... 5
1.1.3 制造技术 ... 5
1.1.4 制造系统 ... 7
1.1.5 绿色制造 ... 7

1.2 工业革命 ... 8
1.2.1 第一次工业革命 ... 8
1.2.2 第二次工业革命 ... 9
1.2.3 第三次工业革命 ... 9
1.2.4 第四次工业革命 ... 10

1.3 智能制造的提出 ... 11
1.3.1 数字化阶段 ... 11
1.3.2 数字化 + 网络化阶段 ... 12
1.3.3 数字化 + 网络化 + 智能化阶段 ... 13

1.4 中国智能制造的发展 ... 14

第2课 智能制造基础 ... 18

2.1 智能制造概述 ... 21
2.1.1 我国的智能制造示范 ... 21
2.1.2 智能制造的发展轨迹 ... 21

2.2 智能制造原理 ... 22
2.2.1 分布式网络化 ... 23
2.2.2 智能技术 ... 24
2.2.3 智能机器 ... 25

2.3 智能制造系统（IMS）... 25
2.3.1 自律能力 ... 26
2.3.2 人机一体化 ... 26
2.3.3 虚拟现实 ... 27

	2.3.4 自组织超柔性	27
	2.3.5 学习与维护	27
2.4	分布式数控（DNC）	28
2.5	智能制造能力成熟度等级	29

第3课 信息物理系统（CPS） ... 33

3.1	CPS 的提出	37
3.2	从电影《天空之眼》了解 CPS	38
3.3	CPS 技术本质与内涵	40
	3.3.1 CPS 的狭义内涵	40
	3.3.2 CPS 的广义内涵	41
3.4	实体空间与赛博空间	42
3.5	CPS 面向工业智能化的技术特性	43
	3.5.1 智能化工业系统基本概念	44
	3.5.2 CPS 面向工业智能的特性	44
	3.5.3 CPS 工业智能的技术本质	47

第4课 CPS 技术体系与应用体系 ... 51

4.1	从人的智慧来理解 CPS	54
4.2	CPS 的 5C 技术体系架构	55
	4.2.1 智能连接层	56
	4.2.2 智能分析层	57
	4.2.3 智能网络层	57
	4.2.4 智能认知层	58
	4.2.5 智能配置与执行层	59
4.3	工业智能的 CPS 实现	60
4.4	CPS 应用体系	61
	4.4.1 产业链与产业要素	62
	4.4.2 工业软、硬件与工业互联网	63
	4.4.3 应用体系的五个层次	63
4.5	层级化 CPS 的应用	64
	4.5.1 CPS 层级定义与设计框架	65
	4.5.2 CPS 的三个基本单元	66
4.6	CPS 的基础应用条件	67

第5课 基于智能代理的智能制造 ... 71

5.1	包容体系结构概述	75
	5.1.1 "中文房间"思维实验	75

5.1.2　建立包容体系结构 76
5.2　包容体系结构的实现 76
　　5.2.1　艾伦机器人 77
　　5.2.2　赫伯特机器人 77
　　5.2.3　托托机器人 77
5.3　智能代理的定义和特点 78
　　5.3.1　智能代理的定义 78
　　5.3.2　智能代理的特点 79
5.4　系统内的协同合作 79
5.5　智能代理典型应用场景 81
　　5.5.1　实体机器人 82
　　5.5.2　医疗诊断 82
　　5.5.3　搜索引擎 82
5.6　基于代理的智能制造模式 83
　　5.6.1　多智能体系统 83
　　5.6.2　分布式系统中的代理应用 84
　　5.6.3　整子制造系统 85
　　5.6.4　基于代理的运作过程 85

第6课　离散型与流程型智能制造 89

6.1　离散型智能制造概述 91
　　6.1.1　离散制造业的生产特点 91
　　6.1.2　离散制造业的智能制造 92
　　6.1.3　离散型智能制造基本特征 93
6.2　离散型智能制造总体架构 95
6.3　离散型智能制造的关键要素 96
　　6.3.1　企业层关键要素 96
　　6.3.2　工厂/车间层关键要素 97
　　6.3.3　生产资源层关键要素 97
　　6.3.4　一体化网络环境建设与智能决策支持 99
6.4　流程型智能制造概述 100
　　6.4.1　流程工业的行业特点 101
　　6.4.2　流程型智能制造的定义 102
6.5　流程型智能制造架构 103
　　6.5.1　流程型智能制造总体架构 103
　　6.5.2　流程型智能制造的关键要素 104
　　6.5.3　流程型智能制造的发展 105

第7课 工业大数据思维 109

- 7.1 制造还是思维 113
  - 7.1.1 智能制造的核心 113
  - 7.1.2 向智能制造转型 113
  - 7.1.3 工业大数据定义 114
  - 7.1.4 从大数据到智能制造 115
- 7.2 大数据推动的三个方向 116
  - 7.2.1 避免可见的生产问题 116
  - 7.2.2 将不可见问题显性化 117
  - 7.2.3 从设计端避免问题 118
- 7.3 未来智慧工厂的无忧虑制造 119
- 7.4 从产品制造到价值创造 121
  - 7.4.1 以创造价值为产品设计导向 121
  - 7.4.2 用大数据建立产品服务系统 121
- 7.5 工业大数据的机遇与挑战 122

第8课 工业大数据运用 126

- 8.1 从解决问题到避免问题 129
  - 8.1.1 基于统计科学的质量管理体系 129
  - 8.1.2 选择生产系统的维护机会窗 130
- 8.2 大数据分析——实现最优方案 131
  - 8.2.1 电动汽车电池组最优更换方案 131
  - 8.2.2 早期故障自感知的多工位压力机 133
  - 8.2.3 欧姆龙能耗管理智能分析服务 134
- 8.3 预测隐性问题——实现系统自省 137
  - 8.3.1 能自省的"卷对卷"制造系统 138
  - 8.3.2 大数据建模实现的智能压缩机控制 139
  - 8.3.3 智能机器人健康管理系统 141

第9课 智能制造信息技术 145

- 9.1 多传感器信息融合技术 149
  - 9.1.1 技术体系架构 150
  - 9.1.2 技术的发展趋势 150
  - 9.1.3 多传感器信息的应用 151
- 9.2 物联网技术 152
  - 9.2.1 物联网技术框架 152
  - 9.2.2 物联网关键技术 153

目 录

- 9.3 工业互联网 156
  - 9.3.1 工业互联网定义 156
  - 9.3.2 工业互联网构成 157
  - 9.3.3 工业互联网典型模式 158
- 9.4 工业云技术 159
  - 9.4.1 工业云定义 159
  - 9.4.2 云技术 159
  - 9.4.3 "云"的核心 160

第 10 课 智能制造装备技术 163

- 10.1 制造装备概述 166
  - 10.1.1 先进制造装备的范畴 166
  - 10.1.2 先进制造装备的先进性 168
  - 10.1.3 智能机床的概念 169
- 10.2 机器人技术 169
  - 10.2.1 机器人的定义 170
  - 10.2.2 工业机器人的分类 170
  - 10.2.3 工业机器人的组成 172
  - 10.2.4 工业机器人的特点 173
- 10.3 增材制造技术 173
  - 10.3.1 增材制造过程 174
  - 10.3.2 增材制造工艺发展 174
  - 10.3.3 增材制造的分类 175
- 10.4 智能检测技术 176
  - 10.4.1 智能检测系统组成 176
  - 10.4.2 智能视频监控技术 177
  - 10.4.3 光电检测技术 177
  - 10.4.4 太赫兹检测技术 177
  - 10.4.5 智能超声检测技术 178
- 10.5 数控机床技术 179
- 10.6 自动导引运输车（AGV） 179

第 11 课 协同制造与个性化定制 183

- 11.1 协同制造的定义 185
- 11.2 协同制造的总体架构 187
- 11.3 协同制造组成要素分析 188
- 11.4 个性化定制场景 189
  - 11.4.1 个性化定制案例 189

11.4.2 个性化定制内涵 190
　11.5 个性化定制系统架构 190
　11.6 典型案例 192
　　　11.6.1 协同制造典型案例 192
　　　11.6.2 消费者需求驱动的定制模式 193
　　　11.6.3 生产与维护的协同优化与排程 194

第12课 智能制造生产管理 200

　12.1 产品生命周期管理（PLM） 202
　12.2 制造执行系统（MES） 203
　　　12.2.1 MES 系统需求 204
　　　12.2.2 MES 模型建立 205
　　　12.2.3 关键集成技术 205
　12.3 MES 的系统边界 205
　12.4 精益管理 208
　12.5 智能制造工厂 208
　　　12.5.1 企业信息系统架构 209
　　　12.5.2 综合信息系统 210
　　　12.5.3 生产管理系统 210
　　　12.5.4 工业控制系统 210
　　　12.5.5 ERP、MES 和 PCS 集成 211
　　　12.5.6 数字孪生模型 211
　12.6 案例：三一重工 18 号厂房 212

第13课 远程运维与智能服务 216

　13.1 远程运维的概念 219
　　　13.1.1 制造业远程运维的意义 219
　　　13.1.2 远程运维技术发展历程 220
　　　13.1.3 远程运维核心技术 220
　13.2 远程运维系统架构 222
　　　13.2.1 远程运维系统的组成 223
　　　13.2.2 远程运维系统的功能 223
　　　13.2.3 基于状态的远程运维系统 224
　　　13.2.4 远程运维关键技术 224
　13.3 服役系统智能健康管理 225
　13.4 智能供应链 226
　　　13.4.1 智慧供应链的特点 226
　　　13.4.2 智能供应链系统 227

- 13.5 智能制造服务 227
  - 13.5.1 智能服务的定义 228
  - 13.5.2 智能服务三层结构 228
  - 13.5.3 智慧农业解决方案——约翰迪尔精智农机 229
  - 13.5.4 以智能装备为基础的产品服务系统 230

第14课 智能制造安全与法律 236

- 14.1 人工智能与安全 239
  - 14.1.1 人才和基础设施短缺 239
  - 14.1.2 安全问题不容忽视 240
  - 14.1.3 设定伦理要求 240
  - 14.1.4 强力保护个人隐私 241
- 14.2 智能制造系统信息安全 241
  - 14.2.1 传统网络与制造系统网络比较 242
  - 14.2.2 智能制造系统信息安全着力点 243
  - 14.2.3 智能制造系统信息安全需求 243
- 14.3 智能制造系统安全保障技术框架 244
  - 14.3.1 安全功能 245
  - 14.3.2 安全分类 245

附 录 作业参考答案 252

参考文献 254

第1课 制造概述

学习目标

知识目标：

（1）通过学习，熟悉制造、制造业、制造技术、制造系统和绿色制造等相关基础概念。

（2）了解工业革命的发展历程，熟悉工业革命各个阶段的内容与内涵。

（3）了解智能制造概念提出的时代背景与发展历程，熟悉工业4.0和中国制造的内容与内涵。

素质目标：

（1）热爱学习，勤于思考，掌握学习方法，提高学习能力。

（2）培养热爱劳动、热爱工业、关心社会进步的优良品质。

（3）体验、积累和提高"大国工匠"的专业素质。

能力目标：

（1）掌握专业知识的学习方法，培养阅读、思考与研究的能力。

（2）提高"研究性学习小组"的参与、组织和活动能力，具备团队精神。

重点难点：

（1）理解是什么内在动力推动工业革命的不断发展。

（2）掌握专业知识的学习方法，培养阅读、思考与研究的能力。

（3）体验、积累和提高"大国工匠"的专业素质。

导读案例

中国连续11年成为世界最大制造业国家

"'十三五'期间，我国工业增加值由23.5万亿元增加到31.3万亿元，连续11年成为世界最大的制造业国家。"工业和信息化部部长肖亚庆说。"十三五"时期，我国制造强国和网络强国建设取得明显成效，各项主要目标任务如期完成（见图1-1）。

2020年，我国工业增加值达到31.3万亿元，对世界制造业贡献的比重接近30%。"十三五"时期高技术制造业增加值平均增速达到了10.4%，高于规模以上企业①增加值的平均增速

---

① 规模以上企业：我国自1996年开始使用的一个统计学术语，与"规模以下"企业相对，2011年1月起用于代指年主营业务收入人民币2 000万元及以上的全部工业企业。

图 1-1　从制造大国向制造强国迈进

4.9个百分点。信息传输、软件和信息技术服务业的增加值明显提升，由约1.8万亿元增加到3.8万亿元。

"十三五"我国制造强国和网络强国建设主要目标顺利完成，还体现在创新能力、信息基础设施建设、信息化和工业化融合、工业绿色低碳发展等方面。从创新能力看，2016—2019年，规模以上工业企业研发经费投入增长27.7%。从信息基础设施建设看，截至2020年底，我国固定宽带家庭普及率达96%，移动宽带用户普及率达108%。从信息化和工业化融合看，截至2020年底，重点行业骨干企业数字化研发设计工具普及率达73%，比2015年提高11个百分点。从工业绿色低碳发展看，2016—2020年，规模以上企业单位工业增加值能耗累计下降约16%。

肖亚庆介绍，"十三五"期间我国产业结构升级主要表现在三个方面：

一是传统产业转型升级加速。我国提前两年完成"十三五"钢铁行业去产能1.5亿吨目标，累计退出"僵尸企业"粗钢产能6 474万吨，共建设2 121家绿色工厂、171家绿色工业园区、189家绿色供应链企业，绿色制造体系初步形成。

二是战略性新兴产业加快发展，前沿领域不断取得新的突破。新能源汽车产销量连续6年蝉联世界第一。2020年，高技术制造业和装备制造业增加值占规模以上企业的比重分别达到15.1%和33.7%，成为引领带动产业结构优化升级的重要力量。

三是产业创新能力明显增强，一批关键技术和产品取得重大突破。"十三五"期间，我国建成17个国家制造业创新中心。航空航天装备技术水平大幅提高，深远海海洋工程装备及高技术船舶快速发展，人脸识别等人工智能重要领域专利数量处于全球第一梯队。

此外，我国5G商用迈出坚实步伐（见图1-2）。到2020年底，累计开通5G基站71.8万个，5G手机终端连接数突破2亿户。我国5G用户较4G用户高出约50%，单价两年来下降了46%。

图 1-2　5G网络

除建成全球规模最大的5G网络，"十三五"期间我国还建成了全球规模最大的光纤和4G网络，千兆光纤覆盖家庭超过1亿户。通过深入推进电信普遍服务，行政村通4G和光纤比例均超过99.9%。持续开展网络提速降费专项行动。"十三五"以来，我国固定宽带和手机流量平均资费水平下降95%以上。

资料来源：根据网络资源整理

阅读上文，请思考、分析并简单记录：

（1）"十三五"时期，我国制造强国和网络强国建设主要目标顺利完成，除了表现在工业增加值数字方面，还体现在创新能力、信息基础设施建设、信息化和工业化融合、工业绿色低碳发展等方面。请简单描述。

答：_____

_____

_____

_____

（2）"十三五"期间我国产业结构升级主要表现在哪三个方面？

答：_____

_____

_____

_____

（3）中国连续11年成为世界最大制造业国家。这说明了什么？中国还需要做什么努力？

答：_____

_____

_____

_____

（4）请简单记述你所知道的上一周发生的国际、国内或者身边的大事。

答：_____

_____

_____

_____

中国制造（见图1-3）是世界上认知度最高的标签之一，因为快速发展的中国及其庞大的工业制造体系，这个标签可以在广泛的商品上找到，从服装到电子产品。中国制造是一个全方位的商品，它不仅包括物质成分，也包括文化成分和人文内涵。中国制造在进行物质产品出口的同时，也将人文文化和国内的商业文明连带出口到国外。中国制造的商品在世界各地都有分布。

图 1-3　中国制造

1.1　制造与制造技术

制造活动是人类最基础、最重要的活动之一。制造技术的发展是推动人类经济进步、社会进步、文明进步的主要动力，也是国家综合国力的体现。

1.1.1　制造

制造一词原意是指手工制作，即把原材料用手工的方式制成有用的产品。这里，"制"侧重于操作制造，对象是一般器物，而"造"侧重于从无到有，对象可以是较大的器物。狭义上，制造是指生产过程中从原材料到成品直接起作用的那部分工作，包括毛坯制作、零件加工、产品装配、检验、包装等具体操作（见图 1-4）。

图 1-4　纺织工业

从广义上，制造包括制造企业的产品设计、材料选择、制造生产、质量保证、管理和营销等一系列有内在联系的运作和活动。

（1）产品设计：从制订新产品设计任务书起，到设计出产品样品为止的一系列技术工作，其工作内容是制订及实现产品设计任务书中的项目要求，包括产品的性能、结构、规格、形式、材质、内在和外观质量、寿命、可靠性、使用条件、应达到的技术经济指标等。

（2）材料选择：需要综合考虑产品的功能要求、性能要求、加工要求及经济要求等。

（3）制造生产：完成零部件的加工和装配。

（4）质量保证：为使消费者确信产品或服务能满足质量要求，而在质量管理体系中实施并根据需要进行证实的全部有计划和有系统的活动。

（5）管理和营销：企业为实现经营目标，对建立、发展、完善与目标顾客的交换关系的营销方案进行分析、设计、实施与控制。

现代制造过程是物料流、信息流和资金流的结合。

制造是一个物料流动的过程，包括物料的采购、存储、加工、装配、运输、销售等一系列活动。从技术角度看，制造是对原材料施加一系列转换过程使之成为产品，这些转换既可以是原材料在物理性质上的变化（如切削加工），也可以是原材料在化学性质上的改变（如化工产品的生产）。通常将这些转换称为制造工艺过程。

制造是一个信息流动的过程，包括信息的传递、转换和加工。在产品制造过程中，产品需求、产品设计、制造工艺及加工装配等信息构成了一个完整的制造信息链。同时，为保证制造过程能够顺利和协调地进行，制造过程中还含有大量的管理信息和控制信息。

制造也是一个资金流动的过程。资金流是指在营销渠道成员间随着商品实物及其所有权的转移而发生的资金往来流程。在制造过程中，资金伴随着原料的采购与加工及产品的销售，在各企业间发生增值和转移，实现资金的流动。

1.1.2 制造业

制造业是指机械工业时代对制造资源，按照市场要求，通过制造过程，转化为可供人们使用和利用的大型工具、工业品与生活消费产品的行业。制造业是社会经济发展的重要推手，也是社会经济稳定的重要支柱。作为实体经济的主体，制造业通过直接创造物质财富，为推动社会经济健康发展奠定了物质基础。同时，制造业为社会提供了生活必需的物质资料，以及大量的工作岗位，满足了人民对正常、稳定的生活与工作的需求。制造业直接体现了一个国家的生产力水平，是区别发展中国家和发达国家的重要因素。制造业在世界发达国家的国民经济中占有重要份额。

农业社会时期，西方国家在世界政治、经济以及文化舞台上的表现不如中国。随着工业革命在欧洲国家的兴起，先进的制造技术极大地解放了社会生产力。短短的几百年间，西方经济一跃超过了东方，并且推动了西方政治思想、文化产物向其他国家的输出。第二次世界大战后，发达的工业国家为获取廉价的人力资源，逐步将制造业向欠发达国家转移，开始在国内发展虚拟经济，实施去工业化。我国在工业立国的思想指导下，打下了坚实的工业基础。在1978年之后，我国抓住了改革开放的机遇，大力发展制造业而成为制造大国。如今，很多国家重新认识到制造业的重要性，纷纷开始再工业化，试图将制造业重新带回国内，在这个浪潮中中国制造业将面临新的挑战。

1.1.3 制造技术

制造技术支撑着制造，是制造业为国民经济建设和人民生活生产各种必需物质（包括生产资料和消费品）所使用的一切生产技术的总和，是将原材料和其他生产要素经济合理地转化为可直接使用的，具有较高附加价值的成品/半成品和技术服务的技术群，包括知识、技能、工具及有效的方法。制造技术涉及的知识包括应用数学、工程力学、材料学及加工知识等。

制造技术涉及的技能包括机械制图和各类加工技术等。机械制图是用图样确切表示机械的结构形状、尺寸大小、工作原理和技术要求的方法，涉及二维建模、三维建模及互换性测量等技术。各类加工技术包括传统的车、铣、刨、磨、钻等技术，以及电火花、激光、电子束、离子束及超声波等技术。

制造技术涉及的工具包括通用及专用工具、各类机床及机器人等。通用加工工具包括活动扳手、各规格开口的固定扳手、螺钉旋具、锤子、锉刀、丝锥板牙、手锯、内六角扳手、砂纸、油石、扁錾、尖錾、圆柱铰刀（机用）、可调节手铰刀、车刀、刨刀、铣刀、钻头等机加工工具；专用工具需要根据不同的加工要求和场景进行定制；各类机床包括车床、铣床、刨床、钻床（见图1-5）、磨床、镗床、曲轴机床、数控机床及更先进的加工中心（见图1-6）等；把机器人终端执行器变为具有铣削、钻削、雕刻等功能的执行系统，使机器人成为机加工机床。

图1-5　车床、铣床、刨床、钻床

图1-6　数控机床、加工中心

制造技术涉及的方法主要指直接改变生产对象的尺寸、形状、性能（物理性能、化学性能、机械性能等）及相对位置关系的方法，可分为铸造、锻造、冲压、焊接、热处理、机械加工、装配等。工艺规程是规定零部件或产品的工艺过程和操作方法等的工艺文件，它是在具体的生产条件下，把较为合理的工艺过程和操作方法按照规定的形式书写成工艺文件，经审批后用来指导生产。

机械加工工艺规程一般包括工件加工的工艺路线、各工序的具体内容及所用的设备和工艺装备、工件的检验项目及检验方法、切削用量、时间定额等，通过这些方法的指导，完成机械加工的全过程。装配工艺规程的主要工作是依据产品图样、验收技术条件、年生产纲领和现有生产条件等原始资料，为满足优质、高产、低消耗、低劳动强度和无污染等要求，对装配工艺过程进行划分和规定。

先进制造技术是指微电子、自动化、信息等先进技术给传统制造技术带来的种种变化与新型系统。具体地说，就是指集机械工程技术、电子技术、自动化技术、信息技术等多种技术为一体所产生的技术、设备和系统的总称。它主要包括计算机辅助设计、计算机辅助制造、集成制造系统等。先进制造技术是制造业企业取得竞争优势的必要条件之一，其优势还有赖于能充分发挥技术威力的组织管理，有赖于技术、管理和人力资源的有机协调和融合。

1.1.4 制造系统

制造系统是指由制造过程及其所涉及的硬件、软件和人员组成的一个具有特定功能的有机整体。这里，制造过程包括产品经营规划、开发研制、加工制造和控制管理；硬件包括生产设备、工具和材料、能源及各种辅助装置；软件包括制造理论、制造工艺和方法及各种制造信息等。在功能上，制造系统是一个将制造资源转变为成品或半成品的输入/输出系统（见图 1-7）。

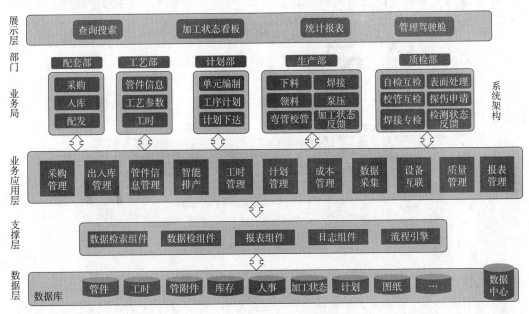

图 1-7 制造系统功能结构示例

制造系统包括多个子系统，功能分别如下：

（1）经营管理：确定企业经营方针和发展方向，进行战略规划、决策。
（2）市场与销售：进行市场调研与预测，制订销售计划，开展销售活动并提供售后服务。
（3）研究与开发：进行基础研究、应用研究，制订开发计划，进行产品开发。
（4）工程设计：进行产品设计、工艺设计、工程分析、样机试制、试验与评价，制订质量保证计划。
（5）生产管理：制订生产计划、作业计划，进行库存管理、成本管理、生产过程控制等。
（6）采购供应：负责原材料及外购件的采购、验收、存储。
（7）质量控制：收集用户需求的反馈信息，进行质量监控和统计过程控制。
（8）财务：制订财务计划，进行企业预算和成本核算，负责财务会计工作。
（9）资源管理：进行设备管理、工具管理、能源管理、环境管理。
（10）车间制造：进行零件加工、部件及产品装配、检验、物料存储与输送、废料存放与处理。

1.1.5 绿色制造

绿色制造又称环境意识制造、面向环境制造等，它是一个综合考虑环境影响和资源效益的现代化制造模式，其目标是使产品从设计、制造、包装、运输、使用到报废处理的整个产品生命周期中，对环境的影响（副作用）最小，资源利用率最高，并使企业经济效益和社会效益协调优化。现代化绿色制造模式是人类可持续发展战略在现代制造业中的体现。

1.2 工业革命

按照德国对工业发展时代的划分标准，当前工业发展已经经历了三次工业革命，并且正在发生第四次工业革命（见图1-8）。第一次工业革命揭开了近代工业化生产的序幕，第二次和第三次工业革命期间的技术发展催生了现代制造业，第四次工业革命则开启了制造业的新篇章。

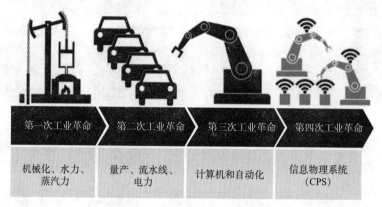

图1-8 工业革命发展示意图

1.2.1 第一次工业革命

在农业社会时期，社会生产主要依赖于人力和畜力，生产效率低。第一次工业革命开创了用机器代替手工劳动的时代，是一次极为重要的社会变革。

第一次工业革命开始于英国棉纺织业的手工工厂中，当时人力纺织的产量远远不能满足市场的需求。1764年，珍妮纺纱机被发明出来[见图1-9（a）]，提高了棉纺织业产量。但是珍妮纺纱机仍需要人力，具有很大的局限性。1768年，水力纺纱机问世，工厂开始普遍采用水力纺纱机进行生产，纺织业逐渐过渡到机器生产阶段。由于水力纺纱工厂必须建造在河边，且受水利因素影响，产量并不稳定。1785年，瓦特改良的蒸汽机[见图1-9（b）]开始为纺织机械提供动力，并很快推广开来，引起了第一次技术和工业革命的高潮，人类从此进入了机器和蒸汽时代。到1830年，英国整个棉纺工业已基本完成了从工场手工业到以蒸汽机为动力的机器工业的转变。

（a）珍妮纺纱机

（b）蒸汽机

图1-9 珍妮纺纱机与蒸汽机

从英国的棉纺织业开始,作为动力的蒸汽机逐步被应用于采矿、冶金、制造及交通等行业。进入 19 世纪 40 年代,英国的主要产业广泛使用机械,率先完成了工业近代化,成为世界上第一个完成工业化的资本主义国家。工业革命的先进技术又被美、法、德、俄等欧美国家广泛吸收和采用,提高了社会劳动生产力,促进了商业和运输业的发展,加速了城市化进程,极大地改善了人类的生活质量。

1.2.2 第二次工业革命

十九世纪后期,科学技术的发展突飞猛进。1866 年,西门子发明发电机(见图 1-10),1820 年,比利时人发明发动机。电力开始用于带动机器,成为补充和取代蒸汽动力的新能源。电力工业和电器制造业迅速发展起来,人类跨入了电气时代。

图 1-10　西门子发明的大功率发电机

1870 年,美国辛辛那提屠宰场发明第一条生产线,开启了批量生产的流水线模式。随后,福特汽车在此基础上发明了汽车生产流水线,从而开始了汽车的大批量生产。

在第二次工业革命中,美国出现了现代企业的雏形。企业内部开始进行劳动分工,衍生出大量职业管理人员,企业管理得到明显改善,企业竞争力大幅提升。在企业生产车间,工人有固定的工作岗位和工作内容以及明确的分工,企业的生产组织也发生了明显的变化。1895 年,被称为"科学管理之父"的弗雷德里克·温斯洛·泰勒发表了他的第一篇有关科学化管理的论文,并于 1911 年出版了《科学管理原理》,开创了企业管理的新时代,大幅提升了企业生产效率。泰勒强调管理要科学化、标准化。

1.2.3 第三次工业革命

相对于第二次工业革命,第三次工业革命带来的变化更加巨大。核能工程、航天技术、电子计算机、人工材料、遗传工程等技术得到了日益精进的发展,具有很高科技含量的产品不断出现。互联网的发展和应用几乎把地球上的每个人都联系了起来,工业生产中出现了各种各样的机器人,工业进入自动化时代。

20 世纪 60 年代,美国通用汽车公司在对工厂生产线进行调整时,发现继电器、接触器控制系统修改难、体积大、噪声大、维护不便、可靠性差,因此需要发展出一种替代机械开关装置(继电模块)的器件。在自动化时代,作为离散控制的首选产品,可编程逻辑控制器(PLC,见图 1-11)在 20 世纪 80 年代至 90 年代得到迅速发展。被广泛应用于制造业,美国汽车工业生产技术的发展促进了 PLC 的产生。PLC 的功能逐渐代替了继电器控制板，现代 PLC 具有更多的功能。

图 1-11　西门子 PLC

1969 年，美国数字化设备公司研制出第一台可编程控制器（Modicon 084），在通用汽车公司的生产线上试用后，对控制系统能力的提升效果显著。随后，日本和德国相继自主研制出各自的第一台可编程控制器。1974 年，我国开始研制 PLC，并逐渐在工业应用领域推广 PLC。

与机械开关装置相比，PLC 在控制系统中的应用具有明显优势。由于采用现代大规模集成电路技术、严格的生产制造工艺、先进的内部电路抗干扰技术，PLC 具有很高的可靠性。如今，已经形成了大、中、小各种规模的系列化产品，可以用于各种规模的工业控制场合。PLC 接口简单，编程语言易于为工程技术人员接受；应用存储逻辑代替接线逻辑，大大减少了控制设备外部的接线数量，使控制系统设计及建造的周期大为缩短，同时使维护也变得容易起来；更重要的是，PLC 的应用使同一设备通过程序的改变实现生产过程的改变成为可能。因此，PLC 很适合多品种、小批量的生产场合，具有更低的能耗。PLC 的广泛使用，极大地提高了制造业的自动化水平，进一步解放了生产力。

1.2.4　第四次工业革命

经历了前三次工业革命后，西方国家积累了大量的财富和物质基础，并且将劳动密集型的制造业转移到欠发达的国家和地区，在国内大力发展服务型经济。然而在经济危机的冲击下，服务型经济受到严重打击，西方国家再次意识到实体经济的重要性，试图将制造业重新带回国内。制造业的回归伴随着制造业的升级，从信息化向智能化过渡。

始创于 1947 年 8 月的汉诺威工业博览会是世界上规模最大的工业技术博览会，通常在德国北部城市汉诺威的汉诺威展览中心举行，其被认为是联系全世界技术领域和商业领域的重要国际活动。在 2013 年的汉诺威工业博览会上，德国政府推出"工业 4.0 国家战略"，被认为是人类第四次工业革命的开端，也开启了各个国家在新一轮产业革命中竞争的序幕。第四次工业革命是指利用信息物理系统（Cyber Physical System，CPS）使生产中的供应、制造及销售信息实现数据化、智慧化，最后达到快速、高效、个性化的产品供应。

第四次工业革命中，智能化技术是关键，主要包括如下内容：

（1）智能识别：目的是为下一步操作找到目标，要从大量信息中找到目标的关键特征，快速收敛获得结果，其智能程度要求高，准确度和可靠度是关键。

（2）智能测量：测量是工业的基础，测量技术水平的高低取决于精准度，如何通过智能技术提高精准度是智能测量的关键。

(3) 智能检测：检测是在测量的基础上完成的，根据测量结果和目标之间的偏离度，判断合格与否。但是，检测往往不是单一指标下的结果比较，需要应用多信息、多指标进行综合分析判断，基于复杂逻辑的智能化判断是关键。

(4) 智能互联：在如今的大数据背景下，数据互联将迸发无穷的创造力。人员、设备、生产物资、环境、工艺等数据互联，会催生出深度学习、智能优化、智能预测等创新技术，体现出大数据和智能互联的巨大价值。

第四次工业革命的到来，使制造业的重要性更加突出，推动制造业向智能制造演进。

1.3 智能制造的提出

智能制造的提出源于人工智能（AI）在制造领域中的应用研究。为了应对制造业在第四次工业革命中的主题与难题，在人工智能研究的基础上，智能制造被认为是解决问题的关键。1988年，美国纽约大学的怀特教授和卡内基梅隆大学的布恩教授出版了《智能制造》一书，首次提出了智能制造的概念，认为智能制造的目的是通过集成知识工程、制造软件系统、机器视觉和机器控制等技术对制造技术工人的技能和专家知识进行建模，以使智能机器人在没有人工干预的情况下进行小批量生产。

智能制造概念提出不久，就获得了欧、美、日等发达国家和地区的普遍重视，各国围绕智能制造技术和智能制造系统进行国际合作研究。1991年，日、美、欧共同发起实施"智能制造国际合作研究计划"，提出"智能制造系统是一种在整个制造过程中贯穿的智能活动，并将这种智能活动与机器有机融合，将整个制造过程从订单生成、产品设计、生产到市场销售等各个环节以柔性方式集成起来的，能发挥最大生产力的先进生产系统。"

21世纪以来，随着物联网、大数据、云计算等新一代信息技术的快速发展及应用，智能制造被赋予了新的内涵，即新一代信息技术条件下的智能制造。2010年9月，美国在华盛顿举办的"21世纪智能制造研讨会"上指出，智能制造是对先进智能系统的强化应用，使新产品的迅速制造、产品需求的动态响应及对工业生产和供应链网络的实时优化成为可能。

2018年，周济院士在其报告中指出：智能制造是一个不断演进发展的大概念，是先进制造技术与先进信息技术的深度融合，贯穿于产品设计、制造、服务等全生命周期的各个环节及相应系统的优化集成，旨在不断提升企业的产品质量、效益、服务水平，减少资源消耗，推动制造业创新、协调、绿色、开放、共享发展。如图1-12所示，智能制造可归纳为三个基本范式：数字化制造、数字化+网络化制造、数字化+网络化+智能化制造，即新一代智能制造，这也是智能制造发展的三个阶段。在这三个阶段中，数字化、网络化和智能化有着不同的特点及内容。

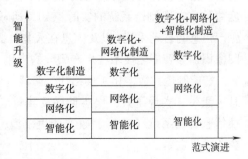

图1-12 智能制造三个范式演进

1.3.1 数字化阶段

智能制造的提出与发展伴随着信息化发展的历程。从20世纪中叶到90年代中期，信息化表现为以计算、通信和控制应用为主要特征的数字化阶段。

在智能制造的数字化阶段，伴随制造业对于技术进步的强烈需求，以数字化为主要形式的信息技术广泛应用于制造业，推动制造业发生革命性的变化。数字化体现在数字化技术与制造技术和制造过程融合，通过对产品信息、工艺信息和资源信息进行数字化的描述和分析，实现制造决策和控制，快速生产出满足用户要求的产品，大大提高了制造能力及水平。网络化体现在人与机器的信息交互，通过手工或自动采集方式实现生产数据的录入，为后期的信息管理提供数据基础。智能化体现在对智能化理论和技术的研究，多处于理论研究阶段。

20世纪后半叶，数字化技术有了长足的发展。50年代，数控机床在美国第一次出现，在大幅度提高工作效率的同时，完成了从人工控制向自动化的过渡；自动编程工具诞生，简化了数字化生产的流程；第一台加工中心在美国UT公司被研制出，集成了多种加工方式和工序，进一步精益化了生产流程。60年代，计算机辅助设计/制造（CAD/CAM）软件出现，使得产品设计和制造过程更高效；柔性制造系统（FMS）的诞生改变了传统的制造流程形式，大大提升了硬件设备的生产能力。70年代，CAD和CAM技术的融合，使信息交互变得更加规范。80年代，计算机集成制造系统（CIMS）得以发展，使得各种技术之间、各类数据之间有了更高级的数字化融合，制造过程中的设计、制造、管理等各阶段相互协同，为制造技术的发展奠定了基础。

数字化阶段发展起来的数字化技术涵盖了设计、制造及管理等各个阶段，主要包括：计算机辅助设计（CAD）、计算机辅助工程分析（CAE）、计算机辅助制造（CAM）、计算机辅助工艺规划（CAPP）、产品数据管理（PDM）、企业资源计划（ERP）、逆向工程技术（RE）技术、快速成型技术（RP）、制造执行系统（MES）。

1.3.2 数字化+网络化阶段

从20世纪90年代中期开始至今，随着互联网的普及应用，智能制造进入了以万物互联为主要特征的"数字化+网络化"阶段。

在智能制造的"数字化+网络化"阶段，互联网技术开始广泛应用，"互联网+"的概念被提出并不断推进互联网和制造业融合发展。网络将人、流程、数据和事物连接起来，通过企业内、企业间的协同和各种社会资源的共享与集成，重塑制造业的价值链，进而推动制造业的转变。数字化体现在CPS技术的应用，通过3C（计算机、通信、控制）技术的有机融合与深度协作，实现制造系统的实时感知、动态控制和信息服务。网络化体现在物物相连，实现了生产信息的自动采集，以及信息在人与机器、机器与机器之间的流通。智能化体现在深度学习、图像识别等智能化技术在生产领域的应用，智能化进入新的阶段。

智能制造"数字化+网络化"阶段是基于数字化阶段发展而来，以网络技术为支撑，以信息为纽带，实现了人、现实世界及其对应的虚拟世界的深度融合。本阶段的技术发展主要包括信息物理系统（CPS）、数字孪生模型、增材制造技术、物联网技术、协同制造技术、大规模个性化定制。

生产模式的变迁（见图1-13）经历了手工制作、大批量生产、柔性自动化、精益生产、敏捷制造及大规模定制阶段，正朝着大规模个性化定制发展。大规模个性化定制是根据客户不断发展变化的需求，随着各种制造技术的不断发展，在传统生产模式基础之上发展而来的。其具有传统模式的各种优点，同时又区别于传统模式，基于C2M+O2O的商业模式，利用先进技术使用户真正成为生产的中心。

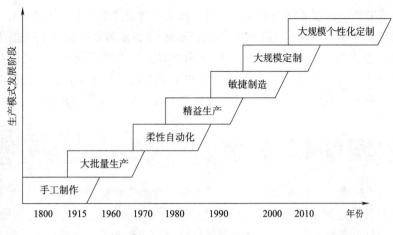

图 1-13 生产模式发展阶段

1.3.3 数字化+网络化+智能化阶段

"数字化+网络化"制造是新一轮工业革命的开始,而新一代智能制造的突破和广泛应用将推动新工业革命高潮的形成,重塑制造业的技术体系、生产模式、产业形态,并将引领真正意义上的"工业 4.0",实现新一轮工业革命。

新一代智能制造系统最本质的特征是其信息系统增加了认知和学习的功能。通过深度学习、迁移学习和增强学习等技术的应用,制造领域知识的产生、获取、应用和传承效率会发生革命性变化,显著提高创新和服务的能力。在这个阶段,新一代人工智能技术会使信息物理系统发生质的变化,形成新一代人—信息物理系统,其主要的变化在于两个方面:第一,人将部分认知与学习型的脑力劳动转移给了信息系统,信息系统具有认知和学习的能力,人和信息系统的关系发生了根本性的变化;第二,通过人在回路的混合增强智能,人机深度融合将从本质上提高制造系统处理复杂性、不确定性问题的能力,极大地提高制造系统的性能。新一代智能制造进一步突出人的中心地位,是统筹协调人—信息—物理系统的综合集成大系统,使人从繁重的体力劳动和简单重复的脑力劳动当中解放出来,从而让人可以从事更有意义的创造性工作,人的思维进一步向互联网思维、大数据思维和人工智能思维转变,信息系统开始进入智能时代。

新一代智能制造是一个大系统,主要由智能产品和装备、智能生产和智能服务三大功能系统与智能制造云和工业互联网两大支撑系统集合而成,其系统集成过程如图 1-14 所示。

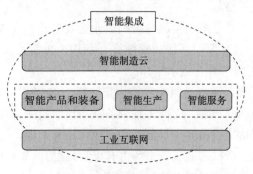

图 1-14 新一代智能制造的系统集成

在高度集成的新一代智能制造系统中，新一代人工智能技术的融入使装备和产品发生革命性变化。在智能工厂中，智能生产是主线，智能产品和装备成为新一代智能制造的主体。同时，新一代人工智能技术的应用催生产业模式的革命性转变，以智能服务为核心的产业模式变革成为新一代智能制造系统的主题。智能制造云和工业互联网作为支撑新一代智能制造系统的基础，为新一代智能制造生产力和生产方式变革提供发展的空间和可靠的保障。

1.4 中国智能制造的发展

制造业新时代带来了新的发展机遇，世界主要工业国家纷纷出台相应的政策和战略。一方面，去工业化后的发达国家在经济危机的冲击中意识到了实体经济对国家经济稳定的重要性，纷纷实施再工业化，并将智能制造上升到国家战略层面，作为重振制造业战略的重要抓手，以保证自己国家的内部经济稳定性和保持在世界范围内的原有优势；另一方面，随着劳动力成本的增加，部分劳动密集型产业逐渐向发展中国家转移，发展中国家为承接转移产业、迎合发展浪潮、发展国内制造业，也积极出台相应政策，努力抓住智能制造新时代的发展机遇。

2015 年，国务院为实施制造强国战略提供了第一个十年行动纲领，具体分为两步：第一步到 2020 年，"数字化＋网络化"制造在全国得到大规模推广，在发达地区和重点领域实现全面应用，同时新一代智能制造在部分领域获得探索性成功；第二步到 2025 年，"数字化＋网络化"制造在全国普及并得到深度应用，同时，新一代智能制造在重点领域试点示范取得显著成果，并开始在部分企业推广应用，旨在 2025 年迈入制造强国之列。

2015 年，我国明确提出建设五项重大工程：

（1）制造业创新中心（工业技术研究基地）建设工程。重点是新一代信息技术、智能制造、增材制造、新材料、生物医药等领域的重大共性技术需求，到 2025 年形成 40 家左右制造业创新中心（工业技术研究基地）。

（2）智能制造工程。重点是开发智能产品和自主可控的智能装置并实现产业化，建立智能制造标准体系和信息安全保障系统，搭建智能制造网络系统平台，到 2025 年制造业重点领域全面实现智能化。

（3）工业强基工程。重点是支持核心基础零部件（元器件）、先进基础工艺、关键基础材料的首批次或跨领域应用，突破关键基础材料、核心基础零部件的工程化、产业化瓶颈，到 2025 年实现 70% 的核心基础零部件、关键基础材料的自主保障，逐步形成整机牵引和基础支撑协调互动的产业创新发展格局。

（4）绿色制造工程。重点是组织实施传统制造业能效提升、清洁生产、节水治污、循环利用等专项技术改造，开展重大节能环保、资源综合利用、再制造、低碳技术产业化示范，到 2020 年制造业绿色发展达到世界先进水平。

（5）高端装备创新工程。重点是组织实施大型飞机、航空发动机及燃气轮机、民用航天、智能绿色列车、节能与新能源汽车、海洋工程装备及高技术船舶、智能电网成套装备、高档数控机床、核电装备、高端诊疗设备等一批创新和产业化重大工程，提升自主设计水平和系统集成能力，到 2025 年自主知识产权高端装备市场占有率大幅提升，核心技术对外依存度明显下降，基础配套能力显著增强，重要领域装备达到国际领先水平。

中国制造政策和德国工业4.0，在提出的时间、背景和目标等方面，都比较类似，但是两者却在很多地方不同。两个方案所处的时代不同。德国的工业已经发展到一定的深度，希望将现在的深度与信息技术相结合，而中国的制造业发展水平还远远落后于德国，试图用十年的时间追上德国。从相同的角度来看，两国提出的战略都是为了面对新一轮的全国竞争，以及工业革命采取的国家战略。两国都把制造业作为立国之本和强国之基，也把智能制造作为自己的主要方向。

作业

1. （　　）的发展是推动人类经济进步、社会进步、文明进步的主要动力，也是国家综合国力的体现。
   A. 官场文化　　　　B. 制造技术　　　　C. 农业社会　　　　D. 商业活动

2. 制造一词原意是指（　　），即把原材料用其方式制成有用的产品。
   A. 机械活动　　　　B. 集约生产　　　　C. 农耕劳作　　　　D. 手工制作

3. 现代制造过程是三股内容的结合，但以下（　　）不属于其中。
   A. 成品流　　　　　B. 物料流　　　　　C. 信息流　　　　　D. 资金流

4. 制造业，是指（　　）时代对制造资源，按照市场要求，通过制造过程转化为可供人们使用和利用的大型工具、工业品与生活消费产品的行业。
   A. 自动化　　　　　B. 半导体　　　　　C. 机械工业　　　　D. 农机行业

5. 农业社会时期，西方国家在世界政治、经济以及文化舞台上的表现不如（　　），但随着工业革命的兴起，先进的制造技术极大地解放了他们的社会生产力。
   A. 东方　　　　　　B. 中国　　　　　　C. 美洲　　　　　　D. 印度

6. （　　）是制造业为国民经济建设和人民生活生产各种必需物质（包括生产资料和消费品）所使用的一切生产技术的总和。
   A. 管理方法　　　　B. 工艺水平　　　　C. 生产管理　　　　D. 制造技术

7. 具体地说，（　　）就是指集机械工程技术、电子技术、自动化技术、信息技术等多种技术为一体所产生的技术、设备和系统的总称。
   A. 先进制造技术
   C. 机械制造产业
   B. 自动化生产线
   D. 制造工艺流程

8. 制造系统是指由制造过程及其所涉及的（　　）组成的一个具有特定功能的有机整体。
   A. 生产物资和制造机械
   C. 管理、工艺和物资
   B. 硬件、软件和材料
   D. 硬件、软件和人员

9. （　　）又称面向环境制造，是一个综合考虑环境影响和资源效益的现代化制造模式。
   A. 制造管理　　　　B. 节俭工艺　　　　C. 绿色制造　　　　D. 灰色生产

10. 第一次工业革命开始于英国（　　）的手工工厂中，当时人力生产的产量远远不能满足市场的需求。
    A. 棉纺织业　　　　B. 商业制作　　　　C. 农业器具　　　　D. 食品生产

11. 十九世纪后期，科学技术发展突飞猛进。第二次工业革命的标志是人类跨入了（　　）时代。

A. 能源 B. 电气 C. 自动化 D. 信息

12. 1895年,被称为"科学管理之父"的( )发表了他的第一篇有关科学化管理的论文,并于1911年出版了《科学管理原理》,开创了企业管理的新时代。

   A. 孔子 B. 图灵 C. 普希金 D. 泰勒

13. 第三次工业革命中,( )被广泛应用于制造业,汽车工业生产技术的发展促进了它的产生。

   A. PLC B. AGV C. PC D. LED

14. 在( )年的汉诺威工业博览会上,德国政府推出"工业4.0国家战略",这被认为是人类第四次工业革命的开端。

   A. 1977 B. 2015 C. 2013 D. 2018

15. 第四次工业革命中,智能化技术是关键,主要包括智能识别、( )等内容。

   A. 智能测量 B. 智能检测
   C. 智能互联 D. A+B+C

16. 智能制造的提出源于( )在制造领域中的应用研究,被认为是解决问题的关键。

   A. 工艺流程 B. 生化工程
   C. 人工智能 D. 控制系统

17. ( )的目的是通过集成知识工程、制造软件系统、机器视觉和机器控制等技术对制造技术工人的技能和专家知识进行建模,以使智能机器人在没有人工干预的情况下进行小批量生产。

   A. 智能制造 B. 生物工程 C. 人工智能 D. 控制系统

18. ( )年国务院为实施制造强国战略提供了第一个十年行动纲领。

   A. 1977 B. 2015 C. 2013 D. 2018

19. 2015年,我国明确提出建设的制造业创新中心(工业技术研究基地)建设工程、智能制造等五项重大工程中,不包括( )。

   A. 航天制造工程 B. 工业强基工程
   C. 绿色制造工程 D. 高端装备创新工程

20. 中国制造政策和德国工业4.0,在很多方面都比较类似,但两者所处的( )不同。

   A. 规模 B. 环境 C. 地域 D. 时代

研究性学习

从制造到智能制造

所谓"研究性学习",是以培养学生"具有永不满足、追求卓越的态度,发现问题、提出问题,从而解决问题的能力"为基本目标;以学生从学习和社会生活中获得的各种课题或项目设计、制作等为基本的学习载体;以在提出问题和解决问题的全过程中学习到的科学研究方法、获得的丰富且多方面的体验和获得的科学文化知识为基本内容;以在教师指导下,学生自主开展研究为基本的教学形式的课程活动。

在本书中,我们结合各课的学习内容,精心选取了系列导读案例(见各章正文之前的【导读案例】),用新闻或故事的形式讲述在智能制造领域人们是如何工作、生活的,着眼于"我们如何灵活应用这一技术"来"开动对未来的想象力"。

（1）组织学习小组。本课的"研究性学习"活动以学习小组集体形式开展活动。为此，请你邀请或接受其他同学的邀请，组成研究性学习小组。小组成员以 3~5 人为宜。

你们的小组成员是：

召集人：_____（专业、班级：_____）

组　员：_____（专业、班级：_____）

　　　　_____（专业、班级：_____）

　　　　_____（专业、班级：_____）

　　　　_____（专业、班级：_____）

（2）小组活动：阅读本课的【导读案例】，讨论以下题目。

① 了解以"中国连续 11 年成为世界最大制造业国家"为题，之前、当下和未来在你参与下的"中国制造"发展。

② 了解和熟悉前三次工业革命的发展历程、发展内涵，探索我们在第四次工业革命的可能的所作所为，提高自己的认识，规划自己的职业生涯。

记录：小组讨论的主要观点，推选代表在课堂上简单阐述你们的观点。

评分规则：若小组汇报得 5 分，则小组汇报代表得 5 分，其余同学得 4 分，依此类推。

活动记录：_____

_____

_____

_____

_____

实训评价（教师）：_____

_____

第 2 课 智能制造基础

学习目标

知识目标：
(1) 熟悉智能制造的基础概念，熟悉智能制造的发展背景。
(2) 掌握智能制造的原理。
(3) 熟悉和掌握智能制造系统的技术概念。
(4) 了解智能制造能力成熟度模型。

素质目标：
(1) 热爱学习，勤于思考，掌握学习方法，提高学习能力。
(2) 培养热爱工业、热爱科学、关心社会进步的优良品质。
(3) 体验、积累和提高"大国工匠"的专业素质。

能力目标：
(1) 掌握专业知识的学习方法，培养阅读、思考与研究的能力。
(2) 提高"研究性学习小组"的参与、组织和活动能力，具备团队精神。

重点难点：
(1) 理解智能制造的发展动力与轨迹。
(2) 熟悉智能制造的基础技术知识，掌握专业知识的学习方法，培养思考与研究能力。
(3) 体验、积累和提高"大国工匠"的专业素质。

导读案例

行业首家！徐工重型通过智能制造能力成熟度四级评估

2021 年 7 月 30 日，徐州工程机械集团有限公司（简称"徐工重型"）通过由国家工业和信息化部组织制定的智能制造能力成熟度四级认证，成为中国首家达到这一标准的工程机械企业。据悉，目前全国通过正式认证评估的企业最高水平为四级，通过数量不足 10 家。2019 年，徐工重型成为首批获得"智能制造标杆企业"殊荣的八家企业之一。

作为工业和信息化部重点宣传和推广的工作之一，智能制造能力成熟度基于《智能制造能力成熟度模型》《智能制造能力成熟度评估方法》两项国家标准，对各地区、各行业智能制造发展水平进行客观评价，具有极高的权威性和影响力。此次评估涉及组织战略、人员技能、数据集成、信息安全、生产作业、计划与调度、产品设计、工艺设计等20个关键环节。

21世纪，新一轮科技革命和产业变革风起云涌，高潮迭起，积极推进企业数字化、智能化转型成为行业发展共识。值得关注的是，作为工程机械行业龙头企业，徐工重型持续推动产业技术变革和优化升级，不断强化数据的价值作用，智慧应用场景赋能产品、研发、制造、营销、服务等全产业链、价值链。近年来，徐工重型更是制定智造4.0战略，进一步推动制造业和数字经济深度融合（见图2-1）。以强大的自动化、智能化建设，全面的数字化驱动，构建智能制造体系，徐工重型是徐工智造4.0战略应用实践与实施的一个生动案例（见图2-2）。

图2-1 全球首条转台智能焊接生产线

图2-2 徐工重型5G智能工厂

利用物联网、云计算、大数据、工业互联网等信息技术与制造技术融合，徐工重型5G智能工厂快速落地智能装备改造。通过SCADA（数据采集与监视控制系统）设备联网、产品在线检测、APS高级计划排程、MES制造过程管控、QMS全生命周期质量管理、CRM智能营销服务、工业大数据分析与利用、多信息系统集成等举措，建立起由九条智能产线组成的三个智能车间（见图2-3），建成工业互联网大数据平台和中央集控指挥中心。

图2-3 智能产线

实现生产效率提升50%，运营成本降低23%，新产品研制周期缩短36%，产品一次交验不合格率下降36%，能源利用率提升12.8%……以数据驱动研发端、制造端、市场端的业务协同，徐工重型打造出以产品质量提升为目标的智能制造能力，交付"技术领先、用不毁"的高端智能产品。

创新是企业核心竞争力的源泉，徐工重型将进一步强化智能制造相关组织建设和人才管理，加快构建智能制造发展生态，深入推进数字化转型、智能化升级，为促进企业高质量发展、加快制造强国建设、构筑国际竞争新优势提供有力支撑。

资料来源：根据网络资源整理

阅读上文，请思考、分析并简单记录：

（1）请通过网络搜索，了解由国家工业和信息化部组织制定的智能制造能力成熟度认证，并简单记录。

答：_____
_____
_____
_____

（2）请通过网络搜索，熟悉重点机械制造企业徐州工程机械集团有限公司，并简单记录。

答：_____
_____
_____
_____

（3）请简单分析：龙头企业徐工重型通过由国家工业和信息化部组织制定的智能制造能力成熟度四级认证，其意义何在？

答：_____
_____
_____
_____

（4）请简单记述你所知道的上一周发生的国际、国内或者身边的大事。

答：_____
_____
_____
_____

智能制造（Intelligent Manufacturing，IM）是一种由智能机器和人类专家共同组成的人机一体化智能系统（见图2-4），在制造过程中能进行如分析、推理、判断、构思和决策等智能活动，通过人与智能机器的合作共事，去扩大、延伸和部分地取代人类专家在制造过程中的脑力劳动，将制造自动化的概念扩展到柔性化、智能化和高度集成化。

智能制造包含智能制造技术和智能制造系统。智能制造系统不仅能够在实践中不断地充实知识库，而且还具有自学习功能，有搜集与理解环境信息和自身的信息，并进行分析判断和规划自身行为的能力。

图 2-4 智能制造的产品——徐工重型设备

2.1 智能制造概述

谈起智能制造,首先应提到的是日本在 1990 年 4 月倡导的"智能制造系统"国际合作研究计划。许多发达国家和地区如美国、欧洲共同体、加拿大、澳大利亚等参加了该项计划:投资 10 亿美元,对 100 个项目实施前期科研计划。

毫无疑问,智能化是制造自动化的发展方向。在制造过程的各个环节都广泛应用人工智能技术。专家系统技术可以用于工程设计、工艺过程设计、生产调度、故障诊断等,也可以将神经网络和模糊控制技术等先进的计算机智能方法应用于产品配方、生产调度等,实现制造过程智能化,而人工智能技术尤其适合于解决特别复杂和不确定的问题。

2.1.1 我国的智能制造示范

工业和信息化部在 2015 年启动实施"智能制造试点示范专项行动",主要是直接切入制造活动的关键环节,充分调动企业积极性,注重试点示范项目的成长性,通过点的突破,形成有效的经验与模式,在制造业各个领域加以推广与应用。

2015 年 9 月 10 日,工业和信息化部公布 2015 年智能制造试点示范项目名单,46 个项目入围,覆盖了 38 个行业,分布在 21 个省,涉及流程制造、离散制造、智能装备和产品、智能制造新业态新模式、智能化管理、智能服务等 6 个类别,体现了行业、区域覆盖面和较强的示范性。

时任工业和信息化部部长苗圩表示,智能制造日益成为未来制造业发展的重大趋势和核心内容,是加快发展方式转变,促进工业向中高端迈进、建设制造强国的重要举措,也是新常态下打造新的国际竞争优势的必然选择。推进智能制造是一项复杂而庞大的系统工程,也是一件新生事物,需要一个不断探索、试错的过程,难以一蹴而就,更不能急于求成。

2.1.2 智能制造的发展轨迹

智能制造源于人工智能的研究。人工智能就是用人工方法在计算机上实现的智能。随着产品性能的完善化及其结构的复杂化、精细化,以及功能的多样化,促使产品所包含的设计信息和工艺信息量猛增,随之生产线和生产设备内部的信息流量增加,制造过程和管理工作的信息量也必然剧增，因而促使制造技术发展的热点与前沿转向了提高制造系统对于爆炸性增长的制造信息处理的能力、效率及规模上。先进的制造设备离开了信息的输入就无法运转，柔性制造系统（FMS）一旦被切断信息来源就会立刻停止工作。专家认为，制造系统正在由原来的能量驱动型转变为信息驱动型，这就要求制造系统不但要具备柔性，而且还要表现出智能，否则难以处理如此大量而复杂的信息工作量。其次，瞬息万变的市场需求和激烈竞争的复杂环境，也要求制造系统表现出更高的灵活性、敏捷性和智能性。纵览全球，智能制造越来越受到高度重视，虽然总体而言尚处于概念和实验阶段，但各国政府均将此列入国家发展计划，大力推动实施。

1992 年，美国执行新技术政策，大力支持关键重大技术，包括信息技术和新的制造工艺、智能制造技术，美国政府希望借助此举改造传统工业并启动新产业。

加拿大制定的 1994—1998 年发展战略计划，认为未来知识密集型产业是驱动全球经济和加拿大经济发展的基础，发展和应用智能系统至关重要，并将具体研究项目选择为智能计算机、人机界面、机械传感器、机器人控制、新装置、动态环境下系统集成。

日本 1989 年提出智能制造系统，且于 1994 年启动了先进制造国际合作研究项目，包括公司集成和全球制造、制造知识体系、分布智能系统控制、快速产品实现的分布智能系统技术等。

欧洲联盟的信息技术相关研究部门大力资助有市场潜力的 ESPRIT 信息技术项目。1994 年又启动新的 R&D 项目，选择 39 项核心技术，其中三项（信息技术、分子生物学和先进制造技术）中均突出了智能制造的位置。

中国将"智能模拟"列入国家科技发展规划的主要课题，已在专家系统、模式识别、机器人、汉语机器理解方面取得了一批成果。国家科技部提出将"工业智能工程"作为技术创新计划中创新能力建设的重要组成部分，而智能制造是该项工程中的重要内容。

可见，智能制造正在世界范围内兴起，它是制造技术发展，特别是制造信息技术发展的必然，是自动化和集成技术向纵深发展的结果。智能装备面向传统产业改造提升和战略性新兴产业发展需求，重点包括智能仪器仪表与控制系统、关键零部件及通用部件、智能专用装备等，它能实现各种制造过程自动化、智能化、精益化、绿色化，带动装备制造业整体技术水平的提升。

中国装备制造业"由大变强"的标志包括：国际市场占有率处于世界第一；超过一半产业的国际竞争力处于世界前三；成为影响国际市场供需平衡的关键产业；拥有一批国际竞争力和市场占有率处于全球前列的世界级装备制造基地；原始创新突破，一批独创、原创装备问世等多个方面。

2.2 智能制造原理

在计算机科学中，分布式计算研究领域主要研究分散系统如何进行计算。分散系统是一组电子计算机，通过计算机网络相互连接与通信后形成的系统，把需要进行大量计算的工程数据分区成小块，由多台计算机分别计算，上传运算结果后，将结果统一合并得出数据结论。

智能制造系统是在分布式制造网络环境中，根据分布式集成的基本思想，应用分布式人工智能中多智能体系统的理论与方法，实现制造单元的柔性智能化与基于网络的制造系统柔性智能化集成（见图 2-5）。根据分布系统的同构特征，在智能制造系统实现一种局域形式，也反映了基于因特网的全球制造网络环境下智能制造系统的实现模式。

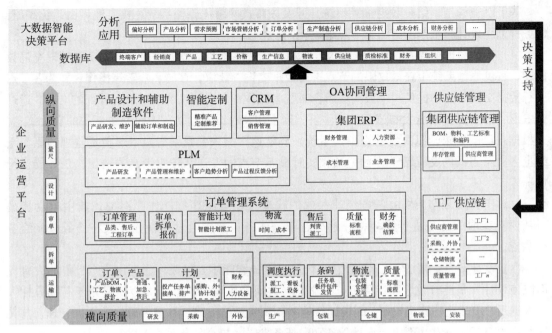

图 2-5　智能制造系统架构

2.2.1　分布式网络化

智能制造系统的本质特征是基于个体制造单元"自主性"与系统整体的"自组织能力"的分布式多自主体智能系统（见图 2-6）。基于这一思想，同时考虑基于因特网的全球制造网络环境，可以提出适用于中小企业单位的分布式网络化 IMS（智能管理系统，是一套闭环式的电子制造管理和物料管理的解决方案）的基本构架。一方面通过智能体赋予各制造单元以自主权，使其自治独立、功能完善；另一方面，通过智能体之间的协同与合作，赋予系统自组织能力。

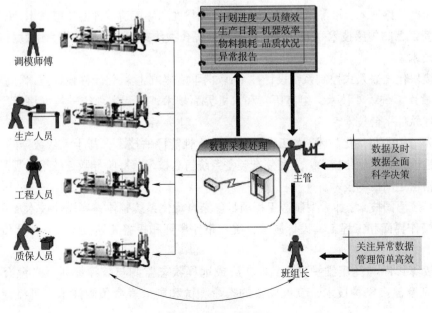

图 2-6　分布式网络化

基于以上构架，结合数控加工系统，开发分布式网络化原型系统，相应地可由系统经理、任务规划、设计和生产者等四个节点组成。

（1）系统经理节点：包括数据库服务器和系统智能体两个数据库服务器，负责管理全局数据库，可供原型系统中获得权限的节点进行数据查询、读取、存储和检索等操作，并为各节点进行数据交换与共享提供一个公共场所。系统智能体则负责该系统在网络与外部的交互，通过Web服务器在因特网上发布该系统的主页。网上用户可以通过访问主页获得系统的有关信息，并根据自己的需求，以决定是否由该系统来满足这些需求。系统智能体还负责监视该原型系统上各个节点间的交互活动，如记录和实时显示节点间发送和接收消息的情况、任务的执行情况等。

（2）任务规划节点：由任务经理和它的代理（任务经理智能体）组成，其主要功能是对从网上获取的任务进行规划，分解成若干子任务，然后通过招投标方式将任务分配给各个节点。

（3）设计节点：由CAD工具和它的代理（设计智能体）组成，它提供一个良好的人机界面以使设计人员能有效地和计算机进行交互，共同完成设计任务。CAD工具用于帮助设计人员根据用户要求进行产品设计；而设计智能体则负责网络注册、取消注册、数据库管理、与其他节点的交互、决定是否接受设计任务和向任务发送者提交任务等事务。

（4）生产者节点：该项目研究开发的一个智能制造单元，包括加工中心和它的网络代理（机床智能体）。该加工中心配置了智能自适应。该数控系统通过智能控制器控制加工过程，以充分发挥自动化加工设备的加工潜力，提高加工效率；具有一定的自诊断和自修复能力，以提高加工设备运行的可靠性和安全性；具有和外部环境交互的能力；具有开放式的体系结构以支持系统集成和扩展。

2.2.2　智能技术

在智能制造领域中，智能技术一般包括：

（1）新型传感技术：如高传感灵敏度、精度、可靠性和环境适应性的传感技术，采用新原理、新材料、新工艺的传感技术（如量子测量、纳米聚合物传感、光纤传感等），微弱传感信号提取与处理技术。

（2）模块化、嵌入式控制系统设计技术：如不同结构的模块化硬件设计技术，微内核操作系统和开放式系统软件技术、组态语言和人机界面技术，以及实现统一数据格式、统一编程环境的工程软件平台技术。

（3）先进控制与优化技术：如工业过程多层次性能评估技术、基于大量数据的建模技术、大规模高性能多目标优化技术、大型复杂装备系统仿真技术、高阶导数连续运动规划技术、电子传动等精密运动控制技术。

（4）系统协同技术：如大型制造工程项目复杂自动化系统整体方案设计技术及安装调试技术、统一操作界面和工程工具设计技术、统一事件序列和报警处理技术、一体化资产管理技术等。

（5）故障诊断与健康维护技术：如在线或远程状态监测与故障诊断、自愈合调控与损伤智能识别及健康维护技术、重大装备的寿命测试和剩余寿命预测技术、可靠性与寿命评估技术。

（6）高可靠实时通信网络技术：如嵌入式互联网技术、高可靠无线通信网络构建技术、工业通信网络信息安全技术、异构通信网络间信息无缝交换技术。

（7）功能安全技术：如智能装备硬件、软件的功能安全分析、设计、验证技术及方法，建立功能安全验证的测试平台，研究自动化控制系统整体功能安全评估技术。

（8）特种工艺与精密制造技术：如多维精密加工工艺，精密成形工艺，焊接、粘接、烧结等特殊连接工艺，微机电系统技术，精确可控热处理技术，精密锻造技术等。

（9）识别技术：如低成本、低功耗 RFID 芯片设计制造技术，超高频和微波天线设计技术，低温热压封装技术，超高频 RFID 核心模块设计制造技术，基于深度三位图像识别技术，物体缺陷识别技术。

2.2.3 智能机器

智能机器也就是智能机器人，它给人最深刻的印象是一个独特的进行自我控制的"活物"。智能机器人具备形形色色的内部信息传感器和外部信息传感器，如视觉、听觉、触觉、嗅觉。除具有感受器外，它还有效应器，作为作用于周围环境的手段。智能机器人至少要具备三个要素：感觉要素、运动要素和思考要素。智能机器人是一个多种新技术的集成体，它融合了机械、电子、传感器、计算机硬件、软件、人工智能等许多学科的知识，涉及当今许多前沿领域的技术。机器人已进入智能时代，不少发达国家都将智能机器人作为未来技术发展的制高点。

科学技术向来是把"双刃剑"，智能机器人技术在发挥其积极作用的同时也会给人们带来社会和伦理问题。因此有人担忧：智能机器人将来是否会在智能上超越人类，以至对就业造成影响，甚或威胁人类的生命财产。其实，这方面的担心完全没有必要。智能机器人并非无所不能，它的智商只相当于四岁的儿童，它的"常识"比正常成年人就差得更远了。周海中教授早在 1990 年发表的《论机器人》一文中就指出：机器人在工作强度、运算速度和记忆功能方面可以超越人类，但在意识、推理等方面不可能超越人类。日本机器人专家广濑茂男教授也指出：即使智能机器人将来具有常识，并能进行自我复制，也不可能带来大范围的失业，更不可能对人类造成威胁。只有正确看待和使用智能机器人，才能使其更好地服务人类、造福人类。

2.3 智能制造系统（IMS）

智能制造系统（Intelligent Manufacturing System，IMS）是一种由智能机器和人类专家共同组成的人机一体化系统（见图 2-7），它突出了在制造诸环节中，以一种高度柔性与集成的方式，借助计算机模拟的人类专家的智能活动，进行分析、判断、推理、构思和决策，取代或延伸制造环境中人的部分脑力劳动，同时收集、存储、完善、共享、继承和发展人类专家的制造智能。由于这种制造模式，突出了知识在制造活动中的价值地位，而知识经济又是继工业经济后的主体经济形式，所以智能制造就成为影响未来经济发展过程的制造业的重要生产模式。智能制造系统是智能技术集成应用的环境，也是智能制造模式展现的载体。

图 2-7 智能制造系统示意

制造系统在概念上被认为是一个复杂的相互关联的子系统的整体集成,从制造系统的功能角度,可将智能制造系统细分为设计、计划、生产和系统活动四个子系统。在设计子系统中,智能制造突出了产品的概念设计过程中消费需求的影响;功能设计关注了产品可制造性、可装配性和可维护及保障性。另外,模拟测试也广泛应用于智能技术。在计划子系统中,数据库构造将从简单信息型发展到知识密集型。在排序和制造资源计划管理中,模糊推理等多类的专家系统将集成应用;智能制造的生产系统将是自治或半自治系统。在监测生产过程、生产状态获取和故障诊断、检验装配中,将广泛应用智能技术;从系统活动角度,神经网络技术在系统控制中已开始应用,同时应用分布技术和多元代理技术、全能技术,并采用开放式系统结构,使系统活动并行,解决系统集成。

由此可见,智能制造系统理念建立在自组织、分布自治和社会生态学机理上,目的是通过设备柔性和计算机人工智能控制,自动地完成设计、加工、控制管理过程,旨在解决适应高度变化环境的制造的有效性。

智能制造的广义概念包含了五个方面:产品智能化、装备智能化、生产方式智能化、管理智能化和服务智能化。与传统制造相比,智能制造系统具有以下特征。

2.3.1 自律能力

自律能力即搜集与理解环境信息和自身的信息,并进行分析判断和规划自身行为的能力。具有自律能力的设备称为"智能机器",它在一定程度上表现出独立性、自主性和个性,甚至相互间还能协调运作与竞争。强大的知识库和基于知识的模型是自律能力的基础。

2.3.2 人机一体化

智能制造系统是"人机一体化"的智能系统,是一种混合智能。基于人工智能的智能机器只能进行机械式的推理、预测、判断,它具有逻辑思维(专家系统),最多做到形象思维(神经网络),完全做不到灵感(顿悟)思维。只有人类专家才能同时真正具备以上三种思维能力。

因此，想以人工智能全面取代制造过程中人类专家的智能，独立承担起分析、判断、决策等任务是不现实的。人机一体化一方面突出人在制造系统中的核心地位，同时在智能机器的配合下，更好地发挥出人的潜能，使人机之间表现出一种平等共事、相互"理解"、相互协作的关系，使二者在不同的层次上各显其能，相辅相成。

因此，在智能制造系统中，高素质、高智能的人将发挥更好的作用，机器智能和人的智能将真正地集成在一起，互相配合，相得益彰。

2.3.3 虚拟现实

虚拟现实（VR）是实现虚拟制造的支持技术，也是实现高水平人机一体化的关键技术之一。虚拟现实技术以计算机为基础，融合信号处理、动画技术、智能推理、预测、仿真和多媒体技术为一体；借助各种音像和传感装置，虚拟展示现实生活中的各种过程、物件等，因而也能模拟制造过程和未来的产品，从感官和视觉上使人获得如同真实的感受。其特点是可以按照人们的意愿任意变化，这种人机结合的新一代智能界面，是智能制造的一个显著特征。

虚拟制造技术（见图2-8）可以在产品设计阶段就模拟出该产品的整个生命周期，从而更有效、更经济、更灵活地组织生产，实现了产品开发周期最短、产品成本最低、产品质量最优、生产效率最高的保证。

图2-8　虚拟制造技术

2.3.4 自组织超柔性

智能制造系统中的各组成单元能够依据工作任务的需要，自行组成一种最佳结构，其柔性不仅突出在运行方式上，而且突出在结构形式上，所以称这种柔性为超柔性，如同一群人类专家组成的群体，具有生物特征。

2.3.5 学习与维护

智能制造系统能够在实践中不断地充实知识库，具有自学习功能。同时，在运行过程中自行诊断故障，并具备对故障自行排除、自行维护的能力。这种特征使智能制造系统能够自我优化并适应各种复杂的环境。

2.4 分布式数控（DNC）

分布式数控（Distributed Numerical Control，DNC，见图 2-9）是网络化数控机床常用的制造术语，其本质是计算机与具有数控装置的机床群使用计算机网络技术组成的分布在车间中的数控系统。该系统对用户来说就像一个统一的整体，系统对多种通用的物理和逻辑资源进行整合，可以动态地分配数控加工任务给任一加工设备。DNC 是提高设备利用率、降低生产成本的有力手段，是未来制造业的发展趋势。

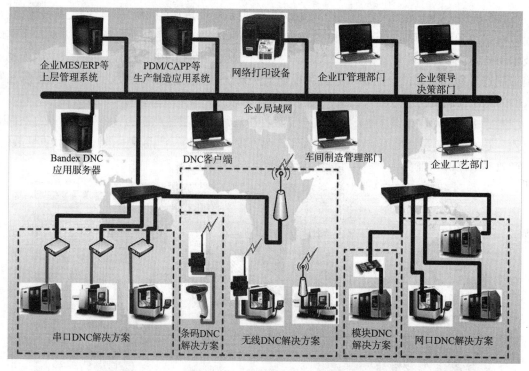

图 2-9 分布式数控（DNC）

DNC 早期只是作为解决数控设备通信的网络平台，随着客户不断发展和成长，仅仅解决设备联网已远远不能满足现代制造企业的需求。20 世纪 90 年代初，美国 Predator 软件公司就赋予 DNC 更丰富的内涵：生产设备和工位智能化联网管理系统，这也是全球范围内最早且使用最成熟的"物联网"技术——车间内"物联网"，使得 DNC 成为离散制造业 MES 系统必备的底层平台。DNC 必须能够承载更多的信息，同时 DNC 系统必须能有效地结合先进的数字化的数据录入或读出技术，如条码技术、射频技术、触屏技术等，帮助企业实现生产工位数字化。

Predator DNC 系统的基本功能是使用一台服务器，对企业生产现场所有数控设备进行集中智能化联网管理（已能在 64 位机上实现对 4 096 台设备集中联网管理）。所有编程人员可以在自己的 PC 上进行编程，并上传至 DNC 服务器指定的目录下，而后现场设备操作者即可通过设备 CNC 控制器发送"LOAD（下载）"指令，从服务器中下载所需的程序，待程序加工完毕后再通过 DNC 网络回传至服务器中，由程序管理员或工艺人员进行比较或归档。这种方式首先大大减少了数控程序的准备时间，消除了人员在工艺室与设备端的奔波，并且可完全确保程序的完整性和可靠性，消除了很多人为导致的失误，最重要的是通过这套成熟的系统，将企业生产过程中所使用的所有数控程序都能合理有效地集中管理。

2.5 智能制造能力成熟度等级

2021年5月《智能制造能力成熟度模型》(GB/T 39116—2020)和《智能制造能力成熟度评估方法》(GB/T 39117—2020)两项国家标准正式发布实施,各省市主管部门相继出台相关政策,鼓励企业基于智能制造国家标准开展智能制造能力成熟度标准符合性评估(简称CMMM® 评估)。

《智能制造能力成熟度模型》标准聚焦"企业如何提升智能制造能力"的问题,提出了智能制造发展的5个等级、4个要素、20个能力子域以及1套评估方法,引导制造企业基于现状合理制定目标,有规划、分步骤地实施智能制造工程。依据标准可对制造企业的智能制造能力水平进行客观评价,是制造企业识别智能制造现状、明确改进路径的有效工具,也是各级主管部门掌握智能制造产业发展情况的重要抓手。

作为制造业智能制造能力的体现,智能制造能力成熟度等级越高,企业智能制造能力就越强,同时也是成熟度评价模型的基础。根据对智能制造能力成熟度等级概念的理解,智能制造能力成熟度等级是一个组织或企业在一定条件下,运用适当管理措施实现其智能制造的能力的高低。智能制造能力划分为规划级、规范级、集成级、优化级、引领级5个成熟度等级(见图2-10)。

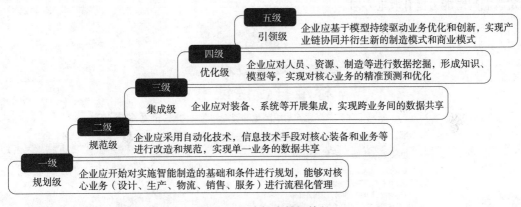

图2-10 成熟度等级特征

对智能制造能力成熟度等级标准进行的规范性描述如下:

(1)规划级:在此智能制造能力成熟度等级上的企业已经开始计划实施智能制造,认识到数据库建设对于提升制造能力的重要性。在某些核心制造环节实现信息化,开始注重对生产数据的记录和监督,着手构建智能制造系统架构,然而只处于规划层面上,并没有真正达到智能制造的门槛。

(2)规范级:在此智能制造能力成熟度等级上的企业已制订实施智能制造计划,迈入智能制造阶段。在制造过程的某些核心环节开始应用智能设备和智能技术,产品质量有所提高;建立了需求供应实时数据库,对客户需求及时反应,提高客户满意度;成本数据及时记录监督,提高了企业的成本控制能力;建立了核心环节的数据库,实现工艺流程数字化。

(3)集成级:企业若达到集成级水平,说明对智能制造的关注点已经转移,主要是从单项环节的数据库建设转移到各环节数据库集成上来，企业完成了关键环节的数据库集成，实现了企业内部信息资源之间的互联互通和数据共享。

（4）优化级：处于这一智能制造能力成熟度等级上的企业实现了企业内部设计、生产、销售等各环节、各部门之间的纵向集成，也实现了与企业外部市场、供应商、经销商、终端客户等节点之间的横向信息集成与共享，对采集到的各项数据进行汇总分析，对各种系统不断进行优化。

（5）引领级：这是发展智能制造的最高级别，处于这一智能制造能力成熟度等级上的企业已经实现人与设备的互联互通，大数据、网络化平台等智能服务平台已经建成，智能制造的各个环节之间实现资源共享及数据横向纵向集成，员工已具备熟练使用智能设备的能力，智能设备用于设计、生产、销售的全过程，设备可根据需求变化自行调整。企业的智能交付速度控制能力、智能成本控制能力、智能质量控制能力等各项智能制造能力均达到很高水平，企业已成为该行业智能制造的基准。

企业实施智能制造时，应按照从低等级向高等级逐步推进的原则，从规划级向引领级循序发展。当然在提升智能制造能力的同时，也要结合自身实际情况来选择合适的智能制造发展方向。

智能CMMM®评估是依据《智能制造能力成熟度模型》（GB/T 39116—2020）和《智能制造能力成熟度评估方法》（GB/T 39117—2020）两项国家标准开展的标准符合性评估（见图2-11）。评估企业当前整体智能制造发展水平，帮助企业识别自身发展过程中的短板与不足，确定智能制造能力提升改进方向。

图2-11 证书样式

1. 谈起智能制造，首先应提到的是日本在（　　）年4月倡导的"智能制造系统"国际合作研究计划。许多发达国家参加了该项计划。
   A. 1990　　　　　B. 2015　　　　　C. 2016　　　　　D. 2021
2. 工业和信息化部在（　　）年启动实施"智能制造试点示范专项行动"，主要是通过点的突破，形成有效的经验与模式，在制造业各个领域加以推广与应用。

A. 1990 B. 2015 C. 2016 D. 2021

3. 分布式计算研究领域主要研究（　　），这是通过计算机网络相互连接与通信后形成的一组电子计算机系统，把需要进行大量计算的工程数据由多台计算机分别计算，上传运算结果后，将结果统一合并得出数据结论。

   A. 任务规划 B. 整合环节 C. 离散设备 D. 分散系统

4. （　　）是在分布式制造网络环境中，应用人工智能中多智能体系的理论与方法，实现制造单元的柔性智能化与基于网络的制造系统柔性智能化集成。

   A. 集中式制造系统 B. 分布式网络设备
   C. 智能制造系统 D. 多用户制造系统

5. 基于分布式多自主体智能系统构架，结合数控加工系统，开发分布式网络化原型系统，相应的可由系统经理、（　　）、设计和生产者等四个节点组成。

   A. 任务规划 B. 整合环节 C. 离散设备 D. 分散系统

6. 智能制造领域中的智能技术一般不包括（　　）技术。

   A. 智能识别 B. 系统协同 C. 多媒体视频 D. 新型传感

7. 智能机器人具备形形色色的内、外部信息传感器，如视觉、听觉、触觉、嗅觉。除具有传感器外，它还有（　　），作为作用于周围环境的手段。

   A. 分析器 B. 效应器 C. 启动器 D. 啮合器

8. 智能制造的广义概念包含了五个方面，即产品智能化、装备智能化、生产方式智能化、管理智能化和（　　）。

   A. 设备离散化 B. 网络个性化
   C. 数字媒体化 D. 服务智能化

9. 智能制造系统是（　　）的智能系统，是一种混合智能。

   A. 人机一体化 B. 网络个性化
   C. 数字媒体化 D. 系统集约化

10. （　　）技术可以在产品设计阶段就模拟出该产品的整个生命周期，这种人机结合的新一代智能界面是智能制造的一个显著特征。

    A. 数字媒体 B. 网络个性 C. 虚拟制造 D. 系统集约

11. 制造系统在概念上被认为是一个（　　）的相互关联的子系统的整体集成。

    A. 刚性 B. 复杂 C. 简单 D. 个性

12. 从制造系统的功能角度，可将智能制造系统细分为设计、计划、生产和（　　）四个子系统。

    A. 直接加工 B. 复杂抽象 C. 简单加工 D. 系统活动

13. 智能制造系统中的各组成单元能够依据工作任务的需要，自行组成一种最佳结构，其（　　）不仅突出在运行方式上，还突出在结构形式上，如同一群人类专家组成的群体，具有生物特征。

    A. 柔性 B. 个性 C. 简单 D. 刚性

14. （　　）是网络化数控机床常用的制造术语，其本质是计算机与具有数控装置的机床群使用计算机网络技术组成的分布在车间中的数控系统。

    A. CPS B. IMS C. DNC D. DIY

15. （　　）年5月《智能制造能力成熟度模型》（GB/T 39116—2020）和《智能制造能力成熟度评估方法》（GB/T 39117—2020）两项国家标准正式发布实施。

　　A. 1990　　　　　　B. 2015　　　　　　C. 2016　　　　　　D. 2021

16. 在《智能制造能力成熟度模型》中，智能制造能力划分为已规划级、规范级、（　　）、优化级、引领级五个成熟度等级。

　　A. 灵活级　　　　　B. 集成级　　　　　C. 分散级　　　　　D. 个性级

17. "智能制造能力成熟度等级标准"的（　　）是指：在此等级上的企业已经开始计划实施智能制造。

　　A. 引领级　　　　　B. 优化级　　　　　C. 规范级　　　　　D. 规划级

18. "智能制造能力成熟度等级标准"的（　　）是指：处于这一等级上的企业实现了企业内部设计、生产、销售等环节各部门之间的纵向集成，也实现了与企业外部市场、供应商、经销商、终端客户等节点之间的横向信息集成与共享。

　　A. 引领级　　　　　B. 优化级　　　　　C. 规范级　　　　　D. 规划级

19. "智能制造能力成熟度等级标准"的（　　）是指：处于这一等级上的企业已经实现人与设备的互联互通，大数据、网络化平台等智能服务平台已经建成，智能制造的各个环节之间实现资源共享及数据横向纵向集成。

　　A. 引领级　　　　　B. 优化级　　　　　C. 规范级　　　　　D. 规划级

20. （　　）®评估能帮助企业识别自身发展过程中的短板与不足，确定智能制造能力提升改进方向。

　　A. CMMM　　　　　B. APESK　　　　　C. ZMAP　　　　　D. NIST

研究性学习

智能制造的特征与发展趋势

小组活动：阅读本课的【导读案例】，讨论以下题目。

（1）智能制造的发展历程。

（2）智能制造的特征与发展趋势。

（3）除了徐工重型，国内外还有哪些企业正在积极推进智能制造建设？

记录：小组讨论的主要观点，推选代表在课堂上简单阐述你们的观点。

评分规则：若小组汇报得5分，则小组汇报代表得5分，其余同学得4分，依此类推。

活动记录：_____

_____

_____

_____

_____

实训评价（教师）：_____

_____

第 3 课

信息物理系统（CPS）

学习目标

知识目标：
（1）深刻理解信息物理系统（CPS）的技术本质与内涵。
（2）理解什么是赛博空间，以及实体空间与赛博空间的虚实结合。
（3）理解 CPS 面向智能制造的基本技术特性。

素质目标：
（1）本章的知识内容有一定的抽象性，要勤于思考，掌握学习方法，提高学习能力。
（2）培养热爱工业、热爱科学、关心社会进步的优良品质。
（3）体验、积累和提高"大国工匠"（日本工匠、德国器匠）的专业素质。

能力目标：
（1）掌握专业知识的学习方法，培养阅读、思考与研究的能力。
（2）提高"研究性学习小组"的参与、组织和活动能力，具备团队精神。

重点难点：
（1）赛博空间的概念、实体空间与赛博空间的虚实结合。
（2）如何理解 CPS 的技术本质。
（3）体验、积累和提高"大国工匠"的专业素质。

导读案例

汽车业大批量个性化智能制造

未来的某一天，制造业实现了"大批量个性化定制"，可以根据消费者的爱好细致周到地定制生产。故事的主人公是位于印度马德拉斯近郊的当地汽车厂商"甘地汽车"公司（见图 3-1）的储备干部谢尔曼先生。40 岁的谢尔曼去德国的汽车厂家视察，以在那里学到的东西为基础，大幅度改变了印度的制造业。

马德拉斯一带到处都是承接汽车产品加工的零件工厂。因为这里的劳动报酬很低，当地

图 3-1　印度汽车工厂

的零件工厂曾繁荣一时。近年来，由于南美和非洲各国外包加工的崛起，这里开始日渐式微。在甘地汽车公司工作的谢尔曼先生五年前被公司借调到马德拉斯，从那时候开始他作为厂长一直埋头于提高生产效率的工作中，他担负着公司的经营重担。

某日，谢尔曼先生接到总公司的通知，安排他参加企业储备干部赴技术大国德国的实地业务考察，以追踪业务最新动向，看一看最新技术使用的现场。"这时候的德国在世界上率先提出的"工业4.0"政策已经得到落实，构筑了其作为制造大国的稳固地位。

一周之后，谢尔曼先生充满着期待，来到法兰克福，见到德国大型汽车厂商温伯格公司来接他的克劳斯先生。坐上温伯格公司生产的最新型汽车，克劳斯先生将目的地告诉车子，仅仅如此，汽车就自动发动起来了。克劳斯得意扬扬地说："在德国，自动汽车已经司空见惯了。"虽然谢尔曼先生曾经听说过自动汽车，但实际乘坐却是第一次。

第一个目的地是位于法兰克福市内的汽车4S店。与以往的商店不同，这里只看到一台嵌有大型数字电子屏的桌子和旁边的引导机器人。这时，克劳斯提了个建议："谢尔曼先生，参观工厂前您先订一辆汽车，可以根据你的喜好进行个性化定制。当然，并不需要实际购买。"其实，谢尔曼从孩童时代就非常喜欢温伯格公司的汽车，现在居然能够个性化定制自己专属的汽车，这简直就跟做梦一样。

克劳斯先生进一步说："谢尔曼先生，请将您在大脑中想象的汽车图像传达给这里的机器人'小盐'。"谢尔曼全身心地变成了顾客，开始考虑自己喜欢的汽车。引导机器人聊开了："欢迎光临！我的名字叫小盐·温伯格。请叫我小盐君。请问您要找什么样的车子呢？"

谢尔曼先生对着眼睛大大的人偶型机器人说："运动型车比较好，很酷的样子。"于是小盐就从庞大的汽车数据库中开始检索，并将谢尔曼先生喜欢的车子展示在数字电子屏上。看到展示出来的汽车，谢尔曼先生吓了一跳，居然跟自己脑海中想象的汽车一模一样！

当他说"要红色"的时候，小盐能理解他所说"红色"的语感，提交给他的正是他那个年龄层比较流行的酒红色。而且，甚至连车前灯、侧反光镜等加装的零部件，小盐都能从浩瀚的选项中选出谢尔曼想要的那种样子。这样，很快，车身完整的样子便呈现在数字电子屏上了。

这时克劳斯递给谢尔曼一个防风镜式的可穿戴设备（见图3-2）。"请戴上这个眼镜！"谢尔曼戴上眼镜设备，眼前就出现了与自己个性化定制的实物大小的汽车。虽然与现实相结合，但还是让人感到非常有冲击力。谢尔曼先生有点激动地端详了汽车四周好一会儿，车身前方温伯格公司的车标正发出灿烂的光芒。

图3-2　VR视觉设备

克劳斯又补充说:"这次只是参观,对那些要求更高的客户,我们甚至可以连车身的装饰品和车内零部件都能用3D打印机制作出来。这时就需要和设计师商量,还要画出设计图样。"谢尔曼想,什么时候我也要订一辆更讲究、要求更高的汽车。

克劳斯说:"正像您体验的一样,我们公司不仅在颜色上甚至在车身的细微规格方面,都能够根据客户自身的需求来定制。这里重要的是,只要把客户大脑中描绘的设计方案和喜好告诉机器人,就能够从庞大的数据库中自动选出符合客户想法的车身和其他零部件。"说着,克劳斯先生按下遥控器,把自动汽车叫到商店门口。

到了工厂,谢尔曼再次惊愕不已。这里的情形和谢尔曼心目中的汽车制造工厂差别极大(见图3-3)。厂里有四条生产线,分别是车身组装、焊接加工、涂装,还有零部件装配。

图3-3 汽车自动化生产流水线

令人惊叹的是,生产出来的车身外形并不是整齐划一的。仔细一看,由生产线生产出来的汽车中,混杂了一些车身颜色和甚至外形都有差别的汽车,并且这里的车间里几乎没有人。每当生产线的某项工序一结束,搬运机器人就会迎上来,将其移到下一个生产线,机器人在四条生产线之间来回操作,还会根据需要,通过搬运机器人和自动驾驶卡车在工厂之间来回行动,看起来仿佛车子有意识地在生产线和工厂之间移动,自主地被组装起来。这种高效率真是棒极了!克劳斯先生说:"这个工厂已经实现了大批量个性化定制,可以配合消费者的喜好,将各种各样个性化车身自动生产出来。"

谢尔曼问:"在按计划生产的生产线上任意塞入个性化产品,不会给生产线各个工序造成麻烦吗?"克劳斯先生回答道:"没问题。被加入的车辆所需要的零部件事先已经准备好了。每个车身会配合小盐事先模拟好的计划表在生产线上移动,每条生产线的生产机器、装置、设备的情况在网络上是共有的。因为已经得知每辆个性化定制汽车的详细规格,对于每辆车会区别对应各自需要的零部件和装配方法。"

谢尔曼还有一个很大的疑问,那就是仅靠机器人之力,不会发生故障而导致运行停止吗?实际上,生产用机器人发生故障在很多工厂里已成为烦恼的源头。因为发生故障,每次都要停下生产线,由专业维护人员查明发生异常的原因,获取所需要的零件,也经常要花掉大量的时间。

听了谢尔曼的质疑,克劳斯将他带到一个装有监视系统的房间,其中一个大屏幕上,数据一览无余地显示在上面。克劳斯先生说:"工厂内部所有的机器、设备、装置的运转情况都由这个系统进行监控,装置上安装的传感器会适时地监控运转情况,并及时传送至监控室。在异常发生前,可以通过设备运转情况事先获知故障发生的可能性。"

这时,有一个监控屏幕显示的警报说,用于车身加工机器的模具需要更换了。这是监视系统根据观察到的模具磨损情况自动做出的判断和通知。监控系统显示出需要更换模具的类型和价格,并询问监控人员:"可以订购这个零件吗?"在监控人员确认后,监控系统自动开始采购流程。克劳斯先生得意地说:"那个模具大概在今天下班之后进行更换。两年来,工厂生产线在生产时间一次都没有出现过异常停止。"

就这样,结束了所有访问行程的谢尔曼先生踏上了归途。从那天开始,谢尔曼先生在经营工厂的同时,积极致力于公司的改革方案。最终,公司决定试验性地引进、模拟温伯格公司的系统。

从那之后,甘地汽车公司跃升为亚洲的汽车龙头企业。在公司门口,一个巨大的铜像闪闪发光,上面刻着:"印度汽车界颠覆与创新之神——谢尔曼。"

资料来源:根据网络资源整理

阅读上文,请思考、分析并简单记录:

(1) 请分析,在汽车厂商温伯格公司中,谢尔曼先生最感兴趣的事情是什么?如果你有机会去这样的工厂参观甚至工作,你的愿望是什么?

答:_____

(2) 上述故事中,在机器人小盐与客户的对话中,你认为应用了哪些人工智能技术?

答:_____

(3) 现在,在一般工厂中,因设备故障造成的停产检修,对企业的生产影响很大。这个故事中表现的应用场景是如何克服这个问题的?

答:_____

（4）请简单记述你所知道的上一周发生的国际、国内或者身边的大事。

答：_____

_____

_____

_____

信息物理系统（Cyber Physical Systems，CPS），是一个综合计算、网络和物理环境的多维复杂系统，它通过计算、通信、控制（3C）技术的有机融合与深度协作，实现大型工程系统的实时感知、动态控制和信息服务；它通过人机交互接口实现和物理进程的交互，使用网络化空间以远程的、可靠的、实时的、安全的、协作的方式操控一个物理实体，实现计算、通信与物理系统的一体化设计，具有重要而广泛的应用前景。

3.1　CPS 的提出

Cyber（赛博）一词源自希腊语，原意为舵手。诺伯特·维纳在《控制论》中使用了该词。如今该词用作前缀，代表与因特网或计算机相关的事物，即采用电子工具或计算机进行的控制。本书所指的"信息物理系统"，又译为"赛博－实体系统"。我们采用前者，其实际深刻含义会在后文中具体介绍。

信息物理系统（见图 3-4）包含了无处不在的环境感知、嵌入式计算、网络通信和网络控制等系统工程，使物理系统具有计算、通信、精确控制、远程协作和自治功能。它注重计算资源与物理资源的紧密结合与协调，主要用于一些智能系统，如机器人、智能导航等。目前，信息物理系统还是智能制造领域的一个比较新的研究范畴。

2005 年 5 月，美国国会要求美国科学院评估美国的技术竞争力，并提出维持和提高这种竞争力的建议。5 个月后，基于此项研究的报告《站在风暴之上》问世。在此基础上，2006 年 2 月发布的《美国竞争力计划》将 CPS 列为重要的研究项目。

2007 年 8 月，当时的美国总统科学技术顾问委员会（PCAST）提出一个报告《受到挑战的领导力：信息技术在全球竞争中的研究和发展》，报告中将"网络信息技术与实体世界的连接系统"列在八大核心技术的首位，其余核心技术分别是软件、数据、数据存储与数据流、网络、高端计算、网络与信息安全、人机界面。该报告提出的背景，一方面是美国认为其在全球科技竞争力的优势正在逐渐失去，需要寻找和定义具备突破性的技术领域来保持原有的竞争优势；另一方面，美国认为其在网络通信技术（ICT）和计算机科学方面的优势明显，全球信息技术 50 强企业超过一半在美国，并且在微处理器和控制系统方面具有垄断地位。

随着计算机科学和处理器能力的快速发展，智能化的小型电子系统和大型 ICT 系统已经初显雏形。欧盟也开始了"先进嵌入式智能系统技术"计划，在 2007—2013 年对该领域投入超过 70 亿美元。2012 年 10 月，德国"工业 4.0"工作组正式提出工业 4.0 执行建议，并将信息物理制造系统作为智能制造系统的最关键技术（见图 3-5）。

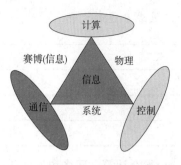
图 3-4 信息物理系统（CPS）示意

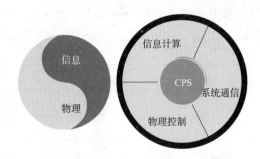
图 3-5 基于 CPS 实现智能制造

控制论对于人们并不陌生。从 20 世纪 40 年代麻省理工学院发明了数控技术，到如今基于嵌入式计算的工业控制系统遍地开花，工业自动化早已成熟，甚至在人们的日常居家生活中，各种家电也都具有控制功能。不过，这些基本都是封闭的控制系统，即便其中一些工控应用了网络，也具有联网和通信功能，但其工控网络内部总线大都使用的都是工业控制总线，网络内部各个独立的子系统或者说设备难以通过开放总线或者互联网进行互联，而且，通信的功能比较弱。

受到美国和德国两个传统工业强国的"青睐"，CPS 迅速引起了世界各国的关注。如今有很多研究者都试图从技术层面对 CPS 进行定义，把它与物联网、大数据、自动制造执行系统、ERP 等技术概念联系在一起。但是，却忽略了一个基本情况，那就是第四次工业革命并非因为 CPS 或某一项技术的出现而到来，正相反，CPS 的诞生是应第四次工业革命的需求而出现，它是满足生产力发展新需求的使能技术（即一项或一系列的、应用面广、具有多学科特性、为完成任务、实现目标的技术）。

CPS 本质上是一个具有控制属性的网络，但它又有别于现有的控制系统，它把通信放在与计算和控制同等的地位上，因为在它强调的分布式应用系统中，物理设备之间的协调是离不开通信的。CPS 对网络内部设备的远程协调能力、自治能力、控制对象的种类和数量，特别是网络规模上远远超过现有的工控网络。美国国家科学基金会（NSF）认为，CPS 将让整个世界互联起来。如同互联网改变了人与人的互动一样，CPS 将会改变人们与物理世界的互动。

实际上，CPS 是一个复杂性很高的系统，是多领域学科不同技术发展融合的结果。不同领域的研究者对 CPS 理解的侧重点也各不相同，这不仅体现在应用领域之间的差异，甚至 CPS 的技术切入点都不尽相同，所以很难完全达成共识并为它给出一个精确而权威的定义。企图给 CPS 一个准确和能被广泛接受的定义，难免会陷入泛学术化的技术流派间的争论，这对 CPS 的发展和应用并不会起积极作用。所以，CPS 是什么并不重要，理解 CPS 的意义和目的更加重要。

3.2 从电影《天空之眼》了解 CPS

英国电影《天空之眼》为人们直观地感受什么是 CPS 提供了非常好的素材，在电影中，远程驾驶的无人机原本只需要执行空中监视的任务，却在发现恐怖分子即将进行恐怖活动后改为对其进行定点清除任务。因为袭击目标房屋的旁边有个小女孩，执行任务过程中很有可能会造成小女孩的伤亡。剧情的冲突点在于，经过计算，小女孩受伤的概率非常高，所以指挥官与操作手争执到底要不要以小女孩的生命为代价来完成这次任务（见图3-6）。

图3-6 无人机分析精准打击的伤害半径

电影中的一个场景值得人们注意，指挥中心里的分析人员不断寻找目标房屋的射击点，以便在击杀恐怖分子的同时使小女孩被误伤的风险降到最低，而这个决策过程的基础即为对状态和活动的精确评估及预测，主要分为以下三个方面：

（1）系统本身：对导弹伤害半径的精确评估。

（2）环境：房屋周围的人群，特别是离房屋最近的小女孩；房屋周围的围墙对炸弹爆炸的缓冲能力。

（3）对任务的理解：打击马上将要实施恐怖袭击的敌人，以避免更多平民的伤亡；或者放弃这次袭击以保证小女孩的安全。

这部电影非常形象生动地表现了CPS的许多重要元素，控制、通信和计算这三个核心技术元素在电影中都得到了非常形象的阐述。

（1）控制：无人机的指挥中心设置在距离袭击目标数千公里的亚利桑那州，操作手能够通过实时控制系统实现飞行员对飞机的一切真实操作。

（2）通信：无人机将地面的数据和自身的状态不间断地传输到控制中心，而控制指令也能够实时地传递到无人机上。

（3）计算：电影里最突出表现的就是计算功能，这种计算有非常明确的目的性，首先是完成任务的能力，即选择不同的瞄准点对袭击目标造成致命打击的成功率；还有在袭击过程中造成房屋边上的小女孩伤亡的风险。在决策过程中，对目标要求的完成程度和达成目标所要付出的代价，这两者之间的精确预测和权衡是计算的内容和目的。

从另一个方面来看，这部电影也体现出了CPS的根本目的，即通过对结果的精确评估与预测进行决策支持。决策并不是最终目的，对决策造成的影响进行精确化的评估与管理才是根本目的，这个过程中的计算只是一种手段，对结果预测的精度、广度和深度才是核心。

CPS的科学研究和应用开发的重点首先被放在了医疗领域，利用CPS技术在交互式医疗器械、高可靠医疗、治疗过程建模及场景仿真、无差错医疗过程和易接入性医疗系统等方面进行改善，同时开始建立政府公共的医疗数据库用于研发和管理，实现医疗系统在设计、控制、医疗过程、人机交互和结果管理等方面的使能技术突破。随后，CPS技术又被运用到能源、交通、市政管理和制造等各个领域。

CPS不是单项技术，而是一个丰富的技术体系，虽然这个技术体系中的某些技术点的内涵和定义在不同的应用领域中有所区别，但是CPS背后的哲学和思想却有很强的共性。

3.3　CPS 技术本质与内涵

2006 年，美国国家科学基金会举办了第一届 CPS 研讨会，会上第一次对 CPS 的内涵进行了阐述：CPS 是赛博空间中的计算、通信和控制与实体系统在所有尺度内的深度融合。

3.3.1　CPS 的狭义内涵

CPS 的狭义内涵：实体系统里面的物理规律以信息的方式来表达。CPS 的 3C 技术元素从功能性上定义了 CPS 的狭义内涵，也是目前最常用的对 CPS 的定义方式。但是，这个狭义的内涵并不能给人们太多的启发和参考意义，其本源是像舵手一样去感知、分析、协作和执行。如果要从更加广义的层面去理解 CPS，还应关注另外三个元素：

（1）比较性：多个层次的比较，既有相似性的比较，也有差异性的比较。比较的维度既可以是在时间维度上与自身状态的比较，也可以是在集群维度上与其他个体的比较。这种比较分析能够帮助人们将庞大的个体信息进行分类，为接下来寻找相似中的普适性规律和差异中的因果关系奠定基础。

（2）相关性：工业物联网环境中有许多传感器和信息源，彼此相互关联。在相同的时间窗口中，这些信号的相关性可以用来作为特征。相关性是记忆的基础，简单地将信息存储下来并不能称为记忆，通过信息之间的关联性对信息进行管理和启发式的联想才是记忆的本质。相关性同时也提高了人脑管理和调用信息的效率，人们在回想一个画面或是场景时，往往并不是去回忆每一个细节，而是有一个如线头一样的线索，去牵引它从而引出整个场景。这样的类似记忆式的信息管理方式运用在工业智能中，就是一种更加灵活高效的数据管理方式。

例如，一辆车子在通过某个区域时遇到一段坑洼的道路，如果这辆车在通过时探测到路面情况之后，将这个信息与地理位置联系在一起，就可以提醒后面其他车辆避让。又如，系统的输入和输出特性，建立这种相关性后可以作为状态评估、预测和优化的依据。发动机的能耗与环境状态、控制参数和健康状态有关，在建立这种关系后就可以通过动态调整控制参数帮助飞机节省燃油。环境的相关性也十分重要，无人机在建立地形模型时，在春夏秋冬不同季节地貌会发生变化，但是物体之间位置的相关性不会改变。当这种相关性建立起来后，即使这种地貌发生了变化，依然能够精确识别目标。生产系统中的自动质量检测大部分都是检查质量的结果，但是如果把结果与产品的生产路径联系起来，就能够对缺陷的产生过程进行精确的分析和回溯。而当关系建立起来后，人们就能够知道监控哪些过程参数可以预测最终产品的质量。

总的来说，物联网是可见世界的连接，而所连接对象之间的相关性则是不可见世界的连接。

（3）目的关联性：在制定一个特定的决策时，其所带来的结果和影响应该同等地分析。例如，在能源领域中的智能电网，当电网出现事故时，如何迅速将破坏因素隔离，并快速而精确地恢复状态；当一棵树倒下砸中电网时，如何把影响控制在最小的范围内，而不造成整个区域停电。因此，CPS 的所有活动都应具有很强的目的性，即把目标精度最大化，把破坏度最小化的"结果管理"，其基础是预测。在现在的制造系统中，如果可以预测到设备性能的减退对质量的影响，以及对下一个工序质量的影响，就可以在制造过程中对质量风险进行补偿和管理。

3.3.2 CPS 的广义内涵

CPS 的广义内涵：对实体系统内变化性、相关性和参考性规律的建模、预测、优化和管理。广义内涵中的 3C 元素从分析手段方面赋予 CPS 更加广泛的意义，这三个 C 分别对应实体空间中的对象、环境和任务的运行基础，可以用三个 R 来概括。

（1）来源：数据来源可以是历史数据、传感器数据或者人的经验数据，这些数据都可以用一种逻辑的方式形成一种知识模型。同时，"来源"也是比较性的基础。

（2）关系：基于比较和相关性分析，挖掘显性和隐性的关系。例如，过程监测中有上百个传感器数据，但是可以从历史报警的信息中，利用贝叶斯网络建立传感器的关系图谱，最后发现上百个传感器与五个传感器有强相关性，只用这五个传感器的组合就可以管理所有传感器数据所代表的状态。又如，在了解发动机运行过程中气压和空气密度与燃烧温度和转速之间的关系后，GE 公司的发动机通过建模优化提高了 1% 的燃油效率。

（3）参考：有两个方面，一个是比较参考，另一个是执行参考，也可分为主动参考和被动参考，同时，参考也是记忆的基础。如果是以结果作为参考，那么目的就是去定义其发生的根本原因；如果是以过程作为参考，那么目的就是去寻找避免问题的途径。古语云："以铜为鉴，可以正衣冠；以古为鉴，可知兴替；以人为鉴，可以明得失"（出自唐太宗李世民与大臣魏征的故事），这句话蕴含了深刻的哲理，也总结了参考性的三个维度，即以传感器（铜镜）所反映的自身状态为参考、以历史数据中的相关性和因果性为参考，还有以集群中的其他个体作为参考。

把上述观点总结一下，可以对 CPS 的内涵进行系统性的阐述（见图 3-7）。

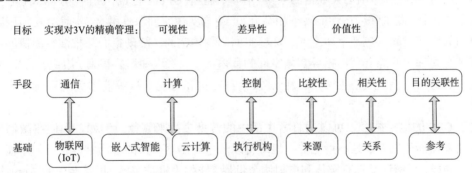

图 3-7 CPS 系统的设计指导

CPS 的基础在可见世界中包括物联网、普适计算和执行机构，它们定义了实体系统的功能性，是感知和反馈的基础。在不可见世界中，来源、关系和参考构成了实体系统运行的基础，是 CPS 在赛博空间中的管理目标。CPS 中的通信、计算和控制是管理可见世界的技术手段，而建立面向实体空间内的比较性、关系性和目的关联性的对称性管理是核心的分析手段。CPS 的最终目标，是在赛博空间中对实体空间中 3V 的精确管理，即可视性、差异性和价值性。

总之，CPS 以多源数据的建模为基础，以智能连接、智能分析、智能网络、智能认知和智能配置与执行体系为架构，建立虚拟与实体系统之间关系性、因果性和风险性的对称管理，以持续优化决策系统的可追踪性、预测性、精确性和强韧性，实现对实体系统活动的全局协同优化。

3.4 实体空间与赛博空间

所谓赛博空间（Cyberspace，见图3-8）是哲学和计算机领域中的一个抽象概念，指在计算机以及计算机网络里的虚拟现实。"赛博空间"一词是控制论和空间两个英文单词的组合，是由居住在加拿大的科幻小说作家威廉·吉布森在1982年发表的短篇小说《全息玫瑰碎片》中首次创造出来，并在后来的小说《神经漫游者》中得到运用。

图3-8 赛博空间

CPS是赛博空间与实体空间融合、"虚实结合"的产物。从构型上描述，CPS的空间实现在于：从实体空间对象、环境、活动大数据的采集、存储、建模、分析、挖掘、评估、预测、优化、协同，并与对象的设计、测试和运行性能表征相结合，产生与实体空间深度融合、实时交互、互相耦合、互相更新的赛博空间（包括个体空间、环境空间、群体空间、活动空间与推演空间等的结合）；通过赛博空间知识的综合利用指导实体空间的具体活动，实现知识的积累、组织、成长与应用，进而通过自感知、自记忆、自认知、自决策、自重构和智能支持等能力促进工业资产的全面智能化。

对于CPS的虚实结合，可以用日常生活中的常见事物来解释。例如，人们在微信里建立的各种关系在物理世界里是不可见的，但却可以从中得出这个人的生活社群、行为习惯、过往经历等。同样，任何产品都有实体和虚拟两个世界，譬如手机是实体，但是其中的App是虚体，如何将虚拟世界里的关系透明化，正是智能4.0时代需要做的。未来产品如机床、飞机、汽车等都应该有实体与虚拟的价值结合。

实体空间是构成真实世界的各类要素和活动个体，包括环境、设备、系统、集群、社区、人员活动等。而赛博空间是上述要素和个体的精确同步和建模，实现CPS的镜像基础，以实时数据驱动的镜像空间动态反映实体状态，通过个体空间、群体空间、环境空间、活动空间与推演空间的建立，模拟个体之间、群体之间和环境之间的关系，记录实体空间随时间的变化，并结合活动目标，可以对实体空间的活动进行模拟、评估、推演与预测，形成决策知识，并构成完整的知识应用与知识发现体系。

赛博空间的成长需要依靠实体空间活动所产生的大量数据，在CPS的自成长体系下，赛博空间的价值和能力将不断得到提升。因此，实体空间和赛博空间是相互指导和相互映射的关系。

CPS空间各个部分的相互指导与相互映射过程如下：

（1）个体空间：在实体空间获取对象机理数据，根据机理关联对象，通过使用数据建立定量化的分析模型，以较小的成本解决多样性和个体差异性的问题。

（2）群体空间：在实体空间获取集群运行数据，从大量对象在不同环境下使用的数据中挖掘普适性规律，在原有控制、信息、管理等传统系统的基础上实现预测性和协同性的决策机制。

（3）环境空间：在实体空间获取内外环境数据，根据不同环境下的使用数据，建立环境与个体/群体效能之间的量化关系，解决任务多样性和环境复杂性。

（4）活动空间：在实体空间获取任务活动数据，针对对象在环境中的活动状态，提取群体对象中的活动特征并进行关联，面向多层级、多维度的任务目标，实现个体/群体在环境中活动的协同优化。

（5）推演空间：结合个体空间、群体空间、环境空间与活动空间之间的关系模型，面向多模型空间协作目标，根据内外部需求，以对不同决策造成结果的预测与评估为基础，形成多模型协同知识推演规则，实现有效的认知与决策执行支持。

最终，赛博空间通过实体空间活动产生的数据，能够追溯个体与群体对象在环境中的活动状态历史，对个体与群体对象在环境中的当前客观状态进行精确定量评估，分析环境对个体与群体对象效能与任务目标的影响，推演与预测个体与群体对象在环境中的未来发展趋势，可根据推演结果，以协调优化为目标实现指导个体与群体活动的认知与决策支持，从而将指导实体空间活动的信息反馈至实体空间，完成赛博空间与实体空间的融合过程。而整个CPS体系更加强调数据驱动的预测分析能力，其形态可以是以软件为主体，适当增加必要的硬件设施，面向实现用户、对象、环境与集群之间的关系管理整合现有设备的信息系统。

也正因如此，CPS实质上是一种多维度的智能技术体系，以大数据、网络与海量计算为依托，通过核心的智能感知、分析、挖掘、评估、预测、优化、协同等技术手段，将计算、通信、控制有机融合与深度协作，做到涉及对象机理、环境、群体的赛博空间与实体空间的深度融合。

可以说，CPS的核心在于：以数据为驱动的建模手段，分析物体在环境中活动的结果与目标的差异，并动态寻找协同优化的解决方案；最终，通过自省性、自预测性和自重构性的智能支持促进工业的智能化发展。

3.5 CPS面向工业智能化的技术特性

在近百年的发展过程中，现代工业系统先后经历了集成化、自动化和信息化三个阶段，如今，以控制理论为基础的智能系统已经能够胜任非常复杂的工作。然而，传统技术手段下的智能系统也正在逐渐遭遇瓶颈。

首先，这些系统更加侧重功能性设计，解决的大多是可见世界的问题。系统以预期与实际之间的误差作为反馈控制的依据，而所谓的预期，取决于驱动这个控制系统的模型。也就是说，人们所能进行智能控制的都是能够被建模的事物。然而，真实世界中的环境和目标都有很大的未知性和不确定性，模型如果不能够去管理和避免这些不确定性，就不能够称为真正的智能。这些不确定性不仅来自环境和任务，也来自系统本身，如系统衰退和系统特性的变化等。总之，人们所面临的是充满不确定性和变化的世界，而一切企图用不变的手段去管理变化世界的努力终将遇到瓶颈。

3.5.1 智能化工业系统基本概念

未来的工业系统将面对更多不确定性和多变的环境与系统（环境的不确定性、自身的不确定性和任务的不确定性），因此，智能化的工业系统需要具备四个基本的概念：

（1）面向环境的智能：感知和预测环境的变化及不确定性。

（2）面向状态的智能：对自身状态的变化和影响性能及风险性的因素进行评估和预测。

（3）面向集群的智能：包括与环境中其他个体之间的配合和协同，以及从其他个体的活动中学习新的知识和经验。

（4）面向任务的智能：从"如果，那么"到假设场景做出应对的过度，不仅要完成目标，还要懂得预测和管理所引起的不良结果。

3.5.2 CPS面向工业智能的特性

CPS面向工业智能将具有以下几个特性：

1. 具备自省性的能力，感知和预测自身状态的变化

使设备具备"自省性"和"自预测性"的能力，是实现工业系统面向状态的智能基础。与传统的状态监测不同，自省性面向的对象是工业系统中的不可见问题，这些对象包括设备性能衰退、精度缺失、易耗件的磨损、工艺参数的不稳定等。所有显性问题都是隐性问题积累到一定程度后引发的，这些问题利用一般的统计科学或者单个参数的监测很难进行有效的判断，需要更加先进的分析和建模手段，建立能够将隐性问题显性化的预测模型。在现代复杂的工业系统环境中，自省性可以对提高设备的效能起到至关重要的作用。以生产系统为例，拥有自省性的系统可以运用生产线上的控制系统来自我调节系统参数，修正误差。同时也可以提供系统的当前生产状况、剩余寿命等帮助工作人员制订生产和机器维修计划，准备物料和配件，及时有效地解决生产系统的异常，保证产品质量，减少预测外的故障停机时间，提高生产效率。

2. 为工业设备赋予EQ，实现设备活动的协同智能

评判工业系统的智能化能力要从IQ（智商）和EQ（情商）两个维度来定义：IQ是系统（或设备）解决问题的能力，而EQ则是这个系统（或设备）放在由相似个体的集群所构成的更大系统中，是否能够与其他的个体很好地配合，实现全局系统层面最优化的能力。这与人的IQ和EQ是一样的，IQ侧重于理解问题的准确性，决定了所能解决问题的深度；而EQ更加注重对结果的管理，扩展了解决问题的广度。

EQ的另一层含义是如何与其他个体协作和交往。一个机器人做一项复杂的工作并不难，但是100个机器人相互配合去做一项工作就会很难。比如，让机器人踢足球，机器人可能在力量、速度和精准度上胜于人类，但是现在的技术依然很难让机器人像真正的球员那样进行团队协作，所以在足球运动这类团队竞技比赛中，机器人战胜人还有很长的路要走。

例如，RoboCup机器人世界杯赛（见图3-9）提出的最终目标是：到21世纪中叶，一支完全自治的人形机器人足球队应该能在遵循国际足联正式规则的比赛中，战胜当时的人类世界杯冠军队。提出的这个目标是人工智能与机器人学的一个重大挑战。从现在的技术水平来看，这个目标可能是过于雄心勃勃了，但重要的是提出这样的长期目标并为之奋斗。

再举一个离工业更近的例子：工厂的机器人，国产的与国外的在单机性能上并没有太大的

差别，但是当上百台机器人相互协同工作时，国产机器的连续稳定运行能力就差了很多，这里有技术可靠性的问题，但是更重要的原因在于集成控制方面对机器 EQ 的管理差距。

图 3-9　人形机器人足球队

CPS 为工业装备赋予 EQ 需要以集群环境为基础，主要体现在三个方面：

（1）以集群中的其他个体为参照，实现对自身状态的精确评估。对自身状态的评估离不开对基线状态的精确建模，但是当足够的数据和专家知识同时缺失时，基线状态模型就无从建立。这时如果在相似的环境中有相同的个体集群存在，就可以将其他个体的状态特征作为参考，建立整个集群的状态基线模型，这样设备自身状态的变化就可以从与集群的差异性上体现出来。

（2）在集群环境中建立大规模竞争性学习的环境，使集群中每一个实体的活动信息共同作为认知学习的样本，加快学习的周期和知识积累的速度。

（3）集群的协同性和强韧性，当系统中的某一个设备的状态发生变化而不能够满足任务的需求时，集群中的其他设备能够一起补充这个缺口，直到这个设备的状态恢复为止。

例如，制程上游的装备出现质量不稳定的情况时，在维护资源就绪之前，能否在下游的制程中进行补偿，使整个系统不至于停机或出现大规模次品。再如，自动驾驶同样也离不开 EQ，因为驾驶并不是单纯对汽车的控制，更重要的是对环境的适应和对道路上其他成员关系的管理。就如同在行驶道路上有的人驾驶强势一些，就自然有人驾驶得谦让一些，这种此消彼长的关系是一种自然形成的并且可动态自我调整的过程。可见的是汽车，不可见的是驾车人的驾驶习惯。一辆汽车的自动驾驶并不难，但是一个区域数百辆汽车的协同就很有难度，而如果未来道路上有无人驾驶和人工驾驶的汽车同时存在，这种关系的管理就更加困难了。驾驶并不是目的，安全行驶才是目的，只有 IQ 的"自动驾驶"并不能解决问题，兼具 IQ 和 EQ 的"无忧驾驶"才是人们所需要的。

3. 从对已有知识的管理和利用中获得新的知识

工业智能化的另一个重要特征是对知识的管理。制造系统中的知识产生过程通常遵循一个闭环的过程：发现问题→根据经验分析问题→制定解决问题的决策→根据结果的反馈积累经验→把经验进行抽象总结并用于解决未来相似性问题。在这个闭环的过程中，日本通过对人的不断训练将知识固化在人的身上，于是就形成了"工匠文化"（见图 3-10）。而德国则通过对生产系统和装备的持续改善和集成化设计，将知识固化在了生产系统中，于是就形成了"器匠文化"（见图 3-11）。然而，无论是"工匠文化"还是"器匠文化"，发展到今天都遇到了严重的瓶颈。

图 3-10 日本工匠

图 3-11 德国器匠

日本工匠文化的核心是人，但是以传统全生产系统管理（TPM）和精益管理的方式将知识固化在人的身上已经慢慢变得不可持续。一方面这个过程往往要经历很长的时间，随着新知识产生的速度越来越快，其效率已经受到严峻的挑战；另一方面，以人作为知识的载体，对知识的利用效率也非常低，因为人的精力和大规模并行处理多个问题的能力非常有限。最后，人终归是要消失的，很多的知识也会随着人的消失而失去。随着日本老龄化问题愈发严重，尤其是选择制造业的年轻从业者数量急剧下降，日本制造的"工匠文化"可持续性正在面临非常严峻的挑战。

而德国的"器匠文化"在利用效率和可复制性方面都胜于"工匠文化"，所以德国的制造系统能够变成一种产品成为德国出口的重要引擎。但是"器匠文化"的一个突出弱点是，在使用这些智能装备的过程中，人自身的技能却在慢慢退化。德国的双元制教育模式虽然受到许多国家的推崇，但是在德国内部却越来越少地被年轻人所选择，所以德国正在逐渐丧失高水平的工程师和技术人员。现在的德国汽车工厂内，已经有超过一半的工人是移民。以取代人作为结果的"器匠文化"也面临可持续性的挑战。

无论是工匠还是器匠模式，都是为了获得知识这一制造领域的核心竞争力。知识的定义是对已发生事情的内在逻辑进行洞察过程，并能够将其作为依据去管理未来相似的事情。在实现知识的自成长过程中，仍要填补一些技术上的缺口。首先是认知科学方面的突破，从算法层面实现比较性学习、竞争性学习与逻辑性学习的内在机制。另一方面，是要理解知识的本质目的，CPS 在知识管理方面的目的是帮助人而非取代人，在与人的交互过程中去帮助人获得知识，通过人在回路的方式使人的智慧与机器的智能相互启发地增长。内在是认知学习算法的突破，外在是新的人机交互形式的产生。所以，去评价阿尔法狗（AlphaGo）的成功并不能仅局限在它能够战胜人类，更在于它能否帮助人类在围棋中领会更深的哲学。

4. CPS 实现工业智能的根本价值：无忧的环境

对不可见世界的管理，其目的是对"焦虑"的管理。举个现实中的例子，有一些城市的公交站台会显示下一班车到达本站的时间，这一信息本身并不会提升公交车到站的速度和运行的效率，但是通过对"到站时间"这一个原本不可见信息的透明化，让等公交车的乘客少了一份焦虑。同样，打车软件中显示出租车的位置和到达乘客地点的时间，也是为了起到对顾客"焦虑"管理的作用。

工业系统中的问题分为可见的问题和不可见的问题，对待问题的方式既可以是等问题发生后去解决，也可以在问题发生前去避免。人们的焦虑往往不是来自于失败所造成结果，而是来自于不明白什么时候失败会发生、会造成什么后果以及为什么会发生。当人们能够很清楚地回答这三个问题时,失败也就没有那么可怕了,因为人们知道该如何去管理失败造成的代价,何时该采取措施,以及未来如何避免其再次发生。人们所向往的智能工业系统,是建立在对不可见问题深入对称管理的基础上,最根本的价值是去避免可见的问题,最终实现"无忧"的环境。

在美国田纳西州生产汽车启动器的DENSO工厂里,每100万个产品中只有1.5个次品。对质量的管理已经达到了极高的程度。DENSO的目标是打造"无人可及"的工厂,工厂的每一个步骤都经过精细的设计和严格的管理。即便是这样,他们仍然觉得有提升的空间和动力。他们的负责人说:"即便100万个产品中只有一个失败了,我们仍然想要知道它为什么会失败,只有这样才能够学会如何去不断地成功。"这句话反映了深刻的制造哲学:在智能的工业系统中,成功并不是目的,关键是如何不断地成功;失败也并不可怕,关键在于是否知道为什么会失败。

3.5.3　CPS工业智能的技术本质

CPS实现工业系统智能化的技术本质可以用图3-12来表示。通过对实体系统和人的知识在赛博系统中进行对称建模管理,使人与实体系统通过赛博空间建立认知与交互。进而通过赋予实体系统自省性和自预测能力实现面向状态的智能、自比较与自组织能力实现面向集群的智能、自适应与自调整能力实现面向环境的智能、自重构与自协同能力实现面向任务的智能。最后,通过对实体系统中关系性的认知与建模实现知识的自成长,使知识得以可持续和规模化的利用。

图3-12　CPS的本质与目的

作业

1. CPS系统是本书的知识重点,它有多种名词翻译,以下(　　)的解释不正确。

　　A. 中国公共安全　　　　　　　　　B. 信息物理系统

　　C. 赛博–实体系统　　　　　　　　D. 赛博空间与实体空间"虚实结合"的产物

2. 信息物理系统包含了无处不在的环境感知、(　　)、网络通信和网络控制等系统工程,使物理系统具有计算、通信、精确控制、远程协作和自治功能。

A. 工程分析　　　　　B. 材料力学　　　　　C. 嵌入式计算　　　　D. 基因分析

3. CPS注重计算资源与（　　）的紧密结合与协调，主要用于机器人、智能导航等智能系统，是智能制造领域的一个新的研究范畴。

　　A. 系统工程　　　　　B. 文化素养　　　　　C. 生物材料　　　　　D. 物理资源

4. （　　）年8月，当时的PCAST提出一个报告，将"网络信息技术与实体世界的连接系统"列在八大核心技术的首位。

　　A. 2012　　　　　　　B. 2007　　　　　　　C. 2016　　　　　　　D. 2006

5. （　　）年10月，德国"工业4.0"工作组正式提出工业4.0执行建议，并将赛博-物理制造系统（CPS）作为智能制造系统的最关键技术。

　　A. 2012　　　　　　　B. 2007　　　　　　　C. 2016　　　　　　　D. 2006

6. 第四次工业革命（　　）因为CPS或某一个技术的出现而到来。

　　A. 就是　　　　　　　B. 无非　　　　　　　C. 并非　　　　　　　D. 实际上

7. （　　）的诞生是应第四次工业革命的需求而出现，它是满足生产力发展新需求的使能技术。

　　A. APP　　　　　　　B. ASP　　　　　　　C. LED　　　　　　　D. CPS

8. CPS本质上是一个具有控制属性的网络，它把（　　）放在与计算和控制同等地位上。

　　A. 制造　　　　　　　B. 通信　　　　　　　C. 分散　　　　　　　D. 集中

9. 美国国家科学基金会认为，（　　）将让整个世界互联起来，如同互联网改变了人与人的互动一样，它将会改变人类与物理世界的互动。

　　A. CPS　　　　　　　B. ATA　　　　　　　C. CCT　　　　　　　D. DIY

10. 实际上，CPS是一个复杂性（　　）的系统，是多领域学科不同技术发展融合的结果。

　　A. 模糊　　　　　　　B. 较低　　　　　　　C. 很高　　　　　　　D. 不高

11. （　　）年，在第一届CPS研讨会上第一次对CPS的内涵进行了阐述：CPS是赛博空间中的计算、通信和控制与实体系统在所有尺度内的深度融合。

　　A. 2012　　　　　　　B. 2007　　　　　　　C. 2016　　　　　　　D. 2006

12. CPS的（　　）内涵是：实体系统里面的物理规律以信息的方式来表达。CPS的3C技术元素从功能性上定义了CPS的狭义内涵。

　　A. 一般　　　　　　　B. 狭义　　　　　　　C. 特殊　　　　　　　D. 广义

13. CPS的（　　）内涵是：对实体系统内变化性、相关性和参考性规律的建模、预测、优化和管理。

　　A. 一般　　　　　　　B. 狭义　　　　　　　C. 特殊　　　　　　　D. 广义

14. 计算、通信和控制这3C元素从分析手段方面赋予CPS更加广泛的意义，3C分别对应实体空间中3R运行基础，即（　　）。

　　A. 对象、环境和任务　　　　　　　　　　　B. 资源、革新和任务

　　C. 对象、资源和革新　　　　　　　　　　　D. 资源、环境和革新

15. CPS的基础在（　　）中包括物联网、普适计算和执行机构，它们定义了实体系统的功能性，是感知和反馈的基础。

　　A. 物质环境　　　　　　　　　　　　　　　B. 资源环境

　　C. 可见世界　　　　　　　　　　　　　　　D. 不可见世界

16. CPS 的基础在（　　）中，来源、关系和参考构成了实体系统运行的基础，是 CPS 在赛博空间中的管理目标。

　　A. 物质环境　　　　　　　　　　　　B. 资源环境
　　C. 可见世界　　　　　　　　　　　　D. 不可见世界

17. CPS 中的通信、计算和控制是管理可见世界的（　　）手段，而建立面向实体空间内的比较性、关系性和目的关联性的对称性管理是核心的（　　）手段。

　　A. 逻辑，物理　　　　　　　　　　　B. 技术，分析
　　C. 分析，技术　　　　　　　　　　　D. 物理，逻辑

18. CPS 的最终目标，是在赛博空间中对实体空间中 3V 的精确管理，即（　　）。

　　A. 可视性、差异性和价值性　　　　　B. 空间性、预防性和差异性
　　C. 可视性、预防性和差异性　　　　　D. 空间性、差异性和价值性

19. 所谓（　　）是哲学和计算机领域中的一个抽象概念，指在计算机以及计算机网络里的虚拟现实。

　　A. 逻辑空间　　　B. 物理空间　　　C. 赛博空间　　　D. 实体空间

20. 面向工业智能 CPS 有许多特性，但以下表述不正确的是（　　）。

　　A. 具备自省性的能力，感知和预测自身状态的变化
　　B. 为工业设备赋予 IQ，实现设备活动的个性智能
　　C. 从对已有知识的管理和利用中获得新的知识
　　D. CPS 实现工业智能的根本价值：无忧的环境

研究性学习

从电影《天空之眼》深入了解 CPS

小组活动：请通过网络搜索了解英国电影《天空之眼》剧情。有条件的建议组织观影。

电影《天空之眼》是直观地感受什么是 CPS 的很好素材，与之相关的电影中的一个重要情节（冲突点）是：_____
_____
_____

电影中，为使在击杀恐怖分子的同时使小女孩被误伤的风险降到最低，这个决策过程的基础即为对状态和活动的精确评估及预测，主要分为三个方面，分别是：

　　(1)_____
　　(2)_____
　　(3)_____

这部电影非常形象生动地表现了 CPS 的三个核心技术元素，分别是：

　　(1)_____：_____
　　(2)_____：_____

（3）_____：_____
这部电影也体现了 CPS 的根本目的，即_____

请记录小组讨论的主要观点，推选代表在课堂上简单阐述你们的观点。
评分规则：若小组汇报得 5 分，则小组汇报代表得 5 分，其余同学得 4 分，依此类推。
活动记录：_____

实训评价（教师）：_____

第 4 课 CPS 技术体系与应用体系

学习目标

知识目标：

（1）通过课文中"从人的智慧来理解 CPS 学习"知识阐述方式，熟悉课文设计，学习分析问题、解决问题的方式方法。

（2）熟悉 CPS 的 5C 技术架构，了解工业智能的 CPS 实现方法。

（3）了解 CPS 应用体系、CPS 层级定义与设计。

（4）掌握 CPS 的基础应用条件要求。

素质目标：

（1）本章的知识内容有一定的抽象性，需要刻苦学习、勤于思考，掌握学习方法，提高学习能力。

（2）培养热爱工业、热爱科学、关心社会进步的优良品质。

（3）体验、积累和提高智能类专业的学习素养。

能力目标：

（1）掌握专业知识的学习方法，培养阅读、思考与研究的能力。

（2）提高"研究性学习小组"的参与、组织和活动能力，具备团队精神。

重点难点：

（1）CPS 的 5C 技术架构。

（2）工业智能的 CPS 实现。

（3）工业软件、硬件与工业互联网。

导读案例

制造业"国家队"亮相

一场制造业竞赛正在中国城市间展开。2021 年 4 月 6 日，工业和信息化部对外公示了遴选出的 25 个先进制造业集群优胜者名单。在这份被誉为制造业"国家队"的名单中，共有 9 个省（市）的 21 个城市上榜。其中，制造业实力堪称"一时瑜亮"的江苏和广东各有 6 个集群胜出，紧随其后的是浙江，有 3 个集群入围。

1. "国家队"选拔赛

先进制造业（见图4-1）集群，是指地理相邻的大量企业、机构通过相互合作与交流共生形成的产业组织形态，被认为是产业分工深化和集聚发展的高级形式，也是制造业高质量发展的主要标志。

图4-1 先进制造业

"过去，大量园区凭借交通区位、资源禀赋、政策红利等形成成本优势，吸引企业在特定区域集聚，本质上还是一种规模扩张式发展。"工业和信息化部赛迪研究院规划所所长程楠对中国新闻周刊说，"而先进制造业集群，是以园区为核心载体，从过去工业企业之间的物理相邻，向集群成员之间的化学相融转变，从而推动地方经济的发展。"

近几年，产业集群发展受到国家高度重视。中国共产党十九大报告明确提出，要促进我国产业迈向全球价值链中高端，培育若干世界级先进制造业集群。"十四五"规划纲要也强调，培育先进制造业集群，推动集成电路、航空航天、船舶与海洋工程装备等产业创新发展。

为了开展集群培育创新工作，相关部委纷纷推出各自的行动计划。除了工业和信息化部的"先进制造业集群"之外，发改委推出了"战略性新兴产业集群"，商务部推出了"经济技术开发区创新提升工程"，科技部推出了"创新型产业集群"。从2019年启动先进制造业集群培育工作以来，工业和信息化部通过搭建集群间相互比拼的"赛场"，先后经过两轮竞赛，最终确定了25个重点支持集群。工业和信息化部的先进制造业集群竞赛，被业内认为是"国家队"选拔赛，能在这场高手云集的对决中脱颖而出的，都代表了国内产业集群的最高水准。

工业和信息化部规划司相关负责人表示，竞赛旨在通过"赛马论英雄"，从不同行业领域内的领先者中，按照统一的评价标准，选出能承担国家使命、代表我国参与全球竞争合作的"国家先进制造业集群"，让它们去冲击"世界冠军"。

据了解，竞赛分为两场初赛和两场决赛。初赛共有44个集群胜出，其中，2019年94家参赛，24家胜出；2020年85家参赛，20家胜出。决赛共有25家胜出，第一批15家，第二批10家，最终结果这次同时公示。"先进制造业集群的遴选指标很多，有定性，也有定量，是一个综合评估的结果，既要体现产业的先进性，又要具备集群的特征，更要具有较强的市场影响力。"程楠说。各地为了此次竞赛，可以说都是全力以赴。比如，长沙在2019年专门成立了工程机械产业集群促进机构，将三一集团、中联重科、铁建重工、山河智能等头部企业拧成一股绳，先后突破了高性能发动机等22项关键技术，研发总投入由2018年的52.6亿元提高到2019年的82.5亿元。

据了解，工业和信息化部后续将通过制定实施专项发展行动、支持集群内制造业创新中心建设、强化政府投资基金支持、谋划一批重大工程和项目等举措，不断推动入围的产业集群提升集聚度，打好国际赛。

中国科学院科技战略咨询研究院研究员赵作权向中国新闻周刊表示，目前先进制造业集群竞赛的相关政策文件正在制定过程中。

2. 东密西疏、南多北少

从公示的名单看，25个入围的制造业集群，主要分布在长三角和珠三角地区，制造业强省江苏、广东分别有6家上榜。紧随其后的是浙江，共有3家入围，上海、山东、湖南、四川则各有2家入选，安徽和陕西各有1家入围。上榜集群最多的城市是深圳，共有4家入选，分别是深圳市新一代信息通信集群、深圳市电池材料集群、深广高端医疗器械集群和广深佛莞智能装备集群。

值得注意的是，在公示名单中，京津冀地区以及国内重要的制造业基地东北，无一入选。据中国新闻周刊了解，事实上，在初赛优胜者名单中，北京、天津、吉林、辽宁、内蒙古等北方地区均有项目入围，但最终在决赛被淘汰。分析认为，本次竞赛最终结果，呈现东密西疏、南多北少的分布格局，很大的原因在于，从整体上看，北方地区在先进制造业集群上创新性不足，创新环境有待提高。

据工业和信息化部赛迪研究院科技与标准研究所所长何颖提供的数据，在创新能力方面，京津冀地区中，除北京位列全国第三名外，天津和河北均较为靠后，分别排在第9名和第18名；东北地区中，除辽宁外，吉林和黑龙江的综合排名分别位于第24名、第25名；西北地区的内蒙古、新疆、青海和西藏等地的综合得分则位于全国倒数，成为全国制造业创新的短板。何颖表示，这些地区在制造业创新上，亟须给予足够重视。

在创新环境方面，何颖认为，京津冀地区中北京排名全国第五，领先于天津和河北。然而，北方的其他地区，包括东北地区的辽宁、黑龙江、吉林，以及西北地区的内蒙古、新疆、宁夏、甘肃等地区，均位于全国平均水平以下。其中，西北地区大部分省市的创新环境处于全国垫底水平。"在区域整体上看，在制造业创新能力和环境上，长三角、珠三角地区得益于其丰富的人才、资金等创新资源，均优于京津冀和北方其他地区。"何颖对中国新闻周刊说。

创新能力，对地区先进制造业集群的发展至关重要。何颖说，提高创新能力，是振兴先进制造业的关键所在。"这有助于夯实先进制造业的工业基础，提高制造业产品的附加值，补齐制造业发展关键短板，提升制造业核心竞争力。"

在本次先进制造业集群竞赛中，创新能力处于全国前列的北京，竟无一个产业集群入围。分析认为，这一方面与参赛个体自身水平有关，另一方面也受周边整体发展程度的影响。据程楠分析，制造业集群内需要有足够多的企业数量、大量的创新中介、活跃的金融机构，只有当集群成员数量和类型达到一定"临界值"，才可能发生"核聚变"。

资料来源：根据网络资源整理

阅读上文，请思考、分析并简单记录：

（1）请搜索相关新闻报道，进一步了解国家"先进制造业集群"选拔。除了地理信息，请简单描述其中的行业信息。

答：_____
_____
_____

（2）制造业集群其实并不少见。例如，浙江台州玉环，就集中了我国的工业缝纫机制造集群。你还知道哪些制造业集群吗？

答：_____
_____
_____

（3）在公示的优胜名单中，呈现了"东密西疏，南多北少"的现象，你认为的可能原因是什么？

答：_____
_____
_____
_____

（4）请简单记述你所知道的上一周发生的国际、国内或者身边的大事。

答：_____
_____
_____
_____

许多所谓的"智能"系统，并不是智能而只是便捷。它们的功能通常包括知识采集、记录和展示，以及更快的采集、更多的记录和更炫酷的展示，但是这并不能真正解决人们的问题。人们真正需要的至少是一个能逐渐成长、具备学习成长能力的智能系统。这样的智能系统，经验与案例不再只是硬盘上的二进制数据，而是建立自主认知能力的基础和自我学习成长的原料，当具备这种认知与分析能力后，在面对新问题的时候才会得心应手。所以，智能系统不是更多、更庞大的信息系统，其核心不在于采集、记录与展示，而是像人的大脑一样建立起一个自主认知体系和分析决策环境。

4.1 从人的智慧来理解 CPS

每当开始一项新的活动时，首先应该了解是否已经存在现成的解决方案。例如，假设在1902年，即莱特兄弟成功进行飞行实验的前一年，突发奇想要设计一个人造飞行器，那么，应该注意到,在自然界,飞行的"机器"实际上是存在的(鸟),由此得到启发,飞机设计方案中可能要有两个大翼。同样道理,如果想设计人工智能系统,就要学习并分析这个星球上最自然的智能系统之一,即人脑和神经系统(见图4-2)。

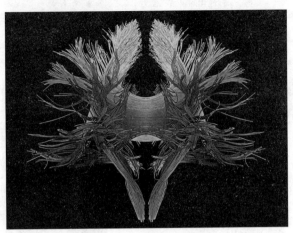

图 4-2　人脑和神经系统

在讨论人工智能时,需要关注这样一个关键点:如果机器能够学习,并自我成长,就意味着机器有了"灵魂"。为此,首先需要了解人类大脑是如何具备学习和自我成长能力的。

人类大脑与现有信息系统最大的区别在于人类可以从繁杂的信息中筛选、提炼出有用的知识,并通过训练来强化。在复杂情况下,根据不同的场景对多种知识综合运用,进行推理预测并给出正确的判断,即认知能力。具备认知能力,是实现人类各种智慧行为的基础,通过认知能力,人类可以学习知识、掌握能力、解决问题。而如果机器具备了认知能力,就会以惊人的速度进行知识和能力的学习和掌握,并带来超乎想象的变革。

人类通常的认知方式包括:行为认知、启发认知和群体认知。如图4-3所示,行为认知是在不知道原理的情况下,通过现象找规律的认知方式;启发认知是了解基本原理,结合现象进行优化的认知方式;群体认知是综合各种情况找规律,从现象中寻找最佳策略的认知方式。人类通过行为认知、启发认知和群体认知的循环迭代过程,实现了知识的积累和技能的提升,构建了自身的学习系统和分析系统,具备了应对更复杂情况、解决更困难问题的能力,而这些正是现有信息系统所欠缺的,也是工业智能所迫切需要的。

图 4-3　行为认知、启发认知和群体认知

4.2　CPS 的 5C 技术体系架构

下面了解 CPS 技术体系与工业智能的实现。CPS 不是某个单独的技术,而是一个有明显

体系化特征的技术框架，即以多源数据的建模为基础，并以智能连接、智能分析、智能网络、智能认知和智能配置与执行作为其 5C 技术体系架构（见图 4-4）。

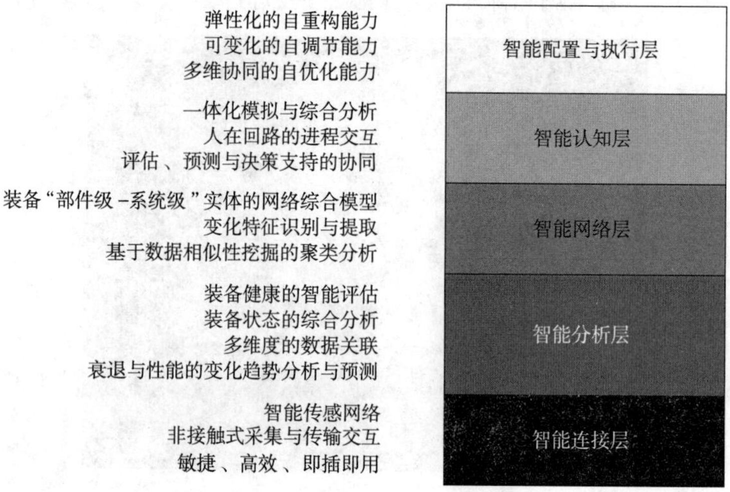

智能配置与执行层	弹性化的自重构能力 可变化的自调节能力 多维协同的自优化能力
智能认知层	一体化模拟与综合分析 人在回路的进程交互 评估、预测与决策支持的协同
智能网络层	装备"部件级-系统级"实体的网络综合模型 变化特征识别与提取 基于数据相似性挖掘的聚类分析
智能分析层	装备健康的智能评估 装备状态的综合分析 多维度的数据关联 衰退与性能的变化趋势分析与预测
智能连接层	智能传感网络 非接触式采集与传输交互 敏捷、高效、即插即用

图 4-4 CPS 的 5C 技术体系架构

4.2.1 智能连接层

从机器或部件级出发，第一件事是如何以高效和可靠的方式获取数据。它可能包括一个本地代理（用于数据记录、缓存和精简），用来发送本地计算机系统数据到远程中央服务器的通信协议。基于人们熟悉的通信方式，包括 ZigBee（一种短距离、低功耗的无线通信技术）、蓝牙、Wi-Fi、UWB（一种无线载波、所占频谱范围很宽的通信技术）等，已经设计出了坚固的工厂网络方案来使机器系统更智能。

可以说，智能连接的核心在于按照活动目标和信息分析的需求进行选择性和有所侧重的数据采集。已有智能系统的连接感知其实并不是智能的，因为它并不具备以目标为导向的柔性数据采集特征，而是布置传感器，之后就不加选择地执行数据采集与传输。

与传统传感器体系有本质不同的是，在 CPS 体系中对于设备的"自感知"能够改变现有的被动式传感与通信技术，从而实现智能化与自主化的数据采集与传输，即在相同的传感与传输条件下，针对日常监控、状态变化、决策需求变化以及相关活动目标和分析需求，自主调整数据采集与传输的数量、频率等属性，从而实现主动式、应激式传感与传输模式。

自主式和应激式的传感采集主要体现在以下三个方面：

（1）以事件为导向的采集策略。在不同的操作工况、外部环境和活动目标的情况下，尤其是当上述状态发生变化时，按照不同的采集规则进行数据采集，以便及时把握可能出现的情况。

（2）以活动目的为导向的采集策略。为了实现特定的分析目标而进行的有针对性的数据采集，其激发过程可以是人为控制或者按照系统目标的变化自动实现。

（3）以设备健康为导向的采集策略。对设备的健康评估和故障识别所需要的数据量差别很大，在系统判断设备健康状态正常时，以较低的采样间隔和采样频率，采集部分数据源数据，及时发现设备健康状态变化。而只有在健康状态出现异常时才对故障诊断所需数据进行采集，并且在最后的监控中缩短数据的采样间隔，以便更加准确和及时地把握设备健康状态的变化态势。

因此，从智能连接层的实现路径来看，其可能的技术支撑包含：
（1）自感知系统的整体设计与集成、应激式自适应数据采集管理与控制系统等核心技术。
（2）数据采集设备、数据库设计、数据环网、自意识传感等关键技术。
（3）传感器、缓存器、数据传输、信息编码、抗干扰等相关技术。

这一层可在实体空间中完成，对应的自适应控制部分在赛博空间中完成，由此形成信息物理空间数据的按需获取。

4.2.2　智能分析层

智能分析层即数据到信息转换层。在工业环境中，数据可能来自不同的资源，包括控制器、传感器、制造系统（ERP、MES、SCM 和 CRM）、维修记录等。这些数据或信号代表所监视机器的系统状况，但数据必须转换成可用于实际应用程序的有意义信息，包括健康评估和风险预测等。

通常，人的记忆与分析是通过筛选、存储、关联、融合、索引、调用等形式将数据变为对人有用的信息，是人类思维与行为的基础，并具有以下特征：
（1）选择性：仅记忆与自身活动和思维相关的信息，对所熟悉环境中变化的部分印象更加深刻。
（2）抽象性：记忆从数据中提取的特征，通过分析将状态和语义相互对应（情节＋语义式记忆模式）。
（3）归纳性：记忆聚类过程，并与特定活动相关联，是学习过程的基础。
（4）关联性：即形成 A → B 的映射关系，是信息到判断结论的映射过程。
（5）时序性：新的记忆鲜明，旧的记忆淡去，使记忆的调用与分析更加高效。

由此，人们可以将智能分析层的核心比作是物的记忆与分析，即定义为"自记忆"，能够按照信息分析的频率和重点重新进行自适应的、动态的"数据－信息"转换，并解决海量信息的持续存储、多层挖掘、层次化聚类调用，进而达到数据到信息的智能筛选、存储、融合、关联、调用，形成"自记忆"能力。

因此，从智能分析层的实现路径来看，可能的技术支撑包含：
（1）自记忆系统的整体设计与集成、自适应优先级排序、智能动态链接索引、数据分析数据集、智能数据重构等核心技术。
（2）集成了专家知识的信号处理、特征提取、特征变化显著性分析、多维目标聚类分析、关联性分析、分布式存储、信息安全等关键技术。
（3）数据压缩、信息编码、数据库结构、云存储等对事件的详细特征记录相关技术。

4.2.3　智能网络层

网络化的内容管理一旦能够从机械系统获取信息，下一个挑战就是如何利用它。从被监控系统中提取的信息可表示在该时间点的系统条件。如果它能够与其他类似设备或与在不同时间历程的设备进行比较，就能够对系统变化和任务状态预测有更深入的了解。

智能网络层在赛博空间构建的核心是连接不同 CPS 单元或系统的信息、出入口，即所有遵循 CPS 中 5C 技术体系架构的单元或系统，均可以通过智能网络层进行相互连接与信息共享；而智能网络层的构建目标，则是能够实现多维度因素条件下，面向不同目标的定量评估、关联分析、影响分析和对未来状态的预测，从而最终达成协同与自优化的目标。因此，智能网络层需要做的，是针对 CPS 的系统需求，对装备、环境、活动所构成的大数据环境进行存储、建模、分析、挖掘、评估、预测、优化、协同等处理获得信息和知识，并与装备对象的设计、测试和运行性能表征相结合，产生与实体空间深度融合、实时交互、互相耦合、互相更新的赛博空间，在赛博空间中形成体系性的个体机理模型空间、环境模型空间、群体模型空间及对应的知识推演空间，进而对赛博空间知识指导实体空间的活动过程起到支撑作用。

为此，智能网络层的实现过程实质上可包括两大部分：空间模型建立与知识发现体系构建。

（1）空间模型建立：包括针对赛博空间中的个体空间、群体空间、活动空间、环境空间及对应的知识推演空间，建立有效的模型，尤其是以数据驱动为核心的 CPS 数据模型，以形成面向对象的智能网络系统。

（2）知识发现体系构建：通过记录实体空间中对象与环境的活动、事件、变化和效果，在赛博空间建立知识体系，形成完整的、可自主学习的知识结构，并结合建立起的机理空间、群体空间、活动空间、环境空间和推演空间知识库和模型库，构建"孪生模型"，完成在赛博空间中的实体镜像建模，形成完整的 CPS 知识应用与知识发现体系，并以有效的知识发现能力，支撑其他 CPS 单元或系统通过智能网络层进行相互连接与信息共享。而知识发现的过程则遵循了从自省、预测、检验到决策的智能化标准流程，完成信息到知识的转化。

因此，从智能网络层的实现路径来看，其可能的技术支撑可包含：

（1）智能网络空间的知识发现体系设计、多空间建模、推演关系建模、关联分析、影响分析、预测分析等核心技术。

（2）数据挖掘、信息融合、机器学习等关键技术。

（3）模式识别、状态评估、原因分析等相关技术。

4.2.4 智能认知层

智能认知层即评估与决策层。通过实施 CPS 的网络水平，可以提供解决方案，以机器信号转换为健康与效能状态信息，并且与其他实例进行比较。例如，在认知层面上，机器本身应该利用在线监测系统的优势，提前识别潜在的状态风险，并意识到其潜在的原因。根据对历史健康评估的自省性学习，系统可以利用一些特定的预测算法来预测潜在的状态风险，并估计到达风险和偏差某种程度的时间。

可以说，智能认知层是对所获得的有效信息进行进一步的分析和挖掘，以做出更加有效、科学的决策活动。从认知层面上来说，传统的认知手段往往采用单一要素处理单一问题的静态方式，然而当获得的信息中包含了设备和活动的状态信息和关联关系时，如果不考虑信息中的相关性而对单一变量进行分析，所得到的分析结果就不够全面和准确。这也是目前的监控系统无法实现真正意义上的自动化和智能化的原因。

因此，对于智能认知系统而言，包括了评估与决策这两个过程，首先在评估过程的信息分析方式上，需要改变传统的静态认知过程，从而能够模仿人的大脑活动，在复杂环境与多维条件下，面向不同需求进行多源化数据动态关联、评估和预测，最终达成对物的认知，以及对物、环境、活动三者之间的关联、影响分析与趋势判断，形成"自认知"能力。这里，不同的认知目的，决定对于同一物体或信息有不同层次的认知结果，例如，对于同一条在海上航行的船舶，船长、船东、海事局、货主的认知是不同的，这是由不同角色活动需求决定的，在赛博空间中，基于一体的记忆体系建立层次化的认知能力是该层的核心，也是大数据中心必须与之一体的原因。

同时，"自认知"过程在部件级、单机级、机群系统级等不同的应用层面有着不同的应用方式和目的，其核心在于建立与实体空间内各级对应的赛博空间模型。由于建立模型的算法具有一定的普适性，不同算法在解决不同问题上的优势各不相同，这也要求人们要面向对象开发算法，研究在不同类型的数据和不同对象上具有解决某一类问题的能力。

再者，要解决智能认知系统的决策能力。对比于人，人的决策是根据状态、环境、目标、能力等多要素、多维度和多层次综合分析的结果。在传统的信息系统领域中尚缺乏成熟的自决策解决方案，对于决策的支持也仅仅停留在信息汇集和可视化上，决策的制定过程依然完全依靠人来完成。然而，由于活动的复杂性、需要考虑的决策性要素多样性和信息的不对称性，在决策过程中往往很难考虑周全从而做出最优的解决方案。这是由于人脑对语言、文字和图像等抽象信息的分析有较强的优势，但是对于数字化信息和多维信息处理的能力较差。

计算机在处理优化问题时比人脑有更强的运算能力，能够更加快速和准确地找到多要素复杂环境中的最优方案。与之相对应，CPS 的智能认知层改变了传统单一部门、单一目标、单一行动的决策制定，即考虑多环节与多部门的决策活动、决策因素、决策目标的相互影响，从而能够在决策链体系中充分考虑各因素之间的关联影响，通过决策链中多部门、多环节活动的综合影响分析、多维度与多尺度协同优化、分布式动态目标优化等手段，针对决策链活动目标进行协同优化与决策支持，强化能够直接指导实体空间活动的自我决策能力，达成全局最优，形成"自决策"能力。

因此，从智能认知层的实现路径来看，其可能的技术支撑可包含：

（1）网络虚拟模型的建立和使用过程、运算环境和平台、分布式仿真体系、自决策体系构架和流程设计、决策类关联分析、动态目标/动态维度与多尺度下的分布协同优化等核心技术。

（2）参数优化、流程优化、策略优化、能够满足多维优化目标和复杂优化相关因素的算法模型等关键技术。

（3）底层编程语言和开发环境、定制化服务、App 开发、流程管理、资产管理、信息可视化等相关技术。

4.2.5 智能配置与执行层

要实现物的行为和语言，需要完成在实体空间的决策配置与执行。与传统方式不同的是，在智能配置与执行层，CPS 能够改变预先设计的、静态过程的、应激性的传统控制应用模式，从而实现动态、柔性的目标活动与感知决策体系的一体化，并以此为基础，通过面向各类决策价值的应用，在实体空间内形成执行应用的"自重构"能力，形成可以"自成长"的生态环境体系。可以说，这一层是基于赛博空间指导的实体空间决策活动执行，其产生的新的感知，又可传递回第一层（即智能连接层），形成 CPS 五层架构的循环与迭代成长。

因此，智能配置与执行能力的核心在于，将决策信息转化成各个执行机构的控制逻辑，实现从决策到控制器的直接连接。如果说从数据到信息再到决策的过程是数据从发散到收敛的过程，那么，智能配置与执行层就是将收敛后的结果再发散到每个机构的执行逻辑传达过程，其主要难度在于控制目标与不同的控制器之间的通信与同步化集成。

因此，从智能配置与执行层的实现路径来看，其可能的技术支撑可包含：

（1）自免疫、自重构、鲁棒与容错控制、实时控制、产业链协同平台等核心技术。

(2) 动态排程、自恢复系统等关键技术。

(3) 控制优化、冗余设计、状态切换、人机平台、保障服务等相关技术。

在 CPS 的 5C 技术体系架构中，CPS 从最底层的物理连接到数据至信息的转化层，通过增加先进的分析和弹性功能，最终实现所管理系统自身的自我配置、自我调整、自我优化的能力。

4.3 工业智能的 CPS 实现

人类能够在诸如围棋等活动中激发自己的智慧并从中感受到乐趣，因此，围棋对于人类是有意义的，但对于人工智能来说，它只是在执行一些数学模型的运算而已。智能化的出发点正是将人类从枯燥的、流程化的工作中解放出来，去完成更有乐趣和更具挑战性的任务。因此，在工业领域，智能化可以有所作为，甚至大展宏图。

真正的工业智能应该是机器拥有自己独特的分析方式。其主要目标是能够胜任一些通常需要人类智能才能完成的复杂工作，而不是作为信息的集成展示工具，将更多的问题更快地呈现在人类面前，等待人类的决策。

在实现上述目标的过程中，最重要的是工业智能的可成长性。一个优秀的工业智能，应该做到不断丰富和迭代自己的分析与决策能力，来适应周围变幻不定的工业环境，完成多样化的工业任务流程，最终让工业智能达到主动获得和传承知识的能力。当然，要实现这些并非易事，而其最根本的途径，就在于掌握像人类大脑一样的认知能力。

目前的信息系统是"知识消费型"系统，只是对已有知识的消费，却不能有效地管理和创造知识。实际上，关键问题不在于具备多少重复性任务的经验，而是在大量的实践中，形成了处理复杂新事物的方法，发现了事物内在切实有效的关联规则。这些方法和规则的形成就是行为认知的过程，增强这些认知成果的过程就是启发认知的过程，利用认知成果在新环境做出决策的过程就是群体认知的过程。

从人的智慧定义来看，从感知到记忆，并到思维的这一过程，称为"智慧"。智慧的结果就产生了行为和语言，将行为和语言的表达过程称为"能力"，即智慧的应用能力，也就是通常所说的"智能"，可将感觉、记忆、回忆、思维、语言和行为形成整个过程，并根据语言和行为的结果更新记忆和形成经验，称为"智能过程"，它是智慧和智能的综合表现。智慧的指标是智商，智能的指标是能商。一个智能体系的架构和评价应该遵从以上原则。

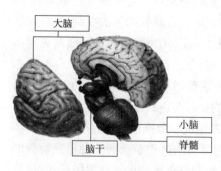

图 4-5 人脑的结构

因此，"人的智慧"核心在于：小脑空间的"记忆"能力与大脑空间"思维"能力（见图 4-5）。智慧的意义在于指导现实活动产生预期的效果，所以，"人的智能"的核心在于"思维"对于行动的指导与控制能力。

机械化、信息化、自动化发展至今，要解决各类矛盾、实现智能化的核心在于如何像人一样思考，即物的认知能力，达到"智慧"与"智能"。因此，可以通过对人类智能活动的研究，形成智能体系的思想和理论，并建立设计原则和开展工应用。"人的智能"体系是一个感觉—记忆—思维—行为和语言循环迭代的过程,"物的智能"体系也应该与之相类似。

根据智能的过程和每个步骤所需要完成的功能,物的智能可以分为五层的结构体系,即自感知层、自记忆层、自认知层、自决策层和自重构层,其核心功能分别是感知、记忆(经验)、分析、决策和行动。可以说,CPS 的最终目的是通过"自感知—自记忆—自认知—自决策—自重构"的核心能力,达成物的"赛博空间"与"实体空间"融合的人工智能体系,即实现"物的智慧"。

各层次的任务如下:

(1)自感知层:按需收集与自身状态、外部环境和活动状态相关的数据,并将数据传输到赛博空间。

(2)自记忆层:将数据进行筛选、存储、融合和关联,并根据记忆层中通过历史数据所形成的经验和信息群落对数据进行特征提取,使较为杂乱的数据转化为可以被理解和处理的信息。

(3)自认知层:对应的是人脑记忆中初级思维的功能,包括对当前状态的评估、物与环境和活动的关联关系、影响分析和态势预测等。

(4)自决策层:对应的是人的高级思维,任务是针对活动目标的协同优化与决策支持。

(5)自重构层:根据赛博空间的分析与决策结果,将决策精确传达给控制系统,并通过与设备和人的配合实现执行的协同。

同时,以 CPS 为核心的智能化体系,特征主要体现在以下五个方面:

(1)自感知层从信息来源和采集方式上保证数据的质量。

(2)自记忆层对数据进行特征提取、筛选、分类和优先级排列,保证数据的可解读性。

(3)自认知层将机理模型和数据驱动模型相结合,保证数据的解读符合客观的物理规律,并从机理上反映对象的状态变化。

(4)自决策层针对环境中个体之间的关系进行建模,并根据活动目标进行优化。

(5)自重构层通过执行优化后的决策实现价值的应用。

此外,CPS 还可以根据分析和预测结果的反馈去更新自记忆层中的数据存储和排列结构,更新自认知层中的模型参数,并根据活动目标的变化改变自决策层中的优化目标。

因此,CPS 是一个可以自我成长的智能体系,其价值和能力会随着使用的不断积累而增强。在应用过程中,CPS 对实体空间的装备、设施、资源和场景所构成的大数据环境进行采集、存储、建模、分析、挖掘、评估、预测、优化、协同等处理,获得信息和知识,并与装备对象的设计、测试和运行性能表征相结合,产生与实体空间深度融合、实时交互、互相耦合、互相更新的赛博空间,进而通过赛博空间知识的综合利用指导实体空间的具体活动;最终,通过自优化、自认知、自重构以及自治和智能支持促进装备资产和产业服务的全面智能化。

通过 CPS 可以使机器掌握模仿人类的行为认知、启发认知和协同认知能力,实现从经验知识、机理模型的信息系统到以控制、状态管理和系统优化为导向的知识系统的跨越。

4.4 CPS 应用体系

在了解了 CPS 与工业智能的关系之后,思考如何应用 CPS 在工业智能化的过程中实现价值的创造。CPS 的应用领域示意图如图 4-6 所示。

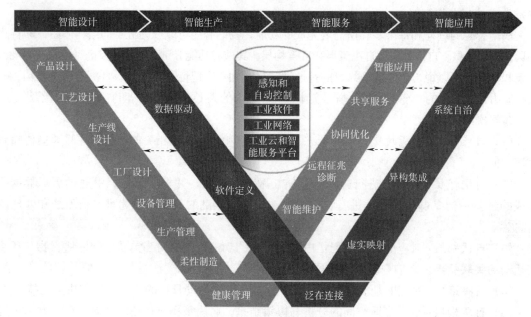

图 4-6　CPS 应用领域示意图

CPS 的应用模式具有很强的体系化特征，包括实体空间、赛博空间以及连接两者的交互接口。实体空间包括以设备、环境和人为核心的产业要素，由设计者、生产者和使用者三要素所构成的面向生产活动的产业链，以及同样由这三要素构成的面向服务的价值链；赛博空间包括数据层、映射层、认知层和服务层四个方面，并分别对应实体空间中各个要素的状态管理、关系管理、知识管理和价值管理。两者之间的交互接口包括部署在设备边缘端的智能软硬件和将实体系统进行连接并提供信息通道的工业互联网。CPS 的这种应用体系实现了其三个基本功能单元（智能控制单元、智能管理单元和认知环境）在各个层级和应用场景中既相互融合（外部价值）又彼此独立（内部功能），并最终实现价值链的再创造和产业链的互动与转型。

4.4.1　产业链与产业要素

产业链包含价值链、活动链、供需链和服务链四个维度，在相互对接和均衡的过程中形成了"对接机制"的内在模式，由生产活动影响的客观规律调控着产业链当中各个角色之间的关系。

在中国的工业领域，尤其是制造业领域，由于经济长期快速发展带来的红利，制造产业链中设计者、生产者和使用者三者之间，仅存在供需关系以及由供需关系主导的企业之间的活动链，上、下游企业缺少服务信息和价值的互动，交流方式和内容单一，合作模式大多处于简单的供求响应管理模式。三者仅依靠买卖活动的供需关系就可以获得足够的发展空间。直到经济增速放缓，中国制造产业链中价值链和服务链不健全的问题才被企业重视起来。

无论是设计者、生产者，还是使用者，他们的生产经营活动都是由设备、环境和人三个生产要素组成。设备在上游的参与者手中是产品，而在下游的参与者手中变成生产要素，设备在不同的产业链角色手中发挥着不同的功能和价值；环境既包括设备使用的内部环境，又包括外部生产环境乃至自然环境；人类扮演着管理与决策的角色，在环境中使用工具生产产品和价值，是产业链要素实现其价值的关键。

4.4.2 工业软、硬件与工业互联网

工业硬件与工业软件紧密相连，密不可分。工业硬件除了加工生产所用到的机械设备，还包括用于装备状态感知和控制的传感器、控制单元等设备；而工业软件则是作为人类与机器沟通交流的媒介，以嵌入式或网络等方式与机械设备相连，实现人对设备的感知和控制过程。

工业软件可以让现场的工作人员与机器进行交流。工业互联网则是在工业软件的基础上，用互联网将智能感知与控制硬件相连接，实现整个产业链的人、数据和机器互联，是工业系统与高级计算、分析、传感技术及互联网的融合媒介。通过软件定义的工业互联网，可以打破产业链中设备、区域、时间的物理界限，重新定义工业流程和生产方式，并以异构集成的方式，将现有的工业信息系统进行集成，实现工业化、信息化以及智能化融合的基础。

4.4.3 应用体系的五个层次

CPS 应用体系有五个层次：

（1）**数据层**：产业链中设备、环境和人三个生产要素和设计活动、生产活动、使用活动三种人类生产活动数据的汇集。

从数据结构来看，数据层既包括生产流程、工作状态、产品性能等机构化数据，也包括人类的设计方案、生产计划、管理调度、使用维护等非机构化数据。

从数据内容来看，数据层既包括设计者的设计工具数据和设计活动数据，也包括生产者的生产工具数据和生产活动数据，还包括使用者在使用设备时的机器运行数据和试用活动数据。

（2）**映射层**：体现 CPS 概念，是 CPS 融合的第一步。通过对数据层的各类数据在赛博空间中的映射，为进一步认知分析提供资源和基础。

设计者的设计工具数据和设计活动数据分别映射到装备的设计个体空间和活动的设计活动空间中；生产者的生产工具数据和生产活动数据也映射到对应的生产个体空间和生产活动空间；使用者的设备运行数据和使用活动数据映射到装备空间和活动空间的对应区域；环境数据作为相对独立却普遍影响所有环境的数据要素，映射到对应的环境空间。

映射只是第一步，在设计、生产、使用的装备和活动空间的基础上，根据生产流程和环境因素，通过不同的任务和目标，对各个子控件进行融合，并按照集群装备的特征和任务特点，最终构建活动协同的活动空间和装备协同的群体空间，二者再与个体装备空间和环境空间一起，共同构成进一步分析认知的基础。

（3）**认知层**：行为认知、启发认知和群体认知三种认知方式的运用与融合，能够实现基于个体空间、群体空间、活动空间和环境空间的知识发现和推演预测。

行为认知，通过数据驱动的方式以机器学习技术实现普适性的无监督学习过程，在无须设备设计方案和工作原理的条件下，实现数据层面内在关联的探索和工业知识的发现。

启发认知，基于基本的工业设计原理和机理模型，提供数据驱动下的模型升级和算法迭代，是兼容通用性和精确性的监督学习过程，适合某一类设备或某一类生产活动的知识发现，尤其在面对关键技术被外国企业掌握的核心设备时，仅通过基本原理和运行数据，就可以达到很好的视情管理和使用效果。

群体认知，是集合群体行为和群体认知形成的高级认知方式，旨在模仿人类的思维方式，

实现基于目标、环境和资源的协同优化和资源调配，提供超越人类局限性的知识发现和成长空间。

行为认知、启发认知和群体认知实现了知识的自主发现，并在此基础上结合任务、环境和资源构建了推演与预测空间，提供了智能化的决策支持。

（4）服务层：在数据层和认知层的基础上，服务层结合工业领域的背景，提供覆盖全产业链流程的智能协同优化服务。

在装备协同优化方面，服务层构建具备自感知、自决策、自重构能力的智能装备，即CPS最小控制单元，同时利用模型配置等技术，向同型装备提供低成本、高效率的模型移植和算法复用，以点带面，实现装备协同的工业智能装备。

在人与装备的协同优化方面，服务层提供视情设计和视情生产服务，满足制造端的敏捷设计和柔性制造等需求，为制造业提供更加智慧的生产模式，实现智能制造。其中，所谓"视情"，"视"就是重视，"情"是指多元智能情况。

在人与装备、环境的协同方面，服务层分析认知在不同目标、不同装备、不同环境下人类的行为，学习人类智慧，并通过机器智能加以提炼和升华，最终实现以物的智慧代替人的智慧，提供高效率、低成本的视情管理和视情使用决策支持。

（5）价值链：CPS在制造业的应用被认为是最终实现工业价值链的再造，实现设计者从满足需求到设计价值的改变，生产者从交付产品到交付能力的改变以及使用者从单一盈利到共同盈利的转型，最终实现有利互动的全新价值链，弥补工业产业链在价值环节的欠缺。

由此，数据、映射与认知的CPS核心应用能力，可达成工业产业链向价值链的转型，而CPS的有效应用，即"一硬、一软、一网、一云"的实现，将有效助力工业与信息化部所提出的"两化融合"与"新四基"发展。

一硬：实现人、实体系统、实体环境的硬件协同。

一软：实现以机器自主认知与决策系统为核心的工业系统与信息系统的集成系统，即系统的系统。

一网：实现涵盖工业价值链所有单元的工业互联网。

一云：实现整合数据、映射、认知、服务的"四位一体"云环境。

4.5 层级化 CPS 的应用

现实社会由复杂大系统构成，包括个体的活动（如个人、车辆、船舶等）、由明确目的所集合在一起的群体组织活动（如企业、消费者、政府机构等）、在一定区域内的各个组织活动相互影响与协同（称为社区活动，如某一个区域或某一个产业链等），这三种活动彼此之间相互影响、相互作用。因此，要想实现整个体系的智能化，必须在体系设计中考虑相互的影响和作用。在这个复杂系统中，CPS体系在各个层级的应用是有侧重点并相互关联的（见图4-7）。

CPS设计中的重要特性是具有较为广泛的普适性和可扩展性：普适性体现在技术体系的设计可以运用在不同的工业领域和具有不同智能化基础的设备和系统上；可扩展性体现在技术体系可以运用于本地CPS、系统级CPS、集群CPS、产业链CPS以及社区CPS等不同层次的应用上。在不同的对象和层级的应用上，CPS的工作流程、核心内涵、技术要求以及实施逻辑都遵循相似的设计原则。因此，CPS的5C技术体系架构也可有效适用于面向本地装备、个体、集群和社区中的多层级体系应用模式。

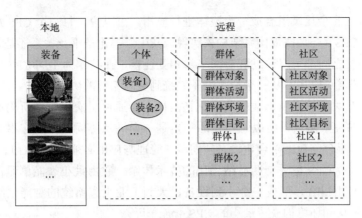

图 4-7　CPS 面向不同层级对象的应用体系

在设计中，由于 CPS 的目标是通过虚拟空间数据分析和信息融合所提供的增值服务来帮助实现实体价值的增长，所以体系中各级的设计也遵循这一原则，即本地装备、个体、集群、社区这四个层级的 CPS，同时其各层次的目标与手段均有侧重并相互关联。

4.5.1　CPS 层级定义与设计框架

下面分别给出本地装备 CPS、个体 CPS、群体 CPS 和社区 CPS 的定义与设计框架。虽然各层级使用相同的 CPS 体系架构、遵循相同的原则，但在同源信息条件下，由于各级用户的活动与目标不同，其价值标准和具体算法模型有很大的差异。

（1）本地装备 CPS：核心是帮助用户合理使用装备，即对控制达到提高效率、降低故障的目的，实现装备的价值最大化，同时接受 CPS 的决策支持并为上层 CPS 应用提供源信息。

（2）个体 CPS：这是 CPS 的关键环节。在远程虚拟空间，每一个实体个体都构建了一个虚拟映射体，它不是传统的实体仿真体，也不仅是实体的镜像反映，而是以特征为主要方式客观反映实体的内在状态。同时，个体 CPS 通过实时或半实时的更新变化，反映实体空间个体的状态，并在此基础上，在远程客观显示实体和决策指导本体的状态、变化及其活动、环境、目标的相互影响和发展趋势。此外，个体 CPS 也可支持实体 CPS 和群体 CPS 的工作。

（3）群体 CPS：CPS 的意义逐渐被更多的人认识并接受，CPS 个体应用的思路已经发生变化，并开始应用在更广泛的层面。例如，CPS 已经被应用于国防、医疗、政府服务、食品安全、反恐等社会领域的服务和管理，这对于人们重新认识 CPS 的使用具有很重要的意义。

在理解 CPS 时，群体不是个体的简单集合，而是按照明确的共同目标由多个个体构成的组织，所以其体系的建立目的是帮助改善组织的活动，实现个体间面向共同活动目标的协同与优化。群体 CPS 的主要工作是协调组织内各个角色活动的协同与优化，指挥并监控个体的活动达到组织目标。

（4）社区 CPS：社区是指在同一个环境空间内的不同群体和组织的集合，这些组织之间分享社区中的资源、遵守社区中的法规，但是具有不同的组织目标和活动方式。相同社区内的各个群体之间的目标会相互冲突，主要体现在有限资源的使用、规则的遵守、目标的优先级和信息分享等方面。因此，维护在特定空间和时间内多个群体所属的、大量个体所构成的社区中彼此活动的有序进行以及社区的和谐与稳定，是社区 CPS 存在的主要目的。

在 CPS 体系中，需要解决的一个典型问题就是如何将本地装备 CPS、个体 CPS、群体

CPS 和社区 CPS 这几个层级组合成一个整体进行应用。可以说，每一个 CPS 层级中的单元或系统，都可以由 CPS 的 5C 技术体系架构来实现，其中，不论是平行关系还是包含关系，不同的 CPS 单元或系统之间都可以通过智能网络层相互连接，使其作为不同 CPS 单元之间协同的信息出入口，这样就可以实现从一个最小的子系统到全局系统的协同。

整个 CPS 是在同源数据所形成的共同记忆基础上，通过层次化模型所构成的思维平台来满足层次化用户的决策需求，所以它构建的一定是一个满足协同工作的应用平台（记忆体系的构建决定了应用平台与数据平台建设必须同步，管理与应用必须紧密耦合）。

因此，也可以说 CPS 是一个明显结构化的技术体系，它由最小智能单元作为细胞，这些细胞能够灵活地自由组合，形成一个小到设备，大到工业生态系统的智能化组合，其中智能控制、智能管理和认知环境构成了最小的 CPS 智能单元。

4.5.2 CPS 的三个基本单元

个体、群体和社区的 CPS 都是由最基本的 CPS 单元构成的，CPS 基本单元又分为智能控制单元、智能管理单元和认知环境（见图 4-8）。

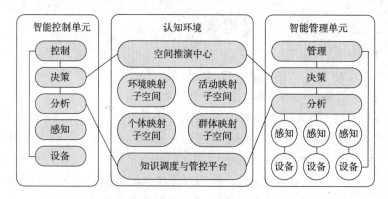

图 4-8 CPS 的三个基本单元

（1）智能控制单元：面向 CPS 应用体系中的局部装备（见图 4-9），通过在装备自身搭载具有感知、分析和控制能力的智能系统，对本地数据进行实时分析与挖掘，构建局部 CPS，实现对单一装备数据的"数据—信息—知识"转化，解决集群环境下的单体装备控制、状态管理、协同优化等问题，并通过安全高效的知识传输，在云端认知环境实现知识的汇集融合；同时，装备自身的智能系统也可接收来自云端的多源决策服务支持，打破本地装备信息的局限性，实现更加优质高效的局部智能控制。

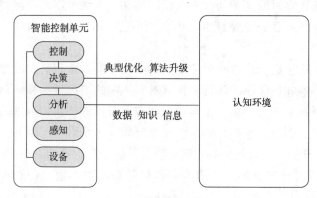

图 4-9 智能控制单元

智能控制单元的核心目的是使装备在自省性和自比较性的基础上,能够自动适应面向自身状态、环境和任务的变化调整控制,从而增强整个系统的强韧性,提高系统灵活适应复杂任务的能力。

(2)智能管理单元:面向 CPS 应用体系中的局部系统,可以是一个微型的多设备管理系统,也可以是一个工厂的生产管理系统。如图 4-10 所示,CPS 智能管理单元以局部系统为载体,实现多个设备之间知识的交互与共享,形成本地智能设备与远程认知环境相互协同、个体智能与群体智能相互协同的一体化智能管理单元,优化系统的协同经济性、安全性及高效性,实现装备集群作为一个整体的目标最优化和价值最大化。

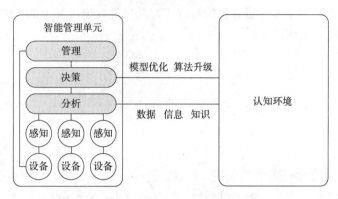

图 4-10　智能管理单元

(3)认知环境:为智能控制单元和智能管理单元提供具有自成长性的智能化能力支撑,是实现 CPS 由局部到整体的应用推广的关键。认知环境向上可服务智能管理,向下可驱动智能控制,是知识发现与管理调度的平台。虽然 CPS 认知环境并不实时地参与智能控制和智能管理,但是会随着知识的积累不断优化智能控制单元和智能管理单元中的感知、分析和决策的模型,这正是 CPS 能够自我成长的关键,也是 CPS 推广应用的核心组成。

CPS 认知环境的本质是一个超大型的自成长知识库,主要由四个子空间,一个推演中心和一个管控平台组成(见图 4-11),实现知识的积累、成长和应用。

图 4-11　认知环境

4.6　CPS 的基础应用条件

CPS 技术能够被应用并创造价值,除了需要在三个基本单元的技术上寻求突破,还需要具备三个基础应用条件,分别是"可感知""可连接"和"集群环境"。

(1)可感知:指需要具备从实体空间中获取与状态、环境和活动相关的数据采集手段。这部分数据既可以通过嵌入式传感或外部传感器获得,也可以通过虚拟传感的方式获得。在传感技术的发展中,传感器除了需要不断增加可感知对象、提高精度和可靠性之外,还应不断向小型化、低功耗、非侵入式、无线传输和低成本的方向改进。

(2)可连接:网络环境是建立赛博空间的基础。常用的网络环境包括专用型网络、开放式网络、混合型网络以及自组织网络。如何快速搭建网络环境，实现不同类型的网络环境之间灵活可扩展的交互将成为 CPS 技术研究的新方向。

（3）集群环境：赛博空间中的集群规模越大，其活动也越活跃，数据流动的规模和经验样本的积累速度也越快，认知环境中的数据资源也越丰富，因此产生知识的速度也会更快。从服务角度分析，集群规模越大，对服务的需求就越丰富，由此能够吸引到更多的人来提供服务，这种竞争环境可以加快技术的进步和成本的降低；从技术角度分析，集群环境既是实体之间关系管理和建模的相似性、聚类趋势、排序和协同等活动的必要条件，也是 CPS 中的 3R，即来源、关系和参考存在的基础。

因此，CPS 在上述三个条件都具备的情况下，能够发挥出很强大的优势：丰富的数据源、相互连接的网络环境和集群。

作业

1. 在复杂情况下，根据不同场景对多种知识综合运用，进行推理预测并给出正确判断，即（　　）。

    A. 智能连接　　　　B. 处理功能　　　　C. 认知能力　　　　D. 工作水平

2. 具备（　　），是实现人类各种智慧行为的基础。

    A. 智能连接　　　　B. 处理功能　　　　C. 认知能力　　　　D. 工作水平

3. 如果机器具备了（　　），就会以惊人的速度进行知识和能力的学习和掌握，并带来超乎想象的变革。

    A. 智能连接　　　　B. 处理功能　　　　C. 认知能力　　　　D. 工作水平

4. 以多源数据的建模为基础，CPS 的 5C 技术体系架构包括（　　）、智能分析、智能网络、智能认知和智能配置。

    A. 智能连接　　　　B. 处理功能　　　　C. 认知能力　　　　D. 工作水平

5. 在 CPS 架构中，从机器或部件级出发，第一件事是如何以高效和可靠的方式（　　）。

    A. 智能连接　　　　B. 获取数据　　　　C. 执行功能　　　　D. 连接通信

6. （　　）的核心在于按照活动目标和信息分析的需求进行选择性和有所侧重的数据采集。

    A. 智能认知　　　　B. 智能网络　　　　C. 智能分析　　　　D. 智能连接

7. CPS 体系中设备的（　　）能够改变现有的被动式传感与通信技术，从而实现智能化与自主化的数据采集与传输。

    A. 自连接　　　　　B. 自激活　　　　　C. 自感知　　　　　D. 自复制

8. 自主式和应激式的传感采集主要体现在以下（　　）三个方面。

    ① 以事件为导向的采集策略　　　　　　② 以活动目的为导向的采集策略
    ③ 以设备健康为导向的采集策略　　　　④ 以设备连接为导向的采集策略

    A. ①②③　　　　　B. ②③④　　　　　C. ①②④　　　　　D. ①③④

9. 从智能连接层的实现路径来看，其可能的核心技术包含（　　）。

    A. 数据采集设备、数据库设计、数据环网、自意识传感
    B. 传感器、缓存器、数据传输、信息编码、抗干扰
    C. 自感知系统的整体设计与集成、应激式自适应数据采集管理与控制系统
    D. 数据压缩、信息编码、数据库结构、云存储

第4课 | CPS技术体系与应用体系

10. 从智能分析层的实现路径来看，其可能的核心技术包含（　　）。
   A. 数据采集设备、数据库设计、数据环网、自意识传感
   B. 传感器、缓存器、数据传输、信息编码、抗干扰
   C. 自感知系统的整体设计与集成、应激式自适应数据采集管理与控制系统
   D. 自记忆系统的整体设计与集成、自适应优先级排序、智能动态链接索引

11. 从智能网络层的实现路径来看，其可能的核心技术包含（　　）。
   A. 智能网络空间的知识发现体系设计、多空间建模、推演关系建模、关联分析
   B. 传感器、缓存器、数据传输、信息编码、抗干扰
   C. 自感知系统的整体设计与集成、应激式自适应数据采集管理与控制系统
   D. 自记忆系统的整体设计与集成、自适应优先级排序、智能动态链接索引

12. （　　）层是对所获得的有效信息进行进一步的分析和挖掘，以做出更加有效、科学的决策活动。
   A. 智能认知　　　B. 智能网络　　　C. 智能分析　　　D. 智能连接

13. 从智能认知层的实现路径来看，其可能的核心技术包含（　　）。
   A. 智能网络空间的知识发现体系设计、多空间建模、推演关系建模、关联分析
   B. 网络虚拟模型的建立和使用过程、运算环境和平台、分布式仿真体系
   C. 自感知系统的整体设计与集成、应激式自适应数据采集管理与控制系统
   D. 自记忆系统的整体设计与集成、自适应优先级排序、智能动态链接索引

14. 智能配置与执行能力的核心在于，将决策信息转化成各个执行机构的控制逻辑，实现从决策到控制器的（　　）。
   A. 智能认知　　　B. 智能网络　　　C. 直接连接　　　D. 间接连接

15. 从智能配置与执行层的实现路径来看，其可能的核心技术包含（　　）。
   A. 智能网络空间的知识发现体系设计、多空间建模、推演关系建模、关联分析
   B. 网络虚拟模型的建立和使用过程、运算环境和平台、分布式仿真体系
   C. 自感知系统的整体设计与集成、应激式自适应数据采集管理与控制系统
   D. 自免疫、自重构、鲁棒与容错控制、实时控制、产业链协同平台

16. 真正的工业智能应该是机器拥有自己（　　）方式，主要目标是能够胜任一些通常需要人类智能才能完成的复杂工作。
   A. 独特的分析　　　　　　　　　　B. 通用的处理
   C. 标准的工作　　　　　　　　　　D. 直接的连接

17. CPS的应用模式具有很强的体系化特征，包括（　　）。
   ① 实体空间　　　　　　　　　　② 彩色空间
   ③ 连接两者的交互接口　　　　　④ 赛博空间
   A. ②③④　　　B. ①②③　　　C. ①③④　　　D. ①②④

18. 个体、群体和社区的CPS都是由最基本的CPS单元构成的，它分为（　　）。
   ① 智能控制单元　　　　　　　　② 智能管理单元
   ③ 集群处理系统　　　　　　　　④ 认知环境
   A. ②③④　　　B. ①②③　　　C. ①③④　　　D. ①②④

19. CPS认知环境本质上是一个超大型的（　）知识库，实现知识的积累、成长和应用。
    A. 自处理　　　　　B. 自激活　　　　　C. 自成长　　　　　D. 自保护
20. CPS技术能够被应用并创造价值，需要具备三个基础应用条件，分别是（　）。
    ① 可扩展　　　　　② 可连接　　　　　③ 集群环境　　　　④ 可感知
    A. ②③④　　　　　B. ①②③　　　　　C. ①③④　　　　　D. ①②④

研究性学习

理解"CPS是赛博空间与实体空间融合"产物

小组活动：
（1）说说看，为什么要"从人的智慧来理解CPS"？
（2）怎样理解"CPS是赛博空间与实体空间融合、虚实结合"的产物？请举例说明。
（3）目前的信息系统是"知识消费型"，只是对已有知识的消费，却不能有效地管理和创造知识。那么，为什么应用CPS就可以从根本上改变这个状况？

记录：小组讨论的主要观点，推选代表在课堂上简单阐述你们的观点。
评分规则：若小组汇报得5分，则小组汇报代表得5分，其余同学得4分，依此类推。
活动记录：_____
_____
_____
_____
_____

实训评价（教师）：_____
_____

第 5 课

基于智能代理的智能制造

学习目标

知识目标：
（1）理解和熟悉什么是包容体系结构，什么是智能代理。
（2）理解包容体系结构的实现，熟悉智能代理的定义。
（3）掌握包容体系结构和智能代理的应用场景，了解基于代理的智能制造模式。

素质目标：
（1）勤于思考，善于联想，掌握学习方法，提高学习能力。
（2）培养热爱工业、热爱科学、关心社会进步的优良品质。
（3）理解协同合作的作用、精神及其重要性。
（4）体验、积累和提高智能类专业的学习素养。

能力目标：
（1）理解团队合作、协同作业的精神，在项目合作、团队组织中发挥作用。
（2）掌握专业知识的学习方法，培养阅读、思考与研究的能力。

重点难点：
（1）理解和熟悉包容体系结构及其实现方法。
（2）理解智能代理技术及其实现方法。
（3）熟悉基于代理的智能制造模式。

导读案例

汽车业产业链建立新平衡迫在眉睫

石油曾被视为世界经济的"阿喀琉斯之踵①"。20世纪70年代，全球石油产量从每天580万桶暴跌至100万桶以下，这轮石油危机被视为彼时西方经济全面衰退的主要原因。

四十多年过去了，世界经济是否出现了一个新的"阿喀琉斯之踵"？随着"芯片荒"的蔓延，这个问题摆在了人们面前（见图5-1）。2021年上半年，彭博社发布文章《为什么1美元芯片的短缺可以引发全球经济危机》称，芯片的供应危机正在影响全球经济，其

---

① 阿喀琉斯之踵，"踵"原指脚跟。脚跟是荷马史诗中的英雄阿喀琉斯唯一一个没有浸泡到神水的地方，是他唯一的弱点，后来在特洛伊战争中被人射中致命。现在一般指致命的弱点、要害。

中汽车业是重灾区。

图 5-1　汽车芯片

进入 2021 年下半年，"芯片荒"非但未获缓解，反而进一步加剧。

根据世界半导体贸易统计组织报告数据，东南亚集成电路封装测试量约占全球集成电路芯片封装市场 27%，其中马来西亚的市场份额高达 13.7%，被称为全球芯片"中转站"。2021 年 7 月以来，受马来西亚疫情影响，大量跨国芯片公司在该国的封装测试工厂停摆，迫使下游的车企再次大幅度减产乃至停产。英飞凌 CEO 莱因哈德·普洛斯更是悲观地提出，芯片缺货可能要持续到 2023 年。

经济观察报记者了解到，与此前几个月预测芯片短缺会在年底缓解不同，目前已经鲜有车企对芯片问题持乐观态度，有车企直接表示，十几万辆的订单难以交付。不过，各方对进一步加剧的"芯片荒"，并未坐以待毙，而是开展了两方面的应对举措，一方面的举措针对眼下的困境，另一方面的举措则着眼更长远的未来。

就眼下而言，国内车企正在想尽办法自救，争取优先满足中国汽车行业对芯片的需求。相关人士表示，"芯片短缺是全行业的事情，不是哪一家企业自己的问题，中汽协以及相关部门都正在积极地协调"。

除想方设法缓解眼下的供应紧张外，对全球芯片生产高度分工化的模式的反思也开始在业界出现。美、日以及欧洲多国的工业界对此有了新共识，那就是为了某种程度上的产业安全，不再一味追求分工协作，而是要建立相对可控和完整的芯片供应体系，即使这样，也可能会导致成本的提升和效率的降低。也有分析指出，从纯商业角度来看，全球化协作的成本优势很大，即使有所反思，半导体企业也不会完全放弃这种分工模式，未来部分次要芯片的生产，大概率还是会继续外包给代工封装厂，企业应该在自主生产与全球协作之间找到一个平衡点。

1. "最后一公里"的断裂

目前，超过 50 家半导体企业在马来西亚有工厂，大多数是大型跨国公司，包括恩智浦、英飞凌、意法半导体、英特尔等。2021 年 7～8 月，英飞凌、意法半导体等头部芯片企业均表态，其工厂因疫情被当地政府要求停产。而这些芯片封测厂的停产直接导致博世等一级零部件供应商陷入难以向车企供货的窘境。

不过，封装测试在全球芯片供应链中还算不上集中度最高的一个环节。公开资料显示，在委外代工的车用 MCU（单片微型计算机）市场，仅台积电一家便占据 60%～70% 的市场份额，而台积电目前仅在台湾地区和南京建成了工厂。

高度集中的背后，是芯片产业的高度分工化。据了解，芯片行业有两种生产模式：一种是垂直统合模式，即芯片企业包揽开发、设计、制造、封测全环节，如英特尔、三星；另一种是水平分工模式，指芯片生产各环节由不同企业负责，各企业相互独立又相互合作，其中设计企业如英伟达，制造企业如台积电。

近年来，与全球化的进程一样，水平分工模式日益获得更多企业青睐。在2010年全球半导体企业Top10榜单中，水平分工企业中仅有高通（第九位）和博通（第十位），在2020年的榜单上，水平分工企业已有5家。

水平分工模式的盛行源于企业控制成本和追求性能的需求。以封装环节为例，半导体封装测试是指将通过测试的晶圆按照产品型号及功能需求加工，得到独立芯片的过程，该环节被称为芯片的"最后一公里"，其技术要求相对较低，但需要更多劳动力。考虑到这一点，近年来越来越多欧美芯片企业选择放弃本土的封装测试工厂，转而集中在海运便利、人力成本较低的东南亚建设新工厂。

不仅是封装测试环节，车用MCU代工产能的高集中度也并非偶然。由于小型化和高频的需求，车用MCU需要40 nm以下的制程，因此大量半导体企业都将此项业务外包交给拥有先进制程的台积电、三星等位于东亚的企业代工。

面对疫情对芯片供应链的新一轮冲击，车企正在展开又一轮自救，尽快复工复产。

2. 产业模式寻求新平衡

持续蔓延的"芯片荒"也让业界开始反思芯片产业模式。2021年6月，美国政府最新的供应链审查报告提出，对中国台湾地区芯片的依赖，是半导体供应链中的一个潜在漏洞，台湾地区如果生产中断，可能会对美国电子设备制造商造成近5 000亿美元的收入损失。2021年8月14日，英飞凌CEO莱因哈德·普洛斯在接受德国本地媒体采访时也表示，欧洲有必要反省芯片过度依赖进口和缺乏自主的问题，想在半导体领域发力是件好事。

业界对反思芯片产业模式的一个明显结果是，德国、美国等不少国家开始谋求在本土布局更加完善且自主可控的芯片供应体系。

在我国，政策层面和车企层面均在积极推动汽车芯片产业链的自主可控（见图5-2）。2020年12月，财政部等四部委发布芯片行业税收优惠新政，相关企业最高可免10年企业所得税。2021年7月，在国新办新闻发布会上，工业和信息化部总工程师、新闻发言人田玉龙表示，为应对汽车芯片供应短缺问题，工业和信息化部组建了汽车半导体推广应用工作组，将积极支持替代应用，提升制造能力。

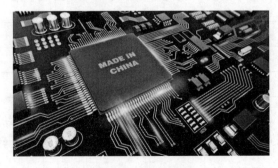

图5-2 中国芯片

在企业层面，东风成立的智新半导体有限公司，其自主研发并可年产30万套功率芯片模块的生产线，已于2021年投入量产。广汽集团也宣布，其部分电子控制器（ECU）产品已形成初步的国产化推进方案。

对于国内芯片产业链而言，此次海外芯片封测厂的停产也可能产生正向的推动效果。

中金公司此前发布研报称，我国是全球疫情控制较好的地区之一，同时具有大量优质半导体封测厂商。海外疫情的反复有望加速封测订单向我国转移。

不过，国内汽车芯片产业链的自主化之路任重道远。数据显示，我国汽车用芯片进口率达90%，先进传感器、车载网络、三电系统、底盘电控等关键系统芯片大都依赖国外，国内自主汽车芯片多用于车身电子等简单系统。

"完全自主化、本土化生产，既不容易也没必要，因为技术上容易保守，不利于转型升级。"在全联并购公会信用管理专委会专家安光勇看来，汽车芯片行业应努力突破关键核心技术，牢牢掌控容易被"卡脖子"的环节，其他次要环节可在自主生产以及海外代工之间寻求一个平衡。

资料来源：濮振宇，经济观察报，2021年8月27日

阅读上文，请思考、分析并简单记录：

（1）请简单分析，造成汽车产业"芯片荒"的表面原因是什么。

答：_____

_____

_____

_____

（2）请深入分析，汽车产业"芯片荒"的产业链存在什么问题，业内是如何应对的？

答：_____

_____

_____

_____

（3）面对类似"芯片荒"问题，我国能从中得到什么启发？该如何应对？

答：_____

_____

_____

_____

（4）请简单记述你所知道的上一周发生的国际、国内或者身边的大事。

答：_____

_____

_____

_____

包容体系结构强调完全避免符号的使用，关注直接感受世界。包容体系结构是实实在在的物理机器人，利用不同设备（传感器）来感知世界，并通过其他设备（传动器）来操控行动。

大部分的人工智能应用都是一个独立和庞大的程序系统，通常系统在前期的实验性操作取得成功之后，却无法按比例放大至所需要的规模，因为系统将变得太过庞大而运作太慢。因此，人们开发了智能代理（Agent）来解决这些问题。

5.1 包容体系结构概述

在传统的计算机编程中，程序员必须尽力考虑所有可能遇到的情况并一一规定应对策略。无论创建何种规模的程序，一半以上的工作（软件测试）都在于找到那些处理错误的案例，并修改代码来纠正它们。

几十年来，人们发明了许多工具来使编程更加有效并降低错误发生的概率。与1946年计算机刚问世时相比，编程无疑更加高效，但仍避免不了大量错误的存在。不论使用何种工具，程序员在编写程序时每百行间都会产生数量大致相同的错误。这些错误不仅出现在程序本身及所使用的数据中，还存在于任务的具体规定中。倘若利用逻辑、规则和框架编写通用的人工智能程序，那么程序必定十分庞大，并且漏洞百出。

5.1.1 "中文房间"思维实验

1980年，美国哲学家约翰·希尔勒进行了一项名为"中文房间"的思维实验，来证明能够操控符号的计算机即使模拟得再真实，也根本无法理解它所处的这个现实世界，以反驳强人工智能（机能主义）提出的过强主张，即所谓"只要计算机拥有了适当的程序，理论上就可以说计算机拥有它的认知状态以及可以像人一样地进行理解活动"。

假设某个只会说英语的人身处一个封闭的房间内，房间只在门上有一个小窗口，此人只带着铅笔、纸张和一大本指导手册（象形文字对照手册），时不时会有画着不明符号的纸张被递进来。该男子只能通过阅读指导手册找寻对应指令来分析这些符号，并在此过程中写下大量笔记。最终，他将向屋外的人交出一份同样写满符号的答卷。被测试者全程都不知道，其实这些纸上用来记录问题和答案的符号就是中文，他完全不懂中文，无法识别汉字，但他的回答却是完全正确的（见图5-3）。

被测试者代表计算机，他所经历的也正是计算机的工作内容，即遵循规则，操控符号。中文房间实验验证的假设就是看起来完全智能的计算机程序其实根本不理解自身处理的各种信息。由于所有这些操作都是简单地执行程序的算法，这个程序的最终结果简单地为中文的"是"或者"非"，给出了关于以中文提出的问题的正确答案。虽然被测试者根本不识中文，对所提问题讲的是什么没有任何哪怕是最浅的概念，但只要正确

图 5-3　中文房间

地执行了那些构成算法的一系列运算——他用英文写的这一算法的指令,他就能和一位真正理解这一问题的中国人做得一样好。可见,仅仅成功执行算法本身并不意味着对发生的有丝毫理解。

因此,仅仅执行程序的计算机本身并不具有智慧,虽然人们的共识是用通过图灵测试来定义智慧。尽管要制造出满意地通过这种检验的机器还是比较遥远的事,但是即使它真的通过了,还是不能断定其真有理解能力,即用图灵检验来定义智慧还是远远不够充分的。

5.1.2 建立包容体系结构

希尔勒认为,该实验证明了能够操控符号的程序不具备自主意识。自该论断发布以来,众说纷纭,各方抨击和辩护的声音不断。不过,它确实减缓了纯粹基于逻辑的人工智能研究,转而倾向于支持建立摆脱符号操控的系统。其中一个极端尝试就是包容体系结构,强调完全避免符号的使用,不是用庞大的框架数据库来模拟世界,而是关注直接感受世界。

包容体系结构不是一个只关注隐藏在数据中心中的文本的程序,而是实实在在的物理机器人,利用不同设备(传感器)来感知世界,并通过其他设备(传动器)来操控行动。罗德尼·布鲁克斯曾说道:"这个世界就是描述它自己最好的模型,它总是最新的,总是包括需要研究的所有细节。诀窍在于正确地、足够频繁地感知它。"这就是情境或具身人工智能,也被许多人看作至关重要的一项创造,因为它能够建立抛弃庞大数据库的智能系统,而事实已经证明要建立庞大数据库是非常困难的。

包容体系结构建立在多层独立行为模块的基础上。每个行为模块都是一个简单程序,从传感器那里接收信息,再将指令传递给传动器。层级更高的行为可以阻止低层行为的运作。

情境或具身人工智能这两个术语的概念稍有不同。情境人工智能是实实在在放置于真实环境中的,具身人工智能则拥有物理实体。前者暗示其本身必须与非理性环境进行交互,后者则是利用非理想的传感器和传动器完成交互。当然在实际操作中,二者是不可分割的。

5.2 包容体系结构的实现

包容体系结构令人信服地解释了低等动物(如蟑螂等昆虫和蜗牛等无脊椎动物)的简单行为。利用该结构创建的机器人编程是固定的。如果想要完成其他任务则需要再建立一个新的机器人。这与人脑运作的方式不同,随着年龄的增长和阅历的增加,人的大脑同样也在成长和改变,但并不是所有的动物都有像人脑一样复杂的大脑。

对许多机器人来说,这种程度的智能刚好合适。比如,智能真空吸尘器(见图5-4)只需要以最有效的方式覆盖整个地板面积,而不会在运行过程中被可能出现的障碍物干扰。在更加智能的机器人的最底层系统中,包容体系结构同样适用,即用来执行反射。有物体接近眼睛时人们会眨眼,触碰到扎手的东西时人们会快速把手收回来,这两种行为发生得太快,根本无法涉及意识思考。事实上,条件反射不一定关乎大脑,例如,医生轻敲膝盖,观察小腿前踢反应,这

图5-4 智能真空吸尘器

时信号仅从膝盖上传至脊柱再重新传回肌肉。对于机器人而言，如果运行太多软件，思考时间就会相对较长。编写条件反射程序可以帮助人们创建兼顾环境和智能的机器人。

这可能为今后继续发展提供了一种新的途径，因为包容体系结构已经成功再现了昆虫、条件反射等行为，但它还未曾展示出更高水平的逻辑推理能力，无法处理语言或高水平学习等问题。无疑，它是一块重要的拼图，但还不能解开所有的谜题。

5.2.1 艾伦机器人

利用包容体系结构技术创建的第一个机器人名叫艾伦，它具备三层行为模块。最底层模块通过声呐探测物体位置并远离物体来避开障碍物。在孤身一人时，它将保持静止，一旦有物体靠近就立刻跑开。物体靠得越近，闪避的推动力越大。中间一层对行为做出了修改，机器人每十秒就会朝一个随机方向移动。最高层利用声呐找寻远离机器人所处位置的点，并调整路径朝该点前进。作为一个实验，艾伦成功展示了包容结构技术。但就机器人本身来说，从一个地方到另一个地方漫无目的的移动确实没有什么成就可言。

5.2.2 赫伯特机器人

赫伯特是利用包容体系结构创建的第三个机器人，它拥有 24 个八位微处理器，能够运行 40 个独立行为。赫伯特在麻省理工学院人工智能实验室中漫步，寻找空饮料罐，再将它们统一带回，理论上供回收利用。实验室的学生会将空罐子丢在地上，罐子的大小形状全部统一，并且都是竖直放置，这些条件都让目的易拉罐变得更容易被识别和收集（见图 5-5）。

赫伯特没有存储器，无法设计在实验室中行走的路径。除此之外，它的所有行为都不曾与任何人沟通，全靠从传感器接收输入信息再控制传动器输出。例如，当它的手臂伸展出去时，手指会置于易拉罐的两侧，随即握紧。但这并不是软件控制的结果，而是因为手指之间的红外光束被切断了。与之类似，由于已经抓住了罐子，手臂就将收回。

图 5-5 五指灵巧的机器人

与严格执行规则和计划的机器人相比，赫伯特能够更加灵活地采取应对措施。例如，它正在过道上向下移动，有人递给它一个空罐子，它也会立刻抓住罐子送往回收基地，但这一举动并不会打扰它的搜寻过程，它合上手掌是因为已经抓住了罐子，下一步行动就是直接回到基地而不是继续盲目搜索。

5.2.3 托托机器人

虽然不具备存储器的机器人似乎无法进行多项有用的任务，但研究人员正致力于开发解决这类局限的方法。托托机器人能够在真实环境中漫步并制作地图，其绘制的地图不是数据结构模式而是一组地标。

地标在被发现后就会产生相应的行为，托托可以通过激活与某地相关的行为回到该地。这一行为不断重复，持续发送信息激活最接近的其他行为。随着激活的持续进行，与机器人当前位置相关的行为迟早会被激活。最早开启激活的信息将经过次数最少的地标行为到达目的地，由此选择最优路径。机器人将朝着激活信号来源的地标方向移动。在到达目的地后又将接收到新的激活信号，再继续朝着新信号指示方向前进。最终，它将经由地标间的最短路径到达指定位置。

机器人判定地标的方式与人类不同，人类可能会将某些办公室房门、盆栽植物或是大型打印机认作地标，而计算机则是根据自身行为进行判断，是否紧邻走廊、是否靠墙等都会成为计算机的考虑因素。托托机器人只能探索一小块区域并且根据指令回到特定位置，而更加复杂的机器人则能够将地标与活动及事件联系起来，并在某些情况下主动回到特定位置。太阳能机器人可以确定光线充足的区域，并在电量低时回到该区域。收集易拉罐的机器人则可以记住学生最容易丢罐子的地方。

5.3 智能代理的定义和特点

Agent 原为代理商，是指在商品经济活动中被授权代表委托人的一方。后来被借用到人工智能和计算机科学等领域，以描述计算机软件的智能行为，称为"智能体"或称"代理"。

通常，应用系统在前期的实验性操作取得成功之后，却无法按比例放大至所需要的规模，因为系统将变得太过庞大而运作太慢。当然，也可以利用其他途径来扩大规模，但常常又伴随着难以理解甚至无法理解作为代价。因此，人们开发了智能代理来解决这些问题。智能代理的复杂性源于不同简单程序间的相互作用。由于程序本身很小，行动范围有限，所以系统是能够被理解的。

5.3.1 智能代理的定义

在社会科学中，所谓智能代理是一个理性并且自主的人或其他系统，他根据感知世界而得到的信息来做出动作以影响这个世界。这一定义在计算机智能代理中同样适用。代理必须理性，根据可得的信息做出正确的决定；代理也必须自主，它与世界的关系包括感知世界的过程，它做出的决定源于其对世界的感知及自身经历。人们并不期望智能代理能像象棋程序一样获得最完美、最完备的信息，它的一部分任务就是理解周边环境，随后做出反应。它的行为将改变环境，随即改变其感知，但它仍旧需要在这个已经改变的世界中继续运作。

智能代理的典型工作过程如图 5-6 所示。

第一步：智能代理通过感知器收集外部环境信息。

第二步：智能代理根据环境做出决策。

第三步：智能代理通过执行器影响外部环境。

智能代理会不断重复这一过程直到目标达成，这一过程称为"感知执行循环"。

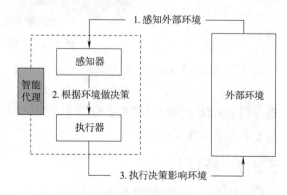

图 5-6　智能代理的典型工作过程

通常，广义的智能代理包括人类、物理世界中的移动机器人和信息世界中的软件机器人，而狭义的智能代理则专指信息世界中的软件机器人，它是代表用户或其他程序，以主动服务的方式完成的一组操作的机动计算实体。主动服务包括主动适应性和主动代理。总之，智能代理是指收集信息或提供其他相关服务的程序，它不需要人的即时干预即可定时完成所需功能，它可以看作是利用传感器感知环境，并使用效应器作用于环境的任何实体。

5.3.2 智能代理的特点

智能代理又称智能体，是可以进行高级、复杂的自动处理的代理软件。它在用户没有明确的具体要求的情况下，根据用户需要，代替用户进行各种复杂的工作，如信息查询、数据筛选及管理，并能推测用户的意图，自主制订、调整和执行工作计划。智能代理可应用于广泛的领域，是信息检索领域开发智能化、个性化信息检索的重要技术之一。

智能代理的特点包括：

（1）智能性：指代理的推理和学习能力，它描述了智能代理接受用户目标指令并代表用户完成任务的能力，如理解用户用自然语言表达的对信息资源和计算资源的需求，帮助用户在一定程度上克服信息内容的语言障碍，捕捉用户的偏好和兴趣，推测用户的意图并为其代劳等。它能处理复杂的、难度高的任务，自动拒绝一些不合理或可能给用户带来危害的要求，而且具有从经验中不断学习的能力。它可以适当地进行自我调节，提高处理问题的能力。

（2）代理性：主要是指智能代理的自主与协调工作能力。在功能上是用户的某种代理，它可以代替用户完成一些任务，并将结果主动反馈给用户。其表现为智能代理从事行为的自动化程度，即操作行为可以离开人或代理程序的干预，但代理在其系统中必须通过操作行为加以控制，当其他代理提出请求时，只有代理自己才能决定是接受还是拒绝这种请求。

（3）移动性：指智能代理在网络之间的迁移能力。它可以在网络上漫游到任何目标主机，并在目标主机上进行信息处理操作，最后将结果集中返回到起点，而且能随计算机用户的移动而移动。必要时，智能代理能够同其他代理和人进行交流，并且都可以从事自己的操作以及帮助其他代理和人。

（4）主动性：能根据用户的需求和环境的变化主动向用户报告并提供服务。

（5）协作性：能通过各种通信协议和其他智能体进行信息交流，并可以相互协调，共同完成复杂的任务。

智能代理还有一个特点，那就是学习的能力。因为它们身处现实世界，并接收行为效果的反馈，这可以让它们根据之前的决策成功与否来调整自身行为。负责行走的代理可以学习在地毯或木地板上不同的行走模式；负责预测未来股票走势的代理可以根据股价实际上涨或下跌的情况来修改其计算方法。

5.4 系统内的协同合作

智能代理还是一个程序，只不过人们在一个程序中设置了许多独立模块。它们甚至可以在不同计算机上运行，但依然遵循所设计的层次协同合作原理。然而，通过离散每个部分，智能代理的复杂度也大大降低，这样的程序编写和维护都更加简单。虽然整个程序很复杂，但通过系统内的协同合作，这种复杂性是可划分的，我们完全可以修改某些模块而不影响任何其他模块。

智能代理技术能使计算机应用趋向人性化、个性化，这些代理软件通常会在适当的时候帮助人们完成迫切需要完成的任务，如 Office 助手就是一种智能代理。在社会科学中，智能代理就是社会协同合作的模型。

手机制造企业（图 5-7）通常由几个不同的部门组成。例如，研发部门设计新手机，生产部门制作手机，销售团队进行销售。营销人员需要宣传推广新手机，执行主管则要保证他们不出差错。如果企业想要获得成功，则所有各个部门都要密切沟通交流。为了设计出人们乐于购买的产品，研发部门需要市场营销方面的信息；只有与生产部门沟通，研发团队才能保证其设计是可以付诸实践的；想要在销售中获利，销售团队就必须从生产部门了解产品生产成本；销售团队需要与市场部门沟通，了解产品用户的承受能力与期望；任何时候都会有许多不同的产品设计在同时进行，生产部门也会同时制造几种不同型号的产品；执行主管需要决定重点推广哪一种设计以及需要制作多少不同型号的产品。

图 5-7 手机制造企业

如同手机制造企业一样，在人工智能领域，多个智能代理在一个系统中协同作业，每个智能代理负责自己最擅长的工作。为了执行任务，它们需要与其他做不同工作的智能代理沟通。每个智能代理都对环境进行感知，它们的环境由任务所决定。例如，对其任务是在厚地毯上行走的智能代理来说，它的环境就是其所处位置及腿部传来的力的信号。它不需要知道也不关心是朝着食物移动还是远离光线，而只关注如何移动才能更有效地到达指定位置。

与包容体系结构类似，智能代理系统同样由多个独立模块构成。智能代理可以装备存储器，沟通交流不会抑制其他智能代理的操作，接收的输入也不再只是真实世界这一个渠道。因此，与包容体系结构下简单的反射行为相比，智能代理的操作可能更加复杂。代理和行为都只执行一步操作，但代理所做的却要智能得多。

下面通过一个藏在暗处的甲虫机器人（见图 5-8）来讲解智能代理系统内的协同合作。我们想为甲虫机器人配置各种强大的功能，考虑的问题有：装备腿还是轮子？它如何感知环境？感知后如何认识到外面既有食物也有明亮的光线？决定朝食物进发后如何操控移动？需要根据不同接触面调整行走方式吗？如何识别并躲避障碍物？……人工智能的研究人员曾经思考过上述所有问题，也在一定程度上解决了这些问题。然而，这些问题各不相同，对应的解决方案也是五花八门。

图 5-8　甲虫机器人

　　导航问题的解决方法可以利用框架理论来制作甲虫机器人周边环境的地图，在不同表面上行走可以利用遗传算法，识别食物和光线则利用神经网络。不管是决定朝食物前进还是远离光线，都可以利用模糊逻辑完成——如果将这些任务编入独立的智能代理，就能够根据任务需求来选择最佳方案。

　　智能代理可以根据操作方式进行分类。例如，反射代理不需要存储器，它们仅凭传感器的即时指令做出反应；负责甲虫视线的代理可以凭借物体不同瞬间的形象来检测物体，还可以创建更高级的成分，从多个视角描绘环境地图。

　　基于模型的反射代理具备存储器，它们建立外部世界的模型，通过传感器不断补充信息，并根据建立的模型采取行动。昆虫腿部的工作原理可能是：机器人需要知道自己正在做什么，以决定下一步行动。它可能知道行走的表面是柔软的还是不平整的，根据得到的信息对操作进行调整。基于目标的代理搜索方法来完成不能立刻实现的任务，它们必须设计一系列行动来取得最后的成功。机器人内部的构图代理需要规划朝食物或黑暗发出的路线,并躲避障碍物,有时并不是直接朝最终目的地前进，而有可能需要先远离才能一步步接近。

　　所有这些相关的智能代理的独立程序，彼此间需要交谈，这通常是通过传递信息来完成的。负责传感器的智能代理将告诉构图代理有光或者有食物，在决定移动方向后，构图代理计算出最佳路径，并告诉行走代理应该朝什么方向前进。一条信息就是一个数据块，既可以发送给某个特定代理，也可以群发给所有代理，数据块中仅包含必要的信息。如果机器人的视线代理告诉构图代理食物在北面 30 cm 的地方，那么数据块中仅需要三条数据：食物、30 cm、北面。假设一条信息发送给了不止一个代理，那么根据配置需要，只有负责的代理才会对其进行处理，其他代理将直接忽略该信息。行走代理既不关心在哪里可以找到食物，也没有能力对这一信息做出任何反应。

5.5　智能代理典型应用场景

　　美国斯坦福大学的海耶斯·罗斯认为"智能代理持续地执行三项功能：感知环境中的动态条件；执行动作影响环境；进行推理以解释感知信息，求解问题，产生推理和决定动作。"他认为，代理应在动作选择过程中进行推理和规划。

5.5.1 实体机器人

实体机器人的智能代理与环境的交互过程也相似（见图5-9）。不同的是，它获知环境是通过摄像头、传声器、触觉传感器等物理外设实现，执行决策由轮子、机器臂、扬声器、腿等物理外设完成，因为实体使用物理外设与周围环境交互，所以与其他单纯的人工智能应用场景稍有区别。

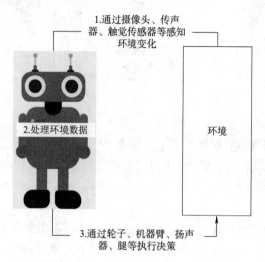

图 5-9 实体机器人与环境的交互过程

5.5.2 医疗诊断

医疗诊断的智能代理以病人的检查结果——血压、心率、体温等作为输入推测病情，推测的诊断结果将告知医生，并由医生根据诊断结果给予病人恰当的治疗。这一场景中、病人和医生同时作为外部环境，只能代理的输入和输出不同（见图5-10）。

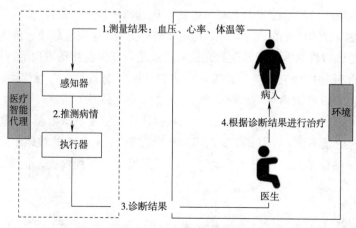

图 5-10 医疗诊断过程

5.5.3 搜索引擎

搜索引擎智能代理的输入包括网页和搜索用户，它一方面以网络爬虫爬取的网页作为输入存入数据库，在用户搜索时从数据库中检索匹配最合适的网页返回给用户（见图5-11）。

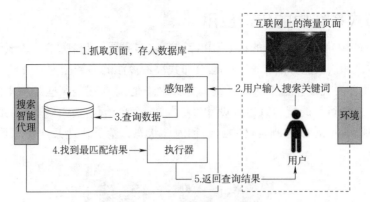

图 5-11　搜索引擎过程

人工智能可以简单理解成——通过外部环境输入做决策并影响外部环境的过程，如果写一个程序帮助计算机聪明地解决问题，它就是智能代理。

5.6　基于代理的智能制造模式

一般而言，制造系统在概念上认为是一个复杂的相互关联的子系统的整体集成，从制造系统的功能角度，可将智能制造系统细分为设计、计划、生产和系统活动四个子系统。而从系统活动角度看，神经网络技术在系统控制中已开始应用，同时应用分布技术和多元代理技术、全能技术，并采用开放式系统结构，使系统活动并行，解决系统集成。

5.6.1　多智能体系统

曾经有人预言："基于代理的计算将可能成为下一代软件开发的重大突破。"随着人工智能和计算机技术在制造业中的广泛应用，多智能体系统技术对解决产品设计、生产制造乃至产品的整个生命周期中的多领域间的协调合作提供了一种智能化的方法，也为系统集成、并行设计，并实现智能制造提供了更有效的手段。

在过去的几十年，研究者已经把智能体技术集成到制造企业和供应链管理、制造计划、排程和执行控制、物料的处理、库存管理以及开发新的生产类型系统，促进了多智能体，包括整子系统、网络信息物理融合系统（CPS）等智能制造模式的研究。

多智能体系统（Multi-Agent System，MAS）是全新的分布式计算技术（见图 5-12）。自 20 世纪 70 年代出现以来得到迅速发展，已经成为一种进行复杂系统分析与模拟的思想方法与工具。

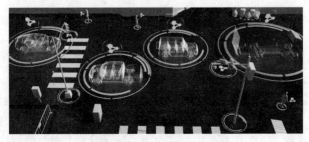

图 5-12　多智能体交通系统

5.6.2 分布式系统中的代理应用

从多智能体的视角看工业 4.0 的核心 CPS 系统,它其实是一组架设在一个传感器网络上的、基于不同的本体论和语义服务的、基于一套分布式决策算法的多智能主体(见图 5-13)。

关于代理和自治代理和基于代理系统,定义之一是:"代理是某些环境里的计算机系统。在此环境里,有自治行为的能力以达到设计目标"。一个自治代理应该有能力采取行动,无须人或其他代理的介入。可以控制自己的行为和内部状态,基于代理系统意思是使用这些代理的抽象概念。

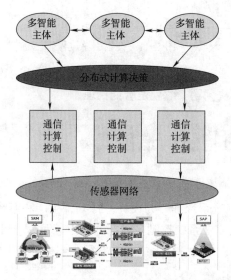

图 5-13　CPS 是一组架设在传感器网络上的多智能主体

在分布式智能系统中,代理可用于:

(1)压缩存在的软件系统来解决遗留问题和通过网络集成制造企业的活动,如设计、计划、排程、模拟、执行和产品分销和那些供应商、客户和合作伙伴。

(2)通过制造资源(如员工、生产单元、机器、工具、装置及产品)、零件、操作等,产生制造资源计划、排程和执行相应的控制。

(3)建立特别服务模型(如代理命名服务和企业调停),提供注册和管理服务。在其他代理中促进代理和调停代理来帮助沟通、合作协调、数据库代理和信息代理。

(4)把排程器或计划器集成到制造计划和排程系统。计划是选择和排序活动的过程,如达到一或多个目标、满足一套约束等。排程是在可替换的计划之间选择、分配资源和时间的一组活动,即在共享资源的活动和能力限制下,遵守一套规则或约束来反映现实的关系,如成本、延迟或产销量等。

制造排程是个难题,特别是在开放的、动态的环境下。排程问题已经用很多方法研究,如启发算法、约束繁殖技术、约束满意、模拟磨炼、禁止搜寻、基因算法、神经网络等。而 MAS 代理技术近来已经被用来解决这类问题。

(5)企业集成和供应链管理。制造企业的供应链是一个世界网络,包括供应商、工厂、仓库、分销中心和零售。通过网络购买原材料、加工、交给客户。提高供应链管理是增强企业竞争地位和盈利的关键战略,结果是企业正在转向更开放的结构,即在供应链网络里集成供应商、客户和伙伴。基于代理的技术提供这一自然的方法来设计实施这些环境。

5.6.3 整子制造系统

整子制造系统（Holonic Manufacturing Systems，HMS）的基本构件是整子（Holon）。人们用整子来表示系统的最小组成个体，整子系统就是由很多不同种类的整子构成。整子的最本质特征如下：

（1）自治性：每个整子可以对其自身的操作行为做出规划，可以对意外事件（如制造资源变化、制造任务货物要求变化等）做出反应，并且其行为可控。

（2）合作性：每个整子可以请求其他整子执行某种操作行为，也可以对其他整子提出的操作申请提供服务。

（3）智能性：整子具有推理、判断等智力，这也是它具有自治性和合作性的内在原因。整子的上述特点表明，它与智能体的概念相似。由于整子的全能性，有人把它也译为全能系统。

（4）敏捷性：具有自组织能力，可快速、可靠地组建新系统。

（5）柔性：对于快速变化的市场、变化的制造要求有很强的适应性。

制造模式主要反映了管理科学的发展，也是自动化、系统技术的研究成果。除此之外，还有生物制造、绿色制造、分形制造等模式。自动化技术提出新的课题，从而在整体上影响到制造自动化的发展方向。展望未来，21世纪的制造自动化将沿着历史的轨道继续前进。

5.6.4 基于代理的运作过程

智能制造的总体目标是通过快速创建应用程序，从而使处于整个价值链应用程序和架构中的人、系统和资产之间的协作成为可能，为未来构建一个新的智能制造软件平台（见图5-14）。新技术每天都在产生更多的数据。一些制造商正在应用大数据和分析技术，希望从这些数据中挖掘出更多的智能信息，从而将它们的经营业绩提升到新的水平。制造企业知道，要想提高经营业绩，获取数据是非常重要的一环。如果可以将背景信息在正确的时间提供给正确的人，做出正确的决策，就可以提高整体性能。

图 5-14 智能制造软件

（1）任一网络用户都可以通过访问该系统的主页获得该系统的相关信息，还可通过填写和提交系统主页所提供的用户订单登记表来向该系统发出订单。

(2) 如果接到并接受网络用户的订单,智能代理就将其存入全局数据库,任务规划节点可以从中取出该订单,进行任务规划,将该任务分解成若干子任务,将这些任务分配给系统上获得权限的节点。

(3) 产品设计子任务被分配给设计节点,该节点通过良好的人机交互完成产品设计子任务,生成相应的 CAD/CAPP 数据和文档以及数控代码,并将这些数据和文档存入全局数据库,最后向任务规划节点提交该子任务。

(4) 加工子任务被分配给生产者;一旦该子任务被生产者节点接受,机床智能代理将被允许从全局数据库读取必要的数据,并将这些数据传给加工中心,加工中心则根据这些数据和命令完成加工子任务,并将运行状态信息送给机床智能代理,机床智能代理向任务规划节点返回结果,提交该子任务。

(5) 在系统的整个运行期间,系统智能代理都对系统中的各个节点间的交互活动进行记录,如消息的收发,对全局数据库进行数据的读写,查询各节点的名字、类型、地址、能力及任务完成情况等。

(6) 网络客户可以了解订单执行的结果。

 作业

1. 在传统的计算机编程中,程序员必须( )。
   A. 重点考虑关键步骤并设计精良的算法
   B. 尽力考虑所有可能遇到的情况并一一规定应对策略
   C. 良好的独立工作能力,独自完成从需求分析到程序运行的所有步骤
   D. 全部工作就在于编程,需要编写出庞大的程序代码集

2. 几十年来,人们发明了许多工具来使编程更加有效,降低错误发生的概率。人们发现,倘若利用逻辑、规则和框架编写通用的人工智能程序,那么程序必定( )。
   A. 十分庞大,并且漏洞百出 B. 短小精悍但也 bug 多多
   C. 短小精悍且可靠性强 D. 庞大复杂但可靠性强

3. 科学家"中文房间实验"验证的假设就是看起来完全智能的计算机程序( )。
   A. 基本上能理解和处理各种信息
   B. 完全能理解自身处理的各种信息
   C. 确实能方方面面发挥其强大的功能
   D. 其实根本不理解自身处理的各种信息

4. 包容体系结构强调( ),不是用庞大的框架数据库来模拟世界,而是关注直接感受世界。
   A. 强化抽象符号的使用 B. 重视用符号代替具体数字
   C. 完全避免符号的使用 D. 克服具体数字的困扰

5. 包容体系结构是( ),利用不同传感器来感知世界,并通过其他设备(传动器)来操控行动。
   A. 一段表达计算逻辑的程序 B. 实实在在的物理机器人
   C. 通用计算机的一组功能 D. 一组用于包装作业的传统设备

6. 包容体系结构建立在多层独立行为模块的基础上。每个行为模块都是( ),从传感器

那里接收信息，再将指令传递给传动器。

　　A. 一个简单程序　　　　　　　　　　　B. 一段复杂程序

　　C. 重要而繁杂的功能函数　　　　　　　D. 重要而庞大的

7. 通常，大部分人工智能系统都是（　　）的程序，在前期实验性操作成功的基础上，无法按比例放大至可用规模。

　　A. 独立和细小　　　　　　　　　　　　B. 关联和具体

　　C. 关联和庞大　　　　　　　　　　　　D. 独立和庞大

8. 在社会科学中，智能代理是一个（　　）的人或其他系统，根据感知世界得到的信息做出举动来影响这个世界。

　　A. 理性且自主　　　　　　　　　　　　B. 感性且自主

　　C. 理性且集中　　　　　　　　　　　　D. 感性且集中

9. 在社会科学中，智能代理有一个最典型的特征，它们是社会（　　）的模型。

　　A. 集中控制　　　B. 协同合作　　　C. 超接链接　　　D. 独立控制

10. 在人工智能领域中，与包容体系结构类似，智能代理系统由（　　）的模块构成。

　　A. 单一复杂　　　B. 多个耦合　　　C. 多个独立　　　D. 单个独立

11. 智能代理可以根据操作方式进行分类，但以下（　　）不属于其中。

　　A. 理论代理　　　　　　　　　　　　　B. 反射代理

　　C. 基于模型的反射代理　　　　　　　　D. 基于实用的代理

12. 美国斯坦福大学的海耶斯·罗斯认为"智能代理持续地执行三项功能"，但下列（　　）不属于其中。

　　A. 感知环境中的动态条件

　　B. 执行动作影响环境

　　C. 进行推理以解释感知信息，求解问题，产生推理和决定动作

　　D. 感知环境中的静态参数

13. 智能代理是一套辅助人和充当他们代表的软件，以下（　　）不属于其特性。

　　A. 代理性　　　B. 临时性　　　C. 智能性　　　D. 机动性

14. 智能代理系统的适用场景有很多，但以下（　　）不属于其中。

　　A. 搜索引擎　　　　　　　　　　　　　B. 实体机器人

　　C. 电脑游戏　　　　　　　　　　　　　D. 有限元计算

15. 制造系统是一个复杂的相互关联的子系统的整体集成。从制造系统的功能角度，可将智能制造系统细分为设计、计划、生产和（　　）四个子系统。

　　A. 采购　　　B. 销售　　　C. 系统活动　　　D. 扩张

16. 制造系统的系统活动同时应用了神经网络、分布、（　　）、全能等技术，并采用开放式系统结构，使系统活动并行，解决系统集成。

　　A. 多元代理　　　B. 采购销售　　　C. 系统活动　　　D. 发展扩张

17. （　　）系统是全新的分布式计算技术，如今已经成为一种进行复杂系统分析与模拟的思想方法与工具。

　　A. 多复杂体　　　B. 多智能体　　　C. 多元集中　　　D. 自治代理

18. 一个（　　）应该有能力采取行动，无须人或其他代理的介入。

A. 多复杂体　　　　B. 多智能体　　　　C. 多元集中　　　　D. 自治代理

19. 人们用（　　）来表示系统的最小组成个体，整子系统就是由很多不同种类的这种个体构成。

A. 部件　　　　　　B. 组件　　　　　　C. 整子　　　　　　D. 散子

20. 在基于代理的智能制造模式中，如果可以将背景信息在正确的时间提供给正确的人、做出正确的决策，就可以提高（　　）。

A. 整体性能　　　　B. 部分性能　　　　C. 组件能力　　　　D. 分散程度

研究性学习

什么是智能代理，列举智能代理的应用

小组活动：阅读本章【导读案例】，分析其中"智能代理"的作用，并通过网络搜索，了解更多智能代理的知识。讨论和加深理解什么是智能代理，列举智能代理的应用。

活动记录：_____

_____

_____

_____

请记录小组讨论的主要观点，推选代表在课堂上简单阐述你们的观点。

评分规则：若小组汇报得5分，则小组汇报代表得5分，其余同学得4分，依此类推。

实训评价（教师）：_____

第 6 课

离散型与流程型智能制造

学习目标

知识目标：
（1）熟悉什么是离散型制造业，什么是流程型制造业，各自的代表性企业有哪些。
（2）了解离散型智能制造的总体架构，熟悉离散型智能再造的关键要素。
（3）了解流程型制造的行业特点，熟悉流程型智能制造的总体架构与关键要素。

素质目标：
（1）培养热爱工业，熟悉工业的职业素养，培养关心社会进步的优良品质。
（2）勤于思考，善于联想，掌握学习方法，提高学习能力。
（3）体验、积累和提高智能类专业的学习素养。

能力目标：
（1）理解团队合作，协同作业的精神，在项目合作、团队组织中发挥作用。
（2）掌握专业知识的学习方法，培养阅读、思考与研究的能力。

重点难点：
（1）离散型制造业及其基本特征。
（2）流程型制造业及其基本特征。
（3）智能制造业一体化网络环境建设。

导读案例

谷歌大脑

谷歌（Google）大脑（又称谷歌"虚拟大脑"，见图 6-1），是"Google X 实验室"一个正在开发的新型人工智能技术的主要研究项目，是谷歌在人工智能领域开发出的一款模拟人脑的软件，这个软件具备自我学习功能。Google X 部门的科学家通过将 1.6 万片处理器相连接建造出了全球为数不多的大中枢网络系统，它能自主学习，所以称为"谷歌大脑"。

谷歌"虚拟大脑"是模拟人类的大脑细胞相互交流和影响而设计的，它可以通过观看 YouTube 视频（美国的一家在线视频服务提供商，是全球最大的视频分享网站之一）学习识别人脸、猫脸以及其他事物。这项技术使谷歌产品变得更加智能化，而首先受益的是语音识别产品。当有数据被送达这个神经网络的时候，不同神经元之间的关系就会发生改变，而这也使得神经网络能够得到对某些特定数据的反应机制。

通过应用这个神经网络，谷歌的软件已经能够更准确地识别讲话内容，而语音识别技术对于谷歌自己的智能手机安卓操作系统来说非常重要。这一技术也可以用于谷歌为苹果iPhone开发的应用程序。通过神经网络，能够让更多的用户拥有完美的、没有错误的使用体验。随着时间的推移，谷歌的其他产品也能随之受益。例如，谷歌的图像搜索工具，可以做到更好地理解一幅图片，而不需要依赖文字描述。谷歌无人驾驶汽车、谷歌眼镜也能通过使用这一软件而得到提升，因为它们可以更好地感知真实世界中的数据。

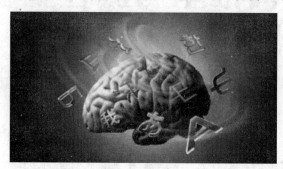

图 6-1　谷歌大脑

"神经网络"在机器学习领域已经应用数十年——并已广泛应用于包括国际象棋、人脸识别等各种智能软件中。而谷歌的工程师已经在这一领域更进一步，建立不需要人类协助就能自学的神经网络。这种自学能力，也使得谷歌的神经网络可以应用于商业，而非仅仅作为研究示范使用。谷歌的神经网络，可以自己决定关注数据的哪部分特征，注意哪些模式，而并不需要人类决策——颜色、特殊形状等对于识别对象来说十分重要。

资料来源：根据网络资源整理

阅读上文，请思考、分析并简单记录：

（1）请通过网络搜索等方法，了解什么是强人工智能，什么是弱人工智能，并记录其定义。

答：_____

_____

_____

_____

（2）对人工智能的研究与发展，需要人们在人类大脑的研究上获得更多的进步。除了谷歌大脑，其他还有马斯克的"猪3.0"实验等。请通过网络搜索做更多了解，并记录。

答：_____

_____

_____

_____

(3) 模拟人类大脑，产生了机器学习和深度学习技术，产生了人工神经网络技术。请做进一步深入了解，并记录。

答：_____

_____

_____

_____

(4) 请简单记述你所知道的上一周发生的国际、国内或者身边的大事。

答：_____

_____

_____

_____

离散型制造的生产过程是指将原材料加工成零件，再使零件经部件组装和总体组装成为成品，完全按照装配方式生产加工的过程。

流程工业也称过程工业，是利用物质的物理变化和化学变化，实现大宗原料型工业产品的生产、加工、供应、服务的一种工业；其原料和产品多为均一相（固、液或气）的物料，而非零部件和组装成的产品；其产品质量多由纯度和各种物理、化学性质表征。流程工业主要包括石化、冶金、电力、轻工、食品、制药、造纸等在国民经济中占重要地位的行业，是形成人类物质文明的基础工业，其发展状况将直接影响国家的经济基础。

如今，传统的制造模式难以满足动态的市场需求，制造企业需要更为灵活的制造系统来保持其核心竞争力。

6.1 离散型智能制造概述

离散制造的产品往往由多个零部件经过一系列并不连续的工序加工并最终装配而成，加工此类产品的企业称为离散制造型企业。离散型产品在日常生活中随处可见，例如钟表、汽车、发动机、火箭、飞机、武器装备、船舶（见图6-2）、电子设备、机床等制造业，都属于离散制造型企业。

6.1.1 离散制造业的生产特点

离散制造产品的生产过程通常分解成很多加工任务来完成。每项任务仅要求企业的一小部分能力和资源。企业将功能类似的设备按照空间和行政管理建成一些生产组织（部门、工段或小组）。在每个部门，工件从一个工作中心

图6-2 船舶制造

到另外一个工作中心进行不同类型的工序加工。企业按照主要的工艺流程安排生产设备的位置,以使物料的传输距离最小。另外,其加工的工艺路线和设备的使用也是非常灵活的,在产品设计、处理需求和订货数量方面变动较多。

在离散制造过程中,物料离散地、间断地按一定工艺顺序运动,在运动中不断改变形态和性能,最后形成产品。离散制造生产的产品是可数的,零件、半成品和成品之间存在一定的数量关系。离散制造企业差异较大,既有按订单生产的订货式制造,也有按库存生产的备货式制造;既有大批量生产,也有单件小批量生产。

从完整的制造环节来看,离散型制造在市场需求、产品开发、物料供应、产品生产四个方面具有显著的特点。

(1) 在订单侧,客户对离散型制造产品的个性化需求较多,根据不同需求定制的产品变化较大。为灵活地满足不同的需求,离散型制造产品往往设计为由可拆分的零部件组装而成,零部件的替换与配合可满足不同的功能需求。根据设计要求,这类产品的生产往往需要种类繁多、数量较大的原材料、外购件、外协件与标准件;同时,总体设计也决定了产品的加工效率、质量与性能。

(2) 在生产侧,离散型制造产品的生产往往由多个毛坯或零件,经过一系列不连续的工序进行加工、装配而成,因此,整个生产过程通常被分解成很多加工或装配任务,每项任务仅需要企业的小部分能力和资源。一般而言,功能类似的设备可按照空间和行政管理建成一些生产组织,如部门、工段或小组等。在每个部门,工件从一个工作中心到另外一个工作中心经过不同类型的工序。

6.1.2 离散制造业的智能制造

20世纪60～70年代,面对用户需求量大、竞争比较缓和的市场环境,在全球范围内,无论是装备制造商还是消费品生产企业,都以扩大生产规模、降低生产成本、抢占市场份额为主要目标,实现产业化发展。

到20世纪80～90年代,精益生产、敏捷制造等先进的制造技术对离散制造业的发展有重大影响,伴随着市场空间的不断缩小,制造企业提升竞争力的主要潮流向追求产品质量、加快市场响应能力方向转变。

进入21世纪,在资源配置日益便捷、生产成本不断降低和用户个性需求变化快等因素的影响下,制造业需要适应变化更快、要求更高的市场需求。在高新技术和先进制造理念的推动下,全球化、数字化、网络化、智能化和绿色化是离散型制造业发展的主要趋势。这样,传统的离散型制造模式已不能满足企业跟进发展的步伐,制造企业急需升级改造。

在实现离散型智能制造的过程中,离散型制造企业会面临如下问题:

(1) 生产层级自动化程度差别大。产品的生产可能通过流水生产线、数控机床组成的柔性制造系统、柔性制造单元、分布式数控系统等,也有可能通过手工作业完成。

(2) 数据采集方式随底层自动化水平的不同而不同。联网的数控机床系统可以自动从制造系统中获取生产信息和设备运行状态信息;手工作业的车间靠条形码、RFID等技术获取信息。

(3) 物流管理复杂。根据设计要求,离散型制造产品所需的原材料品种多、需求量大,外购件、外协件和标准件多,生产工艺链长,协作关系复杂,导致物流管理复杂。

(4) 生产计划调度困难。离散型制造产品品种多,批量变化大,产品结构复杂,生产过程不连续,生产工艺随零件与加工设备的不同而不同,导致产品生产计划调度较为困难。

(5)系统集成困难。由于配套设备繁多,数据结构差异大,企业制造系统 MES 与底层控制系统集成接口实现较为困难。

(6)车间形态不同,管理需求不同。根据生产对象不同,离散型制造车间一般分为铸造车间(见图 6-3)、锻造车间(见图 6-4)、热处理车间、机械加工车间、装配车间等,各车间生产模式、目标均不相同,因而管理需求也不同。

图 6-3 铸造车间

图 6-4 锻造车间

虽然存在上述问题,但是在离散型产品的制造过程中,由于产品生产一般在常温、同体状态下进行,零部件的加工与装配过程、设备运动状态大多可采用线性模型进行描述,因此,离散型制造较易实现数字化管理。虽然离散型制造中产品种类繁多,设备配套复杂,自动化与信息化程度不一,导致生产过程的组织与管理脉络流程繁多,效率较低,组织与管理数字化、智能化的过程漫长,但只要有足够的计算机能力和有效得当的算法,其生产过程的物理机制和模型在原理上是可以实现数字化、网络化与智能化的。

在技术发展与市场竞争的双重驱动下,传统离散制造工厂的运作模式正逐渐被带有智能特征的新型制造模式所代替。我国明确提出了深化信息化与工业化的"两化融合",发展一批具有高度自动化、柔性与智能特征的离散型智能工厂。在技术、市场、政策的三重驱动下,离散型智能制造在我国已崭露头角。

离散型智能制造的产生和发展是一个长期的渐进过程,它顺应全球制造业总体发展趋势,符合制造全球化、数字化、智能化和绿色化发展要求,是经济、社会、科技共同发展和作用的必然结果。

6.1.3 离散型智能制造基本特征

离散型智能制造具有高度自动化、柔性化、数字化与智能化,它以物联网技术为基础,制造模式与管理模式建立在泛在信息感知、智能信息服务和先进制造技术之上。相对于传统离散型工厂。离散型智能工厂对个性化、大批量生产具有实时动态调度的能力，制造系统具有快速重构能力，因此，能针对产品和环境变化进行快速应变，从而大幅提高生产效率，其基本特征可分为智能化生产、智能化管理、智能化环境与智能决策三个方面。

1. 智能化生产

智能化生产包括以下内容：

（1）具有自主感知与自主决策能力的智能化设备。可主动感知周围环境与自身状态的变化，理解外界与自身的状态信息，根据情景变化进行判断、分析并规划自身行为。智能化设备可自动识别加工对象身份，根据加工对象的个性化特征进行分析决策，执行特定的工艺操作；可根据自身运行状况对预期故障状况进行诊断、预测和自调整；具有智能化的人机交互模式，可与人协调合作，在各自不同的功能领域间相辅相成；支持多种方便灵活的访问与接入方式，展示界面友好、信息丰富；支持高级的交互式人机对话，如多点触控、自然语言等。

（2）智能化仓储管理（见图6-5）与物流供应。可自主感知、实时优化与智能决策，具体表现为对库存信息、库房系统运行状态及环境状态的主动感知，对流转过程的实时监控和智能化分析决策，以及对上下游请求与服务的无缝接入。此外，智能化仓库的智能化能力还包括库存的动态调整与自动化存取、操作的自动化与无人或少人化、库存物品的统一身份标识、库存装置的智能化管理、诊断与维护。智能化物流供应系统可利用识别技术对每个物流环节信息实时采集，实现物料消耗、物流周转过程的智能化监控，通过智能化决策可实现实时调度、生产过程精准化、自动化运转。

图6-5 智能仓储

（3）基于高度自动化与数字化的柔性化、自组织生产。生产过程高度自动化、少人甚至无人化；制造系统具有协调、重组及扩充特性；系统各部分可实现完全自主调度，根据工作任务，能够快速整合系统中的加工资源，实现个性化订单的自组织生产。

（4）自动化质量检测与处理。在检测环节，利用自动化检测设备对所要求的各种检测参数进行自动检测，自动生成检测报告和处理意见。

2. 智能化管理

智能化管理包括以下内容：

（1）制造资源管理与自主维护。生产环境内各制造资源（工作人员、设备、容器等）的状态参数（位置、设备健康状态参数、工况参数等）与环境参数（温度、湿度、噪声等）可被各种传感器及其他数据采集器件主动感知；感知数据经过处理和分析后，分类分批存入数据库。制造资源管理系统具有自主学习功能，通过对工业数据的分析学习实现知识库补充、更新，对感知到的实时信息进行智能分析，实现自主诊断、健康状态预测、自主维护等功能。

（2）制造过程数据管理与追溯。通过RFID等各类信息采集装置，实现制造过程中制造进度、物料位置、质量跟踪等的全流程跟踪与产品质量、资源消耗、生产过程等的信息追溯。

3. 智能化环境与智能决策

智能化环境与智能决策包括以下内容：

（1）一体化网络环境。工厂内底层控制网络、传感网络与上层企业内网的互联互通，充分发挥无线网络的技术优势，支持多种无线传输协议的无线网络互联集成生产现场网络、企业内部网络，形成一体化网络环境，实现信息系统与物理系统的融合。

（2）智能决策。基于一体化网络环境，综合企业外部信息（供应链信息、客户信息等）与企业内部信息（人力资源信息、财物信息、物料信息、工厂生产过程信息、设备信息等），采用智能算法进行分析，实现不同层面的知识融合；依靠智能化制造系统的面对复杂环境变化的自组织能力，实现生产计划制订、物料需求计划制订、实时调度、底层控制等制造全流程的智能化决策。

6.2 离散型智能制造总体架构

根据离散型制造的特点，企业智能化方向主要集中在工厂/车间总体设计、产品设计与工艺数据的数字化管理与智能分析、工艺流程及其布局的数字化模型建立、生产组织与管理的数字化与智能化调度、设备自动化与数字化程度的提升等。根据制造过程与数据流向，制造企业的离散型智能制造架构可分为生产资源层、工厂/车间层、企业层三层（见图6-6）。

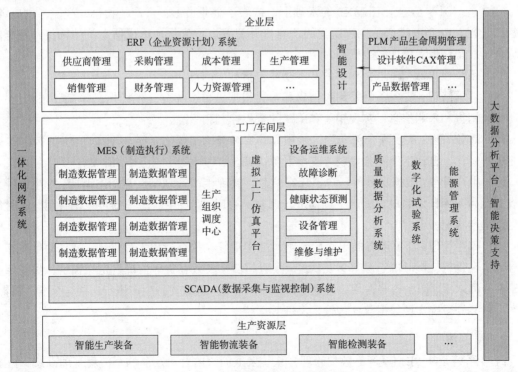

图6-6 离散型智能制造总体架构

基于层次化的离散型智能制造架构，可实现离散型智能制造过程中产品需求、产品开发、物料供应、产品生产的横向贯通,依托新一代信息制造技术,可实现离散型制造企业内部结构的纵向集成。架构中,企业层主要通过 ERP(企业资源计划)系统与 PLM(产品生命周期管理)系统对各项数据进行汇总管理与分析决策;工厂/车间层主要实现生产过程的管理与控制;生产资源层主要完成产品的生产过程与质量检测过程。此外,一体化网络环境可集成企业内外各类制造信息,依托各类智能算法进行智能决策支持,进一步实现制造系统的闭环控制。

6.3 离散型智能制造的关键要素

在传统 CAD 的基础上,以计算机代替人的智能设计系统最核心的任务是利用计算机代替人做设计中的决策,即实现计算机自主决策。这需要完成两个基本任务:将设计过程中的决策活动模型化为复合知识模型、利用计算机系统自动进行基于知识的推理过程,其中核心任务是建立"设计知识模型"。知识库的建立是基础,推理规则的建立是核心。根据不同的推理方法,智能设计中常用的知识模型主要包括基于原型推理、基于规则推理、基于案例推理的三种知识模型。

6.3.1 企业层关键要素

企业层级主要通过 ERP 系统对各项数据进行汇总分析,实现供应商管理、采购管理、成本管理、生产管理、销售管理、财务管理等企业功能,同时可通过协同制造平台与 PLM 系统集成,实现对产品及其生产过程的优化、产品跨供应链的全流程追溯,提高企业竞争力。

1.ERP 系统

ERP 系统源于 MRP,在 MRP 的基础上,扩展了企业员工、资产、物料、产能、供应链、销售的管理。ERP 围绕产品生产所需的所有资源配置进行优化,达成信息流、物流、资金流三流合一,旨在最大程度减少资源占用。

ERP 系统在离散型制造企业中的基本功能包括如下四点:

(1)订单管理:整合企业采购和销售环节,根据订单、库存、生产信息等制订采购计划;自动生成销售和采购信息,实现销售和采购的全程控制和跟踪。

(2)财务管理:实现现金流向和流量预算的实时查询与预估功能,提高资金利用效率;财务业务一体化,自动生成财务报表,支撑财务决策。

(3)生产管理:根据财务、订单、库存信息,实现生产计划制订与动态调度;对生产计划生成到产品入库计划完成的生产全过程进行严密的管理;实现生产流程的可视化管理,实时掌握当前生产状况。

(4)库存管理:涵盖所有的出入库明细,能实现复杂的存货出入库管理;可自动生成库存批号,实现物料、产品的追溯等多层次处理;对超储、失效存货等情况自定义预警,保持库存数量在合理水平,减少资金占用,避免物料积压或短缺;有效支持生产进行,并与采购、销售、生产、财务等系统实现数据双向传输,保证数据统一。

2.PLM 系统

PLM 系统是从 PDM(产品数据管理)系统发展而来的针对产品的全流程管理系统,PLM 包含了从人们对产品的需求生成开始,到产品淘汰报废的全部生命历程信息。

PLM 系统作为企业管理产品信息的基础平台,所有和产品相关的人员都可通过 PLM 系统实现数据共享和业务协同，提高工作效率。PLM 系统包含的主要内容有应用软件及管理软件集成、文档管理、工作流管控、产品结构管理、权限管理、构型管理、工程变更及控制、数据可视化和项目管理等。

3. 智能设计

制造业的信息化和经济的全球化使制造业产品的全球市场竞争加剧，市场对产品功能、产品质量、响应速度、性价比等要素提出了更高的要求。在整个制造过程中，产品设计的成本仅占制造总成本的 3% 左右，但却决定了产品总成本的 70%，设计过程对产品结构、功能、质量、成本、可制造性、可维修性等主要性能指标都有重要影响。因此，采用智能化设计快速提升产品的研发水平和能力是制造业竞争的关键之一。

智能设计的设计过程独立于 PLM 系统，但其依赖的数字化设计软件 CAX（包括 CAD/CAECAM/CAPP）及其集成系统、产品设计信息都由 PLM 系统管理。从设计任务来分，设计工作主要可分为两类：基于数学模型的数值处理等计算型工作与图形绘制工作、基于符号性知识模型与符号处理的推理型工作。

随着计算机技术的不断进步，CAD 技术的发展大大扩展了技术人员的设计能力。传统 CAD 主要完成基于数学模型的数值处理等计算型工作与图形绘制工作；而更进一步的推理型工作则是智能化 CAD 与智能设计的发展方向与主要任务。

6.3.2 工厂/车间层关键要素

工厂/车间层主要包含 SCADA（数据采集与监视控制）系统、MES（面向制造企业车间执行层的生产信息化管理系统）、设备运维管理系统及虚拟工厂仿真平台。其中，SCADA 系统主要完成底层生产单元的状态数据采集、控制指令的下发等任务，同时也对采集的数据进行规范化处理，而后分发给各个功能模块。MES 根据 ERP 系统下发的生产计划，实现工厂/车间级生产调度，并通过对底层设备的管控实现生产过程的控制。设备运维管理系统主要根据监控数据获取设备的健康状态，实现预测性维护。虚拟工厂仿真平台通过对生产过程进行仿真分析，支撑技术人员对工厂布局、生产工艺的优化。

1.SCADA 系统

SCADA 系统是以计算机为基础的分布式控制与自动化监控系统，它拥有多种网络通信方式，可对底层生产单元中的多种数据进行实时采集，可对底层生产单元发放控制指令，能够处理大量数据。

2.MES 系统

MES 系统是一套面向制造企业车间执行层的生产信息化管理系统。美国先进制造研究中心将 MES 定义为位于上层的计划管理系统与底层工业控制之间的面向车间层的管理系统。MES 主要完成企业层生产决策到实际生产过程中的衔接工作，是企业层 ERP、PLM 等系统与底层生产单元间必不可少的中转环节，其主要功能可概括为车间/工厂级的生产调度工作与车间/工厂级的管控工作。

6.3.3 生产资源层关键要素

生产资源层主要包括完成整个生产过程所需的智能生产装备、智能物流装备与产品质量检测所需的装备，以及在智能制造模式下有机组合形成的智能制造系统。典型的离散型智能装备包括数控加工中心、多关节机器人、AGV（自动导引运输车）、增材制造装备等。

1. 柔性智能制造模式

柔性制造是指在计算机的支持下，能适应不同品种产品的生产要求、不断变化的市场需求和系统内外的其他不确定因素的新型制造模式。制造过程中的柔性主要包含：

（1）加工柔性：指设备通过切换刀具、改变装夹等方式加工复杂工件的能力。
（2）工艺柔性：指生产不同工艺要求的产品的能力。
（3）产品柔性：指生产过程中快速、经济地切换产品类型的能力。
（4）路径柔性：指处理宕机、更换生产路径的能力。
（5）产量柔性：指根据需求，灵活改变产量的能力。
（6）可扩展性：指灵活重组、快速扩展生产系统的能力。
（7）工艺路线柔性：指灵活调整工艺路线、改变设备运行状态的能力。
（8）生产柔性：综合以上特点，结合生产实际，对制造系统柔性的总体评价。

根据以上八类柔性的侧重与程度不同，柔性制造系统主要包含以下四种类型：

（1）柔性加工单元：指由一台或数台数控机床或加工中心构成的加工单元（见图6-7）。该单元根据需要可以自动更换刀具和夹具，加工不同的工件。柔性加工单元适合加工形状复杂、工序简单、工时较长、批量小的零件。它主要体现较大的加工柔性与工艺柔性。

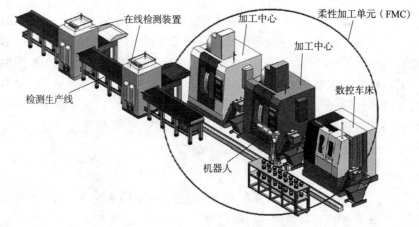

图6-7　柔性加工单元

（2）柔性制造系统：以数控机床或加工中心为基础，配以物料传送装置组成的生产系统。该系统由计算机实现自动控制，能在不停机的情况下，满足多品种加工。柔性制造系统适合加工形状复杂、工序多、批量大的零件。它具有较大的加工柔性、工艺柔性、产品柔性和路径柔性。

（3）柔性自动生产线：把多台可以调整的专用机床连接起来，配以自动运送装置而组成的生产线。该生产线可以加工批量较大的不同规格零件。柔性程度低的柔性自动生产线在性能上接近大批量生产用的自动生产线，柔性程度高的柔性自动生产线则接近于小批量、多品种生产用的柔性制造系统。柔性自动生产线具有较大的工艺路线柔性和可扩展性，但其加工柔性、工艺柔性与路径柔性较低。

（4）多路径柔性生产线：该类系统包含多条柔性生产线，且不同生产线可有机组合。其同时具有柔性制造系统与柔性生产线的各种优点。

2. 自组织智能制造模式

所谓自组织，是指不依赖外部指令，系统能够按照相互默契的某种规则，各尽其责而又相互协调地自动构成有序结构。随着网络技术与制造技术的深度融合，制造组织形态和制造过程都发生了很大的变化，新的制造系统满足开放性与非线性相互作用的特征，具有自组织结构。

针对单个企业而言，制造过程具有强实时性，随着信息化水平的提高，在制品的生产依靠实时调度具有一定的可行性。传统离散车间受到如设备故障、紧急插单、工件返修、加工时间波动等多种不确定扰动因素带来的影响，依赖自组织生产、各智能生产单元间信息交互和单元内部的高效运算，可实现突发事件的动态处理。

具有自组织结构的制造系统具有以下突出优点：

（1）更强的驾驭复杂性的能力。复杂制造过程可以通过跨行业、跨地区、甚至跨国的制造企业按自组织原则组织起来，由相互作用的、相对简单的制造系统来实现。

（2）更强的适应环境的能力。各生产单元可以根据自身需求，见机行事，而不必待命或听命于某个指挥中心。因此，对于环境的随机变化和突然扰动，具有更为灵活机动的响应特性。

（3）更强的自行优化的能力。自组织制造系统一旦开始运行，就具有自提升的功能，能够在内部机制的作用下，不断优化其组织结构，完善其运行模式。

6.3.4　一体化网络环境建设与智能决策支持

一体化网络环境主要通过主动感知技术与网络技术（互联网、无线网和物联网），汇集企业内外来自制造环境、各种制造过程、制造资源、管理系统等的信息，将物理与信息空间相互融合，实现企业内外各类信息的互联互通与透明化。一体化网络环境可通过底层生产单元集成与网络化纵向集成来实现。

大数据分析平台依托于一体化网络环境，基于数据挖掘算法对生产资源层、工厂／车间层、企业层三个层级中的各类数据进行进一步的处理、加工、分析，提取其中的语义信息；基于智能决策算法（聚类分析、深度学习、迁移学习、关联规则分析）对大量原始的、信息密度低的数据进行提取与高度抽象，将其转化为知识，为三个层级的决策任务提供智能决策的支持，进一步实现对制造系统的闭环控制。

1. 底层生产单元集成

通过 SCADA 系统，将底层传感器网络实时监测的制造环境数据（声、热、光、电等）、制造过程状态数据、控制数据汇集，实现底层生产单元之间、底层生产单元与上层结构之间的互联互通与底层制造信息的集成。

2. 网络化横纵向集成

离散制造业的制造过程与生产方式决定了产品在生产作业过程中信息复杂、不易控制，生产计划和作业计划均衡生产难以得到保证。此外，离散型制造中各个系统功能间存在交叉重叠，系统与系统之间的交互渠道较少，信息在各个系统间难以形成完整的循环。

网络化横纵向集成主要就是解决企业内部的系统功能交叉与信息孤岛问题的方法。其中，纵向集成主要需要实现以下目标：

（1）实现从设计、工艺到制造、控制的数据自动化传递。

(2) MES 作为企业中间层枢纽系统，起承上启下的作用。

(3) 上层系统数据自顶向下地分解传递到底层控制系统，形成管控数据流。

(4) 下层系统的数据自下向上地收集反馈到上层管理系统，形成状态数据流，作为分析与决策的依据。

在具体的实施过程中，横纵向集成可涵盖，如 ERP 系统与 PLM 系统集成、ERP 系统与 MES 集成、PLM 系统与 MES 集成。

企业内部的横向集成主要需要实现以下目标：

(1) 提高企业数字化、网络化、智能化的管理水平。

(2) 减少系统间数据的重复采集、存储工作。

(3) 统一数据格式，规范数据源头。

(4) 建立系统与系统、设备与设备、人与机器的互联沟通机制，提高信息利用效率。

3. 智能决策支持

随着信息技术产业与工业的深度融合，传统的工业数据也逐步向大数据模式转变。在离散型制造中，多样化的产品系列、复杂的设备组成、离散的生产过程等都在源源不断地产生工业大数据。21 世纪是从数据这片"土地"上钻出"石油"的时代，从体量大、信息密度高、时效性强的大数据中，可以分析、挖掘、提取出有价值的数据与知识，助力制造业的发展。

智能决策是离散型智能制造中供应链与物流管理的核心，需要对供应链与物流系统中多个环节进行决策，如采购决策、库存决策、配送决策、营销决策、设施选址决策等。在制造服务中，企业与用户、供应商频繁接触，可以使企业掌握大量的外部信息；在制造过程中，产品设计、物料供应、生产管理、物流管理等过程可以使企业掌握大量的内部信息。智能决策支持指基于上述企业内外部数据，利用商务智能、人工智能和计算智能等方面的理论和方法辅助建立数学模型，再结合实际问题分析求解，给出最佳实施方案，为供应链与物流管理人员提供决策支持的过程。

供应链与物流决策强调供应链与物流所有环节的系统性、协调性、一致性、关联性、互动性和平衡性，通过智能化决策为企业合理定位、精确控制和准确决策提供依据，智能决策中心是整个供应链的业务集散与调度中心、信息处理中心、资金运作中心。智能决策中心对供应链与物流业务中的物流、信息流、资金流进行智能化规划、协调和控制，其目的是实现在正确的时间和地点，将正确的需求项目按照正确的数量交给正确的交易对象。

智能决策中心采用计划、协调与管理相结合的方式对供应链与物流业务及系统进行决策与优化。在规划和执行过程中，还可以针对意外情况进行协商和调整。如果库存不足，则决策中心下发采购建议，由采购部门调整确定任务。

6.4 流程型智能制造概述

流程工业也称过程工业，是利用物质的物理变化和化学变化，实现大宗原料型工业产品的生产、加工、供应、服务的一种工业（见图6-8）；其原料和产品多为均一相（固、液或气）的物料，而非零部件和组装成的产品；其产品质量多由纯度和各种物理、化学性质表征。流程工业主要包括石化、冶金、电力、轻工、食品、制药、造纸等在国民经济中占重要地位的行业，是形成人类物质文明的基础工业，其发展状况将直接影响国家的经济基础。

图 6-8　流程型石化企业

6.4.1　流程工业的行业特点

与离散制造等生产过程相比，流程工业（见图 6-9）在以下方面具有行业特点：

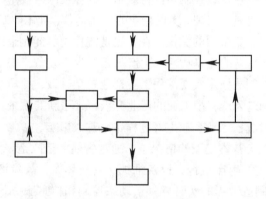

图 6-9　流程工业示意

（1）产品结构：流程企业的产品结构与离散制造行业有较大不同，上级物料和下级物料之间的数量关系可能随温度、压力、湿度、季节、人员技术水平、工艺条件不同而有差异。在每个工艺过程中，相伴产出的不只是产品或中间产品，可能还细分为主产品、副产品（在生产主要产品过程中附带生产出的非主要产品）、协产品（主要指用相同的原料，经过相同生产过程，生产出两种或两种以上的不同性质和用途的产品）、回流物和废物等，描述这种产品结构的配方有批量、有效期等方面的要求。

（2）工艺流程与生产设备：流程工业生产的另一特点是产品品种、工艺流程相对固定，批量往往较大，生产设备成本较高，而且按照产品进行布置，设备通常是专用的，不易改做其他用途；生产线上各工艺流程的设备的维护特别重要，一旦发生故障，损失严重。

（3）物料存储：流程工业企业的原材料和产品通常是液体、气体、粉状等，常采用罐、箱、柜、桶等进行存储。

（4）自动化水平：流程工业企业一般采用较大规模的生产方式，生产工艺较成熟，控制生产工艺条件的自动化设备相对完善。不少企业已利用 DCS（集散控制系统）、PLC 等进行生产过程自动化控制，生产车间人员主要负责管理、监视和设备检修等工作。

（5）生产计划管理：流程工业企业主要进行大批量生产，订单与生产往往无直接关联。大多数情况下，企业只有满负荷生产，才能将成本降下来，提高市场竞争力。在流程工业企业的生产计划中，年度计划很重要，物料采购计划受年度生产计划和销售计划影响。不少企业按月份签订供货合同及结算货款；每日、每周生产计划的物料平衡则主要依靠原材料库存来保证和调节。

（6）批号管理：在流程工业的生产工艺过程中，会产生各种协产品、副产品、废品、回流物等，对这些产品和其他物资的管理需要有严格的批号。例如，在制药业的药品生产过程中，有十分严格的批号记录要求，对从原材料、供应商、中间品到销售给用户的产品，都需要记录，在出现问题时，可以通过批号反查出是谁的原料，由哪个部门在何时生产的，直到查出问题。

由此可见，流程工业生产过程总体具有物流和能量流连续、产品相对稳定、生产周期长、工艺流程相对固定等特点。生产过程涉及各种物理及化学变化，具有机理复杂、数据信息量大、处理难度较大等难点。

传统流程工业企业一直面临能耗、产品质量、生产过程工艺、自动化水平、管理水平、信息集成度、综合竞争力等诸多方面的挑战，而且要求越来越高，竞争日趋激烈。流程型工业企业如何运用先进的工艺装备技术、控制与优化技术、计算机网络技术、现代管理技术等，将生产过程作为一个整体进行控制与管理，实现企业的优化运行、优化控制、优化管理和科学决策，是提高流程型工业企业核心竞争力的关键所在，也是流程型智能制造的主攻方向。

由于流程型工业企业复杂的原料物性、生产工艺、生产装备、安全环境因素和经济社会效益要求等，如何利用智能制造技术实现流程工业产业转型升级、提质增效，是摆在流程型工业面前的重大问题。智能制造为流程型工业的产业升级带来了新的愿景，智能化应用越来越颠覆、改变传统产业，同样也对流程工业企业生产过程带来重大影响。

在生产装备及生产能力基本定型的情况下，通过智能制造改造，利用3C技术的有机融合与深度协作，在计划调度、生产执行、设备维护、安全环保、故障诊断等环节广泛应用智能化技术，实现复杂流程制造过程的实时感知、动态控制和信息服务，从而使流程工业生产过程更加优化、智能、稳定、高效、优质和绿色节能。

6.4.2 流程型智能制造的定义

流程型智能制造模式一般以智能工厂为载体，以关键制造环节智能化为核心，以端到端数据流为基础，以网络互联为支撑，旨在有效缩短产品研制周期、降低运营成本、提高生产效率、提升产品质量、降低资源能源消耗，为流程工业的转型升级提供了全新的机遇。

结合流程型工业企业生产与服务的特点，一般可以认为，流程型智能制造的定义是：结合以石化、钢铁产业为代表的流程制造行业需求，针对现有制造模式存在的亟待解决的资金流、物质流、能量流和信息流的集成和高效调控难题，从信息感知、管理决策、生产运行、能源安全环保等层面实现原材料与产品属性的快速检测、物流流通轨迹的监测及部分关键过程参量的在线检测；利用大数据、知识型工作自动化等现代信息技术进行制造过程计划和管理的优化决策；将物质转化机理与装置运行信息进行深度融合，建立过程价值链的表征关系，实现生产过程全流程的协同控制与优化；通过传感、检测、控制及溯源分析等新方法和新技术，突破流程工业过程监测、溯源分析及控制的基础理论与关键技术，实现生产制造全生命周期安全环境的足迹监控与风险控制。

流程工业智能制造最终要在工程技术层面实现数字化、智能化、网络化和自动化，在企业生产制造层面也要实现敏捷化、高效化、绿色化和安全化。

6.5 流程型智能制造架构

自 18 世纪中叶以来，以化学工业为代表的现代流程工业已经经历了工业化（流程工业 1.0）、规模化（流程工业 2.0）和自动化（流程工业 3.0）三个阶段。物联网、大数据和人工智能等技术极大地推动了生产效率提升和生产过程集成，尤其是集成了资源、设备、人力和信息的新信息技术系统促进了产品创新和个性化水平、流通速度的提升，从而促进了新一代流程型工业智能制造的产生。

伴随着各类先进技术尤其是信息技术、物联网技术的发展，云制造、面向服务的工业、柔性制造等新的工业制造模式不断涌现，智能化是这些制造模式的共同特征乃至前提。对于流程工业，鉴于其供应链独有的特征，供应链的总体集成和优化是关注的重点，主要体现在以下几方面：

（1）智能制造企业具有很强的知识学习、控制能力，为此，共同价值观、市场需求、可持续发展等可集成在一起。

（2）整个供应链为过程协作控制模式，而不是嵌入式离散控制，将成为主要控制模式。

（3）生产组织从集中模式逐步演化为集成模式。

（4）在商务过程、决策过程的综合智能帮助下，企业可以适应更严苛的环境要求和多变的客户需求。

6.5.1 流程型智能制造总体架构

在流程型智能制造的总体架构（见图 6-10）中，流程工业技术和商务模式是流程工业发展的两大支柱，连接各类资源的平台则是基础支撑条件。流程型智能制造的目标，不只是为了提升生产效率，而且还要实现整个供应链的最优化。为此，建立强大的协同制造支撑平台，用于连接整个供应链，具备感知、通信、存储、计算、控制、协同和优化等能力。基于 CPS 的流程型智能制造成为当前的研究热点。

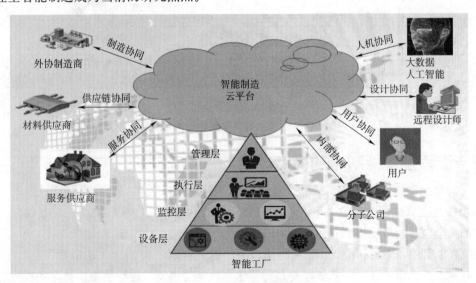

图 6-10 流程型智能制造示意

CPS架构可作为流程型智能制造的信息与运行支撑平台，在该架构中，信息系统在物联网技术的支持下，连接了资源、环境、生产装备和供应链，形成了整个生命周期的物质、能量和信息交换系统。由于CPS具有更强的多目标协调能力和网络化集成能力，为此可更好地在全域网络条件下开展在线优化和协同工作。在生产和管理实时数据的基础上，整合了局部计算资源的云计算模块可以在线或离线地求解研发、控制优化、产品应用、用户服务等问题。云计算模块中应用到的技术有数字化仿真、动态模拟、知识管理、个性化定制等技术。

除了感知和计算，基于CPS的流程型智能制造还十分关注以下功能特性：

(1) 代谢转化平衡：为评价制造过程中物料和能量流的环境影响机制，工业代谢转换平衡（主要指物料的数量、梯度分布、特性等的平衡关系）是化工等流程工业未来发展的一项核心关注点。在CPS平台上，新有设备和流程都被在线监控和协调，以确保资源挖掘、制造、消耗和废物回收均处于平衡状态。代谢转化平衡是CPS的重要评估指标，也是约束条件。

(2) 协作控制：为了在供应链的生命周期内保持物料和能源的平衡并实现最大利益，CPS应具备整个供应链的优化、准确控制和远程协同的能力。

(3) 柔性和敏捷性：CPS流程制造模式通过灵活的流程结构、高效的配置，精益的管理和精细的操作，帮助企业实现各种运营目标。为了保持产、供、销等诸环节之间的协调和平衡，供应链中的各企业和企业中的各工作单元都应该具有柔性和敏捷性。

(4) 人工智能：与常规控制系统不同，智能制造中的许多问题是非结构化、非数字化、模糊和离散的，如设备状态评估、异常识别、故障处理、过程综合、控制策略等，这些问题对于CPS的自我调节和自我控制都至关重要，并且用传统的数据处理和控制方法处理有较大困难。人工智能是解决上述问题并使CPS具有优越预测和优化能力的可行技术。

为了实现上述特性，在流程型智能制造体系中应用大数据技术和严格在线模拟技术显得非常重要，这些技术构成了知识系统的数字技术基础，是流程工业智能化的重要技术方法（见图6-11），图中箭头表示了数据和信息的获取、传递与集成方向。

图6-11 基于CPS的流程型智能制造知识系统结构示意图

6.5.2 流程型智能制造的关键要素

流程型智能制造面临生产与经营全过程信息的快速获取与集成、流程制造过程的计划管理、市场经营决策知识的有效关联和深度融合、制造过程不同层级的协同控制与优化、全生命周期的安全监控与风险控制等亟待解决的问题。

在流程型智能制造的新模式中，应考虑以下关键要素：

(1) 对工厂总体设计、工艺流程及布局等建立数字化模型，进行模拟仿真，实现生产流程数据可视化和生产工艺优化。

（2）对物流、能量流、物性、资产等进行全流程监控与高度集成，建立数据采集和监控系统，生产工艺数据自动数采率应达九成以上。

（3）采用先进控制系统，关键生产环节实现先进控制和在线优化。

（4）建立 MES，对生产计划、调度等环节均建立合适的模型，实现生产模型化决策、过程量化管理、成本和质量动态跟踪，以及从原材料到产成品的一体化协同优化。建立 ERP，实现企业经营、管理和决策的智能优化。

（5）对于存在较高安全风险和污染排放的项目，对危险源和有毒有害物质排放进行严格的自动检测监控，实现全方位监控，做到安全生产，建立在线应急指挥联动系统。

（6）建立互联互通网络架构，实现工艺、生产、检验、物流等环节之间，以及 SCADA 系统、MES 与 ERP 的高效协同，建立全生命周期数据统一平台。

（7）建立具备网络防护、应急响应等信息安全保障能力的工业信息安全管理制度和技术防护体系。建立功能安全的保护系统，采用全生命周期方法有效避免系统失效。

最终目标是实现生产过程动态优化、制造和管理信息可视化，显著提升流程型工业企业在资源配置、工艺优化、过程控制、产业链管理、节能减排及安全生产等方面的智能化水平。

6.5.3 流程型智能制造的发展

流程型智能制造中，智能工厂为核心主体。智能工厂将实现从信息集成、信息粗加工、数据挖掘，到工厂运行信息的全方位融合，最终实现内涵型、效益型、环境友好型的智能决策和精细化操作运行的流程工业工厂。以下将结合流程型智能制造中的智能工厂及未来企业运行模式，说明流程工业智能化先进技术的不断演进的趋势。

（1）数据转化为知识。在流程工业智能制造中，任何数据都能够被准确地收集并传递给有需要的用户，数据工程师根据用户的反馈，进一步分析和处理得到的有效信息。这些信息能够帮助管理者更好地适应新形势，包括应对需求变化和价格波动等不确定因素带来的风险，从而更快、更好地达成经营目标。

（2）知识产生运营和操作模型。这是过程知识的一种外在表现形式，通过操作模型，能够准确地了解智能工厂的生产过程中包含的所有原料和组分，并对相关的操作、反应和转化的实时动态过程进行有效控制。

（3）运营和操作模型成为智能工厂的关键资产。在这一阶段，不同层次的运营和操作模型被整合起来，形成一个基于知识的综合智能化系统。这些模型包含了过程知识和操作经验，通过人、模型和实际过程的有机结合，实现对生产过程的综合计划、调度和管理。例如，解决调度问题时需要考虑各装置的特性，包括物耗、能耗、开机时间、加工能力及它们与产量的动态关系，一个好的装置模型能够准确预测各种工况下的产量，从而为解决调度问题提供可靠依据。因此，在流程工业智能制造中，运营和操作模型也将与人力资源和固定资产一起，成为智能工厂的关键资产。

（4）模型推动全局应用。模型、智能装置和信息化系统在先进流程工业企业中的应用已经越来越广泛，如依靠过程模型有效地控制过程操作条件的变化，实现装置的变负荷生产；通过企业级生产计划和调度优化节能降耗，提升企业经济效益。然而，现代企业的生产越来越依赖全球化的协作过程，因此，真正的智能工厂还需要帮助企业更好地参与全球的合作与分工，实现整条供应链的共赢。

（5）人、知识、模型构建复合型 KPI（关键绩效指标）。流程工业智能化系统中优质、高效耐生产过程不是与生俱来的，而是依赖于人、知识和模型的水平。为了达到智能生产的目标，未来企业的 KPI 将是包括人、知识和模型三者在内的复合型指标。流程型智能制造的最终目标是实现所有已知信息的充分利用，并通过计算机对新知识的不断学习，建立并完善过程模型，最终利用人、知识和模型保证企业所做的每一步决策都满足安全、经济、环保的要求。

作业

1. 离散制造的产品往往由多个零部件经过一系列（　　）的工序加工并最终装配而成，加工此类产品的企业被称为离散制造型企业。
   A. 单一　　　　　B. 独立　　　　　C. 不连续　　　　　D. 连续

2. 离散型产品在日常生活中随处可见，例如钟表、汽车、发动机、火箭、（　　）、武器装备、船舶、电子设备、机床等。
   A. 飞机　　　　　B. 化工　　　　　C. 炼油　　　　　D. 天然气

3. 离散制造产品的生产过程通常分解成很多加工任务来完成，每项任务会要求企业的（　　）能力和资源。
   A. 闲置　　　　　B. 一小部分　　　　　C. 一大部分　　　　　D. 全部

4. 在离散制造过程中，物料（　　）按一定工艺顺序运动，在运动中不断改变形态和性能，最后形成产品。
   A. 集约地、间断地　　　　　B. 集约地、连续地
   C. 离散地、连续地　　　　　D. 离散地、间断地

5. 20 世纪 60~70 年代，面对用户需求量大、竞争比较缓和的市场环境，在全球范围内，无论是装备制造商还是消费品生产企业，（　　），实现产业化发展。
   A. 制造企业提升竞争力，追求产品质量、加快市场响应能力方向转变
   B. 在高新技术和先进制造理念的推动下，全球化、数字化、网络化、智能化和绿色化
   C. 都以扩大生产规模、降低生产成本、抢占市场份额为主要目标
   D. 不断降低生产成本，个性需求变化快，适应变化更快、要求更高的市场需求

6. 20 世纪 80~90 年代，精益生产、敏捷制造等先进的制造技术对离散制造业的发展有重大影响，伴随着市场空间的不断缩小，（　　）。
   A. 制造企业提升竞争力，追求产品质量、加快市场响应能力方向转变
   B. 在高新技术和先进制造理念的推动下，全球化、数字化、网络化、智能化和绿色化
   C. 都以扩大生产规模、降低生产成本、抢占市场份额为主要目标
   D. 不断降低生产成本，个性需求变化快，适应变化更快、要求更高的市场需求

7. 进入 21 世纪，在资源配置日益便捷、生产成本不断降低和用户个性需求变化快等因素的影响下，制造业需要适应变化更快、要求更高的市场需求。（　　）是离散型制造业发展的主要趋势。
   A. 制造企业提升竞争力，追求产品质量、加快市场响应能力方向转变
   B. 在高新技术和先进制造理念的推动下，全球化、数字化、网络化、智能化和绿色化
   C. 都以扩大生产规模、降低生产成本、抢占市场份额为主要目标
   D. 不断降低生产成本，个性需求变化快，适应变化更快、要求更高的市场需求

8. 在技术发展与市场竞争的双重驱动下，我国明确提出了深化（　　）"两化融合"，发展一批具有高度自动化、柔性与智能特征的离散型智能工厂。
   A. 精致化与简单化　　　　　　　　　B. 自动化与集约化
   C. 网络化与自动化　　　　　　　　　D. 信息化与工业化

9. 离散型智能制造的基本特征可分为智能化生产、智能化管理与（　　）三个方面。
   A. 最小化生产　　　　　　　　　　　B. 理想化设计
   C. 智能化决策　　　　　　　　　　　D. 简约化销售

10. 离散型智能制造的智能化生产不包括以下（　　）内容。
    A. 手工高质量检测与处理
    B. 智能化仓储管理与物流供应
    C. 具有自主感知与自主决策能力的智能化设备
    D. 基于高度自动化与数字化的柔性化、自组织生产

11. 根据制造过程与数据流向，制造企业的离散型智能制造架构可分为（　　）三层。
    ① 生产资料层　　② 工厂/车间层　　③ 企业层　　④ 管理高层
    A. ①②④　　　　B. ①③④　　　　C. ①②③　　　　D. ②③④

12. 在传统CAD基础上，以计算机代替人的智能设计系统最核心的任务是实现计算机（　　）。
    A. 自动执行　　　B. 自主决策　　　C. 精确计算　　　D. 绘制彩图

13. 根据不同的推理方法，智能设计中常用的知识模型主要包括基于（　　）三种知识模型。
    ① 原型推理　　　② 规则推理　　　③ 逆向推理　　　④ 案例推理
    A. ①②③　　　　B. ②③④　　　　C. ①③④　　　　D. ①②④

14. 离散型智能制造中，企业层的关键要素不包括（　　）。
    A. SCADA系统　　B. ERP系统　　　C. PLM系统　　　D. 智能设计

15. 离散型智能制造中，工厂/车间层的关键要素不包括（　　）。
    A. SCADA系统　　B. ERP系统　　　C. LED系统　　　D. MES系统

16. 离散型智能制造中，工厂/车间层的关键要素不包括（　　）。
    A. 柔性制造　　　B. DIY制造　　　C. 自组织制造　　D. 增材制造

17. （　　）是利用物质的物理变化和化学变化，实现大宗原料型工业产品的生产、加工、供应、服务的一种工业。
    A. 柔性工业　　　B. 虚拟工业　　　C. 离散工业　　　D. 流程工业

18. 流程工业生产过程涉及各种（　　），具有机理复杂、数据信息量大、处理难度较大等难点。
    A. 虚拟及实体变化　　　　　　　　　B. 直接与间接变化
    C. 实践与理论发展　　　　　　　　　D. 物理及化学变化

19. （　　）智能制造模式一般以智能工厂为载体，以关键制造环节智能化为核心，以端到端数据流为基础，以网络互联为支撑。
    A. 虚拟型　　　　B. 流程型　　　　C. 离散型　　　　D. 智能型

20. 流程工业智能制造最终要在（　　）层面实现数字化、智能化、网络化和自动化，在企业生产制造层面实现敏捷化、高效化、绿色化和安全化。
    A. 需求分析　　　B. 概要设计　　　C. 工程技术　　　D. 生产制造

熟悉离散型和流程型智能制造

小组活动：

（1）说说看，什么是"离散型工业企业"，什么是"流程型工业企业"，分别列举一些企业加以说明。

（2）离散型智能制造的关键要素是什么？尝试描述离散型智能制造的总体架构，试着在网上找到离散型智能制造的系统案例。

（3）流程型智能制造的关键要素是什么？尝试描述流程型智能制造的总体架构，试着在网上找到流程型智能制造的系统案例。

记录：小组讨论的主要观点，推选代表在课堂上简单阐述你们的观点。

评分规则：若小组汇报得 5 分，则小组汇报代表得 5 分，其余同学得 4 分，依此类推。

活动记录：_____

_____

_____

_____

实训评价（教师）：_____

_____

第 7 课

工业大数据思维

学习目标

知识目标：

（1）熟悉工业大数据定义及其相关概念，熟悉大数据推动的三个方向。

（2）深入理解大数据的核心目的是：通过分析数据，从而预测需求、预测制造、解决和避免不可见问题的风险，利用数据去整合产业链和价值链。

（3）熟悉未来智慧工厂的无忧虑制造，熟悉从产品制造到价值创造的积极概念。

素质目标：

（1）培养数据素养，培养工业大数据思维，提高基于大数据的专业素养。

（2）勤于思考，善于联想，掌握学习方法，提高学习能力。

（3）体验、积累和提高智能类专业的学习素养。

能力目标：

（1）理解团队合作，协同作业的精神，在项目合作、团队组织中发挥作用。

（2）掌握专业知识的学习方法，培养阅读、思考与研究的能力。

重点难点：

（1）什么是工业大数据，什么是大数据思维。

（2）未来智慧工厂的无忧虑制造机器实现途径。

导读案例

数字化转型，制造向"智"造转变

2021年6月30日，京沪高铁迎来运营十周年。十年来，京沪高铁累计安全运送旅客13.5亿人次，累计行程超过15.8亿公里。京沪高铁是中国高铁事业实现从跟跑到领跑的精彩缩影，为实现中华民族伟大复兴的中国梦增添了浓墨重彩的一笔（见图7-1）。

经过百年征程，在中国共产党领导下，我国已经从一个贫穷落后的农业国成长为世界

图 7-1 中国高铁

工业制造大国，部分产品技术已达到国际先进水平。党的十八大以来，党中央做出着力推动我国由制造大国向制造强国转变的重大战略选择。推动制造业高质量发展、加快建设制造强国，仍然是当前和今后一个时期我国面临的一项重大战略任务。

1. 保持世界第一制造大国地位

在人教版初中历史教材中有这样一段话：在近代中国，民族工业总的来说是很薄弱的，甚至连老百姓的日用品都要从外国进口，因此许多东西都带了一个"洋"字。书中又进一步解释："洋火"其实就是火柴，"洋油"是用来点灯的煤油，"洋灰"是水泥，而"洋钉"是钉木板用的小钉子。这些被冠以"洋"字的词语，记载着旧中国工业基础薄弱，产品和技术都要依靠舶来的日子。

作为国民经济重要组成部分，制造业实力和制造技术水平，体现着一个国家的综合国力。中华人民共和国成立以来，我国制造业领域发生了历史性变化，中国共产党团结带领全国人民用几十年时间走完了发达国家几百年走过的工业化历程，中国制造实现了历史性巨变。

经过多年发展，我国产业体系逐步健全，拥有联合国产业分类中的全部工业门类，已成为世界上产业体系最为完整的国家。2012年至2020年，我国制造业增加值从16.98万亿元增长到26.59万亿元，连续11年保持世界第一制造大国地位。

近年来，我国工业领域加强各行业多元发展，健全的产业体系日益显示出强大的发展韧性，完整的生产协作体系和配套能力对我国经济实力持续提升发挥重要支撑作用。

目前，我国有200多种产品产量稳居世界第一位，在多个行业形成规模庞大、技术较领先的生产实力。能源原材料产品生产形成规模，夯实国民经济发展基础，2020年水泥、钢材、乙烯产量分别达到23.8亿吨、13.2亿吨、2 160万吨；消费品类产品供应充裕，丰富人民日常生活，纱、家具、洗衣机产量分别为2 661.8万吨、9.1亿件、8 041.9万台；装备类产品生产水平加速提升，有力推动我国向制造强国迈进，挖掘机、彩电、集成电路产量分别达到40.1万台、2亿台、2 612.6亿块。

2. 科技实力不断增强

2021年6月17日，神舟十二号载人飞船顺利将聂海胜、刘伯明、汤洪波3名航天员送入太空（见图7-2）。如今，中国载人航天已圆满完成第一步、第二步既定任务，正向着建造空间站、建成国家太空实验室的第三步目标前进。

图7-2　神舟十二号载人飞船将3名航天员送入太空

航空航天制造业是典型的高新技术产业，处于先进装备制造业最高端，代表一个国家制造业的核心竞争力。

党的十八大以来，我国制造业创新能力显著提升。企业技术创新主体地位不断增强，在重点领域涌现出一批创新成果。嫦娥揽月、C919试飞提速、北斗组网、天问启程，航空航天装备技术水平大幅提高。海斗探海、蓝鲸钻井、双龙探极，深远海海洋工程装备和高技术船舶快速发展。第三代核电装备处于国际一流水平，动力电池单体能量密度大幅提高。国产中央处理器(CPU)与国外先进水平差距缩小，11代液晶显示器生产线投产，语音、图像和人脸识别等人工智能重要领域专利数量全球领先。

科技自立自强是国家发展的战略支撑。在研发实力方面，从2012年到2019年，我国规模以上工业企业研发支出总额由0.72万亿元增长到1.4万亿元，规模以上工业企业中有研发活动的企业占比从13.7%提高到34.2%。近5年来，全社会研究与试验发展(R&D)经费支出从2015年1.42万亿元增长到2020年2.44万亿元左右，其中，2020年比上年增长10.3%，连续5年保持两位数增长。

目前，我国科技实力进入从量的积累向质的飞跃、从点的突破向系统能力提升的新阶段，科技创新取得新的历史性成就。重要技术领域从全面落后进入跟跑、并跑、领跑"三跑"并存阶段，并跑、领跑的比例不断扩大，一些前沿领域开始进入引领阶段；创新驱动发展战略深入实施，人才强、科技强到产业强、经济强、国家强的创新发展路径正在加快形成。

3. 数字化转型助力"智"造业崛起

在广汽智联新能源汽车产业园内，记者看到，广汽埃安智能生态工厂基于5G高速率、低时延、大容量等技术优势，构建了园区物联网，可实现自动驾驶、智能物流。广汽埃安工作人员介绍，基于智能网联技术，可实现零件物流全链路动态监控，从节点管理到全程可视的物流变革（见图7-3）。

5G技术是新一代移动通信技术发展的主要方向，是迈向数字经济时代的重要基础设施。以汽车为代表的高端制造业在全面拥抱数字化的过程中，应用数字化技术，通过优化流程、改善工作方式等手段，提升生产效能，增加驱动力。

图7-3　2021年4月19日，国产新能源汽车亮相上海车展

党的十八大以来，我国制造业大力推进数字化车间工厂建设，相继在国家战略性新兴产业规划——智能装备发展专项和工业和信息化部智能制造专项新模式应用中支持制造企业的数字化建设。在实施的数字化车间项目中，以智能制造为建设目标。工业和信息化部统计显示，我国规模以上工业企业生产设备数字化率、关键工序数控化率、数字化设备联网率分别从2015年的42.9%、45.4%和37.3%提高到2020年的49.9%、52.1%和43.5%。

当前，我国坚持以智能制造为主攻方向，推进新一代信息技术与制造业深度融合，加快数字化转型进程。云计算、大数据、物联网、区块链、车联网等新技术快速发展，远程教育、在线医疗、远程办公等新业态迅速兴起，共享经济、电子商务、移动支付加速普及，焕发蓬勃生机……中国制造正在向中国"智"造加速转变。

资料来源：根据网络资源整理

阅读上文，请思考、分析并简单记录：

（1）2021年6月30日，京沪高铁迎来运营十周年。十年来，中国高铁成了中国制造的一张名片。请简单谈谈你对中国高铁的印象。

答：_____

_____

_____

_____

（2）中国已经连续11年保持了世界第一制造大国的地位，并且科技实力也在不断增强。请阅读课文和通过网络搜索，列举一些中国科技令人骄傲的例子。

答：_____

_____

_____

_____

（3）文章中指出，要"数字化转型助力'智'造业崛起"，文章的主要观点是什么？

答：_____

_____

_____

_____

（4）请简单记述你所知道的上一周发生的国际、国内或者身边的大事。

答：_____

_____

_____

_____

制造系统的核心要素可以用五个M来表述，即材料、装备、工艺、测量和维护，前面的三次工业革命都是围绕着这五个要素进行的技术升级。而智能制造系统区别于传统制造系统最重要的要素在于第六个 M，即建模，并且正是通过这第六个 M 来驱动其他五个要素，从而解决和避免制造系统的问题。

7.1 制造还是思维

在 2013 年德国政府推出"工业 4.0 国家战略"前后，世界各主要经济体纷纷从自身的现状与优势出发，制定了应对新一轮制造业革命的国家战略。美国在 2012 年 3 月提出了"国家制造业创新网络 NNMI）计划"，在制造业的四个重点领域列出了九个创新中枢项目；日本在 2015 年 6 月公布了《2015 年版制造业白皮书》，将 3D 打印、人工智能和智能 ICT（信息通信技术）作为转型升级的轴心；韩国提出了《制造业创新 3.0 战略行动方案》，在 3D 打印、大数据、物联网、ICT 服务等八项核心智能制造技术中发力；法国提出了《工业新法国 2.0》，将智慧物流、新能源开发、智慧城市、未来交通等九个重点领域作为改革的重心。中国也在 2015 年 3 月，将工业化与信息化"两化"深度融合发展作为主线，力争在 10 个重点领域实现突破性发展。

7.1.1 智能制造的核心

制造系统的核心要素可以用五个 M 来表述，即材料（Material）、装备（Machine）、工艺（Methods）、测量（Measurement）和维护（Maintenance），过去的三次工业革命都是围绕着这五个要素进行的技术升级。然而，无论是设备的精度和自动化水平提升，还是使用统计科学进行质量管理，或者通过状态监测带来的设备可用率改善，又或者通过精益制造体系带来的工艺和生产效率的进步等，这些活动依然是围绕着人的经验开展的，人依然是驾驭这五个要素的核心。生产系统在技术上无论如何进步，运行逻辑始终是：发生问题→根据经验分析问题→根据经验调整五个要素→解决问题→人积累经验。

而智能制造系统区别于传统制造系统最重要的要素在于第六个 M，即建模（Modeling），并且正是通过这第六个 M 来驱动其他五个要素，从而解决和避免制造系统的问题。因此，智能制造系统运行的逻辑是：发生问题→模型（或在人的帮助下）分析问题→模型调整五个要素→解决问题→模型积累经验，并分析问题的根源→模型调整五个要素→避免问题。因此，一个制造系统是否能够称为智能，主要判断其是否具备以下两个特征：

（1）是否能够学习人的经验，从而替代人来分析问题和形成决策。
（2）能否从新的问题中积累经验，从而避免问题的再次发生。

不难看出，无论是机器换人、物联网或者"互联网+"，解决的只是 5M 要素的调整方式和途径，只是在执行端更加高效和自动化，并没有解决智能化的核心问题。所以，智能制造所要解决的核心问题是，如何对制造系统中的 5M 要素的活动进行建模，并通过模型（第六个 M）驱动 5M 要素，也就是说，要解决知识的产生与传承过程。

7.1.2 向智能制造转型

从 20 世纪 70 年代至今，主要经历了四个阶段（见图 7-4）：以质量为核心的标准化阶段，以低成本生产高质量产品；以流程改善为核心的合理化 + 规范化阶段，通过全流程改善降低浪费、次品和事故；以产品全生命周期为核心的自动化 + 集成化阶段，通过产品全生命周期的数据管理，为用户提供所需要的能力和服务；以客户价值创造为核心的网络化＋信息化阶段，在无忧虑的生产环境下，以低成本快速实现用户的客制化需求。

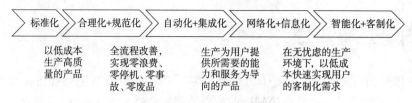

图 7-4 制造业的进步过程

实现"无忧虑"的关键在于，对生产系统全过程中的 5M 要素，利用建模进行透明化、以低成本快速实现用户的客制化需求。深入和对称性的管理，实现从问题中产生数据，从数据中获取知识，再利用知识避免问题的闭环过程。

智能制造本质上是由大数据推动的，用大数据做出智能决策的过程，最关键的是能提前预测消费者的需求。

7.1.3　工业大数据定义

随着信息化与工业化的深度融合，信息技术渗透到了工业企业产业链的各个环节，条形码、二维码、工业传感器、工业自动控制系统、工业物联网等技术在工业企业中得到广泛应用，尤其是互联网、移动互联网、物联网等新一代信息技术在工业领域的应用，工业企业也进入了互联网工业的新的发展阶段，工业企业所拥有的数据也日益丰富。工业企业的生产线处于高速运转中，由工业设备所产生、采集和处理的数据量远大于企业中计算机和人工产生的数据，从数据类型看也多是非结构化数据，生产线的高速运转对数据的实时性要求也更高。

工业大数据是指在工业领域信息化应用中所产生的数据，是工业互联网的核心，是工业智能化发展的关键（见图 7-5）。工业大数据基于网络互联和大数据技术，贯穿于工业的设计、工艺、生产、管理、服务等各个环节，使工业系统具备描述、诊断、预测、决策、控制等智能化功能的模式和结果。

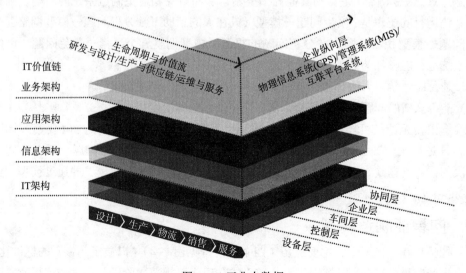

图 7-5　工业大数据

工业大数据从类型上主要分为现场设备数据、生产管理数据和外部数据。从功能视角看，工业互联网数据架构主要由数据采集与交换、数据预处理与存储、数据建模、数据分析和数据驱动下的决策与控制应用四个层次。

工业大数据的典型应用包括产品创新、产品故障诊断与预测、工业生产线物联网分析、工业企业供应链优化和产品精准营销等各个方面，给工业企业带来了创新和变革的新时代。通过互联网、移动物联网等带来的低成本感知、高速移动连接、分布式计算和高级分析，信息技术和全球工业系统正在深入融合，产生了深刻的变革。创新企业的研发、生产、运营、营销和管理方式，给不同行业的工业企业带来了更快的速度、更高的效率和更强的洞察力。

工业大数据在我国还处于起步阶段，应用仍存在许多技术障碍。目前，在大数据行业每年都会涌现出大量新的技术，成为大数据获取、存储、处理分析或可视化的有效手段。这些大数据技术能够将大规模数据中隐藏的信息和知识挖掘出来，为工业生产提供依据，提高工业企业的整体运营效率。

7.1.4 从大数据到智能制造

事实上，大数据并不是目的而是一个现象，或者看待问题的一种途径和解决问题的一种手段。通过分析数据，从而预测需求、预测制造、解决和避免不可见问题的风险，利用数据去整合产业链和价值链，这才是大数据的核心目的。

大数据与智能制造之间的关系可以用图 7-6 表示，这里面有三个重要的元素：

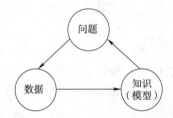

图 7-6　大数据与智能制造的关系

（1）问题：制造系统中的显性或隐性的问题，如质量缺陷、精度缺失、设备故障、加工失效、性能下降、成本较高、效率低下等。

（2）数据：从制造系统的 5M 要素中获得的，能够反映问题发生的过程和原因的数据。也就是说，数据的获取应该是以问题为导向，其目的是了解、解决和避免问题。

（3）知识：制造系统的核心，包括制程（事物运作程序的处理过程）、工艺、设计、流程和诊断等。知识来源于解决制造系统问题的过程，而大数据分析可以理解为迅速获取和积累知识的一种手段。

因此，大数据与智能制造之间的关系可以总结为：制造系统中问题的发生和解决的过程中会产生大量的数据，通过对大数据的分析和挖掘可以了解问题产生的过程、造成的影响和解决的方式；当这些信息被抽象化建模后转化成知识，再利用知识去认识、解决和避免问题。当这个过程能够自发自动地循环进行时，即通常所说的智能制造。

从这个关系中不难看出，问题和知识是目的，而数据则是一种手段。在大数据与制造之间的三个要素中，当把"数据"换成"人"就是"工匠精神"，换成"自动化生产线和装备"就是德国的"工业 4.0"，换成"互联网"就变成了"互联网+"。在制造系统和商业环境变得日益复杂的今天，利用大数据去推动智能制造，解决问题和积累知识或许是更加高效和便捷的方式。

7.2 大数据推动的三个方向

制造系统中的问题可分为"可见的"和"不可见的"。我们对待问题的方式：既可以在问题发生后去解决，也可以在问题发生前去避免。而智能制造是建立在对"可见"及"不可见"问题全面了解基础上的避免，实现无忧虑的制造环境。但是，在这之前，还有三个必须要完成的任务（见图7-7）。

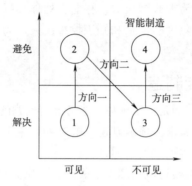

图7-7 智能制造的三个方向

7.2.1 避免可见的生产问题

在解决可见问题的过程中积累经验和知识，从而去避免这些问题。把问题变成数据，利用数据对问题的产生和解决进行建模，把经验变成可持续的价值。

例如，20世纪80年代，美国制造受到了德国和日本的巨大冲击，尤其是在汽车制造行业，德国和日本的汽车以更优的质量和更好的舒适度迅速占领了美国市场。令美国厂商百思不得其解的是，美国在生产技术、装备、设计和工艺方面并不比德国和日本差，在汽车制造领域积累的时间甚至超过他们，但是为什么美国汽车的质量和精度就是赶不上人家？那个时候，质量管理在汽车制造领域已经十分普及。光学测量被应用在产品线上以后，在零部件生产和车身装配的各个工序积累了大量的测量数据。但问题是，即便测量十分精准，在各个工序和零部件生产和车身装配都进行严格的质量控制，在组装完毕后依然有较大的误差。于是，美国的汽车厂商不得不花大量时间反复修改和匹配工艺参数，最终的质量却依然不稳定，时常出现每一个工序都在质量控制范围内，但最终的产品质量依然不能达标。

20世纪90年代初，美国发起和推动了2 mm工程，目的是利用统计科学对这些庞大的测量数据进行分析，对质量误差的积累过程进行分析和建模，从而解释误差的来源并进行控制，使车身波动降低到所有关键尺寸质量的六西格玛值必须小于2 mm（2 mm是当时理论上的精度控制极限值）。

"2 mm工程"用到的主要技术是误差流分析在多级制造过程中的应用，通过对复杂产品流所产生的数据流进行建模，分析多级制造过程中的质量波动和误差传递的相关性。许多工作站组成装配组件，许多装配组件又组成车身装配过程的装配线，每一个工作站在每个装配组件中有一个尺寸波动,每个装配组件转移到下一个工作站来装配更多的部件时,其造成的误差传递关系即为需通过测量数据进行分析的对象。

一个工作流所产生的数据流之中包含着三个维度的相关性:

(1) 质量属性与生产线不同阶段的相关性。
(2) 同一个生产阶段中质量属性的相互影响关系。
(3) 质量属性随时间变化的关系(由设备随时间的衰退产生)。

在这三个维度的基础上,建立关键控制特征与关键产品质量特征之间的关系,并有针对性地通过关键控制特征来改进和控制质量的波动。

在引入数据分析对质量进行管理和控制的方法后,产品的设计周期和成本得以大幅降低,并且产品质量的精密度和稳定性也得以明显提升。在达到相同精度要求(5 mm)的情况下,产品投入市场所用的时间减少到原来的1/3,产品质量提高了2.5倍。这个方法并不需要大量的硬件投入和生产线的改变,实施的成本非常低廉,且产生的效果十分显著,因而被广泛推广到飞机制造、发动机制造和能源装备等各类制造领域。

除了利用数据分析对质量问题进行管控,相似的分析方法还被运用到了产线的弹性设计、维护排程(又称排班)优化和生产系统的协同优化等方面。

7.2.2 将不可见问题显性化

通常,需要依靠数据去分析问题产生的隐性线索、关联性和根本原因等,利用预测分析将不可见问题显性化,从而实现解决不可见问题的目的。完成这个过程后,制造系统将不再有"意外",能对不可见问题发展过程进行有效预测,把数据变成知识。从"可见问题"延伸到"不可见问题",不仅要明白"How",还要去理解"Why"。这里的典型应用是制造系统中的数据预测性分析,包括虚拟量测、健康管理、衰退预测等。核心是通过先进的分析算法对数据中的隐性知识进行挖掘和建模,并在制造过程中预测和避免问题,使得所有不可见问题在变成可见问题和产生影响之前就提前解决掉。

可见的影响因素往往是不可见因素积累到一定程度所引起的,比如设备衰退最终导致停机、精度缺失最终导致质量偏差等。就如同冰山一样,可见的问题仅仅是冰山一角,而隐性的问题则是隐藏在冰山下面的"恶魔"(见图7-8)。

图 7-8 用冰山模型解释制造系统中可见与不可见的问题

因此，对这些不可见因素进行预测和管理是避免可见因素影响的关键。对生产系统隐患的预测性分析，需要在预测设备性能趋势的基础上，预判出设备可能存在的隐患类型，即随着设备性能未来的进一步衰退所造成的对质量的影响、对成本的增加、最终导致的故障模式和对整个生产线整体效率和协同性的影响。

一般来讲，设备或者工艺中存在的故障类型是多种多样的，每一个故障类型都能对应特定的衰退模式及应对策略。有些故障可能会影响设备正常运行和生产安全，需要停机维护；而有的故障可能对设备运行不构成影响，可等待下次定期检修时一起解决，这就为决策提供了优化的空间。如果生产系统的运行人员能够确知未来将要发生的隐患，则可对情况产生预判，从而更为快速有效地进行修复。

预测制造系统的核心技术，是一个包含智能软件来进行预测建模的智能计算工具。对设备性能的预测分析和对故障时间的估算，将减少这些不确定性的影响，并为用户提供预先缓和措施和解决对策，以防止生产运营中生产力/效率的损失。

利用大数据对制造系统中隐性问题的发生过程进行建模和预测，实际上是选择了数据驱动的手段，其他的方式还包括物理建模、可靠性模型和混合模型等。

下面解释"特征"这个重要概念。特征是从数据当中抽象提取出的、与判断某一事物的状态或属性有较强关联的、可被量化的指标。例如，在人脸识别的过程中，首先要提取出脸部主要器官的位置、形状等相对具体的特征，再对这些特征进行匹配，从而实现身份的识别。在生产系统隐性问题的预测方面，提取有效的健康特征也是至关重要的。常用的特征包括时域信号的统计特征、波形信号的频域特征、能量谱特征、特定工况下的信号读数等。

然而，仅仅依靠几个特征还是不够的，即便是同一个信号，依然可以提取出多个特征，就好像在医院体检时抽一管血再分析里面的不同成分指标，就可以判断存在各种病情的隐患。这些特征之间存在着一定的相关性，其变化情况也有若干种不同的组合，将这些组合背后所代表的意义用先进的数据分析方法破解出来，就是进行建模和预测的过程。

从分析的实施流程来说，数据驱动的智能分析系统采用了如下分析框架：

数据采集→信号处理→特征提取→相似性分析→健康评估→性能预测→可视化

其中，五个主要步骤是：数据采集、特征提取、健康评估、性能预测和可视化。可用数据包括传感器信号、状态监控数据、维护历史记录等，这些数据可以用特征提取的方法进行处理，从而得到衰退性的特征。

基于性能特征，生产系统的运行状况可以通过健康置信值来评估和量化。另外，可以在时域内预测特征在将来的值，从而可以预测性能的衰退趋势和问题发生的剩余时间。最后，诊断方法可以用来分析问题产生的根本原因和问题诊断。这个智能分析系统的范例已经被广泛地应用，尤其是在生产系统中设备的预测性维护和健康关系方面，从简单的机械元件（如轴承）到复杂的工程系统（如发动机），从机械设备到结构，从单个机器到生产线，从制造产业到半导体产业等，都有非常成功的应用。不论各个应用区别如何，它们都有一个共同的特征，就是通过算法或技术在关键步骤上获取信息并传输信息。即使对于同一个应用领域，也要根据不同应用的实际情况（如稳态或瞬态信号、数据维度、有无足够样本等）来选择算法工具。

7.2.3 从设计端避免问题

通过对知识的深度挖掘，建立知识和问题之间的相关性，从旧知识中产生新知识，并能够利用新知识对实体进行精确的建模，产生能够指导制造系统实体活动的镜像模型，从设计和制造流程的设计端避免可见及不可见问题的发生。

把知识再变成数据，数据指的是生产中的指令、工艺参数和可执行的决策，从根本上去解决和避免问题。这里的典型应用是反向工程，即从问题的结果出发，利用知识反向推出问题发生的原因和过程；或者从产品最终的结果出发，反向推出产品的设计和制造过程，以及这样去设计和制造的原因。这不仅需要知识，还需要了解知识之间的相关性和逻辑关系。

反向工程既不是从问题端来分析问题，也不是从数据端来分析问题，而是从结果或知识端去反推问题。其核心是找到隐性问题的显性根源，简单地说，就是从结果里找原因，再从原因中开发及制定关键技术和优化六西格玛的控制流程。

利用大数据辅助反向工程的进行取决于两个重要的因素：

（1）数据的数量与涵盖面，也就是广度和深度。只要和研究主题有关，不论领域、时间、来源，这些数据都在人们收集的范围之内。例如，航空发动机大数据，包括设计、材料、制造、分析、测试、验证、运行到维护在全生命周期内产生的所有数据。

（2）反向运作的程序。这是一个从如何收集数据、如何过滤、如何分类、如何整合、如何分析、如何比较到如何验证的整个流程。图7-9所示为一个典型的航空发动机反向运作流程，它的起点就是大数据的搜集。

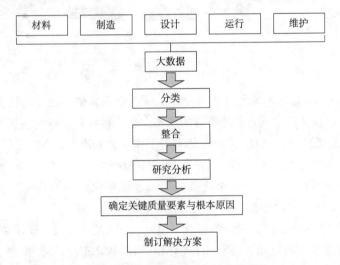

图7-9　航空发动机反向运作流程

7.3　未来智慧工厂的无忧虑制造

评价生产系统性能的关键指标是产量、质量、成本和零部件的精度，利用数据去分析和了解生产系统影响上述关键指标的因素，并对可能出现的风险进行预测和管控，是能否实现预测型制造的关键因素。今天大多数工厂的生产系统较为普遍地运用商业化的管理软件辅助工厂管理者去获取整体设备效率等信息，这是对生产系统中可见的影响因素和产生的结果进行及时的掌握和应对。然而生产系统中更多的是不可见因素的影响，因此对这些不可见因素进行预测和管理是避免可见因素影响的关键。

对于智能装备的 CPS 应用设计，可以通过网络层面的机器网络接口（CPI）进行网络健康分析的交互连接，这个在概念上类似于社交网络。一旦网络级基础设施到位，机器可以注册到网络，通过网络接口交换信息。可以通过已经建立的一套算法跟踪机器状态的变化，从历史信息推断额外知识，应用对等比较，并将输出传递到下一层。这样，就必须制定新的方法来执行这些操作并产生相应的结果。这里引入"时间机器"的设计在网络层面执行分析，通过三个步骤实现一个智能装备的应用设计，如图 7-10 所示。

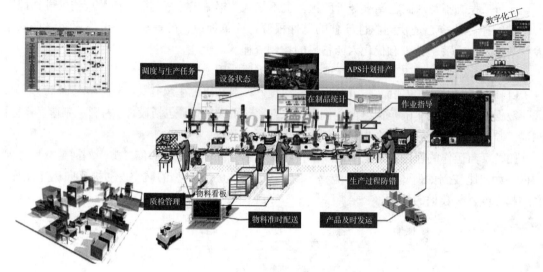

图 7-10 未来智慧工厂

（1）数据切片管理：信息不断地从机器中压入网络空间。快照收集的任务就是以有效的方式管理收入数据，存储信息。一旦监测机器的状态发生重要变化，这些快照才出现。这些变化可以定义为机器健康值的偶然变化、维护行为或者工作制度的改变。在机器的整个生命周期里，这些快照将被收集并用于构造特定优点的时间机器的历史。这个当前的时间机器记录将被用来进行优点之间的对等比较。一旦这个优点失效或者被替代，其相关的时间机器记录将改变状态从当前变为历史，并将用作相似性的识别和合成的参考。

（2）相似识别：在网络层面，对设备自身（以及相同设备）在不同运行模式和健康模式下的历史数据进行特征提取和建模，再利用该模型与当前状态产生的数据进行比较，就可以自动识别设备当前的健康状态，进而对设备进行风险评估和故障诊断。

此外，单个设备还可以与设备集群中的同类设备进行比较，自动识别与自己工况模式相似的其他设备并进行聚类，在工况模式相同的条件下，比较自身的性能与其他设备的差异性，这种自比较和自省性的能力是以往"设备对设备"概念中所没有的。通过对当前运行的模式匹配以及健康模式随时间的变化轨迹，就能够更加准确地预测设备未来状态的变化，实现设备自预测性的能力。

（3）执行决策的优化：当设备具备了自省性、自比较性和自预测性的能力后，就可以对自身当前和未来的性能进行预测。单个设备作为复杂工业系统中的一分子，承担着该系统某个环节的任务要求。智能设备能够结合当前自身的性能与任务要求，自动预测自身性能与任务需求在当前和未来的匹配性，并制定最优化的执行策略。执行策略优化的表现是，在满足任务要求的前提下，使用资源最少、对自身的健康损害最小，以及在最优的维护时机进行状态恢复。

执行决策的优化需要设备对自己在整个系统中的角色有较为清晰的认知，并能够预测自身的活动对系统整体表现的影响，是设备从自省性到自认知能力的进一步智能化。

7.4 从产品制造到价值创造

一个产品的核心不仅是产品实体本身，还有很多以这个产品为载体的增值服务所衍生的价值。在产品差异不大的情况下，配套服务的差异才是制胜的关键。我国已明确提出，将制造与服务协同发展作为转型的重要方向，加快生产型制造向服务型制造转变的步伐。

7.4.1 以创造价值为产品设计导向

制造业向服务端转移，也就是使制造业服务化，已经成为一种世界范围的趋势，这个变化主要表现在三个层面：

（1）消费行为的转变。终端顾客由传统的对于产品功能的追求转变为基于产品的更为个性化的消费体验和心理满足的追求。这使得在制造环节应更加地贴近客户的需求和心理满足，最终表现为对客户服务价值实现的追求。

（2）企业间合作和服务的趋势。由传统的单个核心企业转变为企业间密切的合作联系，企业间通过密切的交互行为，充分配置资源，形成密集而动态的企业服务网络。

（3）企业模式转变。世界典型的大型制造企业（如 GE、IBM 等）纷纷由传统的产品生产商转变为基于产品组合加全生命周期服务的方案解决商。根据调研，一些世界大型制造企业早在 2005 年就开始了转型，其一半以上的收入来自企业的服务行为。

那么如何来定义服务型制造？服务与制造应该怎么融合？一方面，制造企业通过相互提供工艺流程级的制造过程服务，合作现成产品的制造过程；另一方面，生产性服务企业通过为制造企业和顾客提供覆盖产品全生命周期的业务流程级服务，共同为顾客提供产品服务系统。这种更深入的制造与服务的融合模式，称为"服务型制造"。

服务型制造是基于制造的服务，也是为了服务的制造，是制造与服务相融合的新产业形态、新的生产模式。这就将最初的"制造"概念进行了扩展，产品的全生命周期都被看作是制造的过程，制造不仅仅是关注产品的生产过程，更应该注重客户使用周期的价值创造过程。这也产生了两个新的制造模式——"产品服务系统"和"整体解决方案"。这两种模式向客户提供覆盖从需求调研、产品设计、工程、制造、交付、售后服务、产品回收及再制造等产品服务系统全生命周期的价值增值活动；制造网络中的合作企业基于工艺流程级的分工，相互提供面向服务的制造活动，以实现低成本、高效率的产品制造，为顾客提供基于制造的服务。服务型制造模式希望通过生产性服务、制造服务和顾客参与的高效协作，融合技术驱动型创新和用户驱动型创新，实现分散化服务制造资源的整合和价值链各环节的增值。

7.4.2 用大数据建立产品服务系统

产品与服务紧密结合的产品/服务组合是一个集成系统，称为产品服务系统。在服务型制造模式中，无论是面向企业的服务还是面向顾客的服务，在微观企业层面，其主要的企业内行为表现是产品服务系统下产品/服务组合。产品服务系统的创新模式既不是传统的产品创新（推出新款式、新功能的产品），也不是传统的服务创新（开发设计、生产运作和营销过程的技术创新），而是从顾客需求的缺口出发的主控式创新模式。

大数据在建立产品服务系统上有两方面非常重要的作用：

（1）利用数据发现用户需求的缺口，进而重新定义问题和服务。

（2）以数据作为服务用户和连接用户的载体，从广泛用户的数据中获取隐性的知识，再利用知识为用户提供客制化的服务。

数据作为提供服务的基础并不难理解，比如位置数据是打车软件为用户提供服务的基础，否则乘客与驾驶员之间的匹配就无从谈起。反过来说，服务也是用户愿意把数据开放给企业的基础，很多企业抱怨说自己的客户不愿意把数据提供给自己，最主要的原因还是没有想好自己要这些数据干什么，能给客户提供怎样的服务。许多情况下，数据在进行挖掘之后会产生许多意想不到的知识和新的看待问题的角度，进而用户可以利用所产生的知识获得服务和价值，其创值模式如图7-11所示。

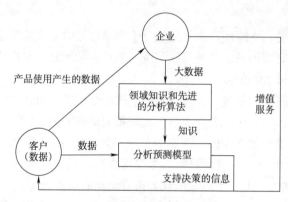

图7-11 大数据的创值模式

例如，在设备的预测性维护模型建立过程中，单个用户所产生的数据样本并不足以分析所有的失效模式和发生的过程，但是成百上千的用户的数据汇集起来就可以形成一个完整的样本库，这些数据通过先进的预测分析算法固化成一个预测模型，接下来用户就可以将实时数据输入到这个模型中去预测当下的运行风险。在使用这个模型的过程中，用户也从别人分享的数据中获得了价值。

数据的分享是一种知识的众筹模式，而企业扮演了知识的挖掘者、分享者和服务匹配者的角色，这个过程的实现就是产品服务系统产生的过程。

7.5 工业大数据的机遇与挑战

麦肯锡的报告显示，就大数据的数量而言，制造业远远超过其他行业的数据产生数量，且可被接入的设备数量也远超移动互联网。然而，工业大数据的应用价值还有待人们去充分挖掘，拥有巨大的机会潜力。智能制造的实现过程需要将传统的依靠人的经验，通过大数据的智能分析，转变成为依靠"循证"管理模式，最终实现预测型制造系统。

数据从设备上的产生到形成可以带来价值的决策，需要将数据进行分割、分解、分析（见图7-12）和分享。目前的工业大数据分析的中间分析过程比较薄弱，尤其是基于模型的预测性分析。如果仅仅是数据的传输、集成和可视化，那么数据被利用和挖掘的价值很小，有很大一部分价值需要通过对数据的深度挖掘和分析来获得。

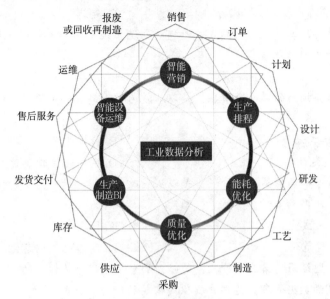

图 7-12 工业数据分析

除了先进算法工具之外，工业大数据分析更重要的是要结合工业场景和应用原理的领域知识，也就是说分析者不仅要对智能算法非常了解，还要对生产系统十分了解。这就导致工业大数据分析人才的严重缺失。其次，即使对同一类问题也很难有普适性的方法和模型，数据分析工具＋领域知识这样的模式决定了工业大数据的分析模型一定是定制化的，因此很难有一个通用的平台能够解决所有问题。

作业

1. 2015年，中国将（　　）"两化"深度融合发展作为主线，力争在10个重点领域实现突破性发展。
   A. 自动化与产业化　　　　　　　　B. 数字化与媒体化
   C. 工业化与信息化　　　　　　　　D. 整体化与分散化
2. 制造系统的核心要素可以用五个M来表述，即材料、装备、工艺、测量和维护，前三次工业革命都是围绕着这五个要素进行的（　　）。
   A. 质量提高　　　B. 能力提升　　　C. 知识拓展　　　D. 技术升级
3. 无论是设备的精度和自动化水平提升，还是使用统计科学进行质量管理，或者通过状态监测带来的设备可用率改善，又或者通过精益制造体系带来的工艺和生产效率的进步等，这些活动依然是围绕着（　　）开展的。
   A. 人的经验　　　B. 设备精良　　　C. 自然因素　　　D. 团队合作
4. 智能制造系统区别于传统制造系统最重要的要素在于第六个M，即（　　）。
   A. 创新　　　　　B. 建模　　　　　C. 规划　　　　　D. 合作
5. 一个制造系统是否能够被称为（　　），主要判断其是否具备以下两个特征。
（1）是否能够学习人的经验，从而替代人来分析问题和形成决策。

（2）能否从新的问题中积累经验，从而避免问题的再次发生。

　　A. 智能　　　　　　B. 优秀　　　　　　C. 先进　　　　　　D. 强大

6. 智能制造所要解决的（　）问题是，如何对制造系统中的5M要素的活动进行建模，并解决知识的产生与传承过程。

　　A. 独特　　　　　　B. 典型　　　　　　C. 复杂　　　　　　D. 核心

7. 向智能制造转型经历的第一个阶段，是以质量为核心的（　）阶段，以低成本生产高质量产品。

　　A. 自动化+集成化　　　　　　　　　　B. 标准化

　　C. 合理化+规范化　　　　　　　　　　D. 网络化+信息化

8. 向智能制造转型经历的第二个阶段，是以流程改善为核心的（　）阶段，通过全流程改善降低浪费、次品和事故。

　　A. 自动化+集成化　　　　　　　　　　B. 标准化

　　C. 合理化+规范化　　　　　　　　　　D. 网络化+信息化

9. 向智能制造转型经历的第三个阶段，是以产品全生命周期为核心的（　）阶段，通过产品全生命周期的数据管理，为用户提供所需要的能力和服务。

　　A. 自动化+集成化　　　　　　　　　　B. 标准化

　　C. 合理化+规范化　　　　　　　　　　D. 网络化+信息化

10. 向智能制造转型经历的第四个阶段，是以客户价值创造为核心的（　）阶段，在无忧虑的生产环境下，以低成本快速实现用户的客制化需求。

　　A. 自动化+集成化　　　　　　　　　　B. 标准化

　　C. 合理化+规范化　　　　　　　　　　D. 网络化+信息化

11. 实现"无忧虑"的关键在于，对生产系统全过程中的5M要素，利用（　）进行透明化、深入和对称性的管理，实现从问题中产生数据，从数据中获取知识，再利用知识避免问题的闭环过程。

　　A. 创新　　　　　　B. 建模　　　　　　C. 规划　　　　　　D. 合作

12. 随着信息化与工业化的深度融合，（　）技术渗透到了工业企业产业链的各个环节，工业企业所拥有的数据日益丰富。

　　A. 信息　　　　　　B. 生物　　　　　　C. 管理　　　　　　D. 制造

13. 工业企业的生产线处于高速运转中，由工业设备所产生、采集和处理的（　）数据量远大于企业中计算机和人工产生的数据。

　　A. 图表　　　　　　B. 表格　　　　　　C. 非结构化　　　　D. 结构化

14. （　）基于网络互联和大数据技术，贯穿于工业的设计、工艺、生产、管理、服务等各个环节，使工业系统具备描述、诊断、预测、决策、控制等智能化功能的模式和结果。

　　A. 联网数据　　　　　　　　　　　　　B. 管理数据

　　C. 社交大数据　　　　　　　　　　　　D. 工业大数据

15. 从类型上看，工业大数据主要分为（　）。

　　①现场设备数据　　　　　　　　　　　②生产管理数据

　　③外部数据　　　　　　　　　　　　　④关系型数据

　　A. ②③④　　　　　B. ①②③　　　　　C. ①②④　　　　　D. ①③④

16. 从功能视角看，工业互联网数据架构主要由数据采集与交换、数据预处理与存储、（　　）、数据分析和数据驱动下的决策与控制应用四个层次组成。
   A. 数据建模　　　B. 数值计算　　　C. 算法控制　　　D. 数据调整

17. 智能制造要实现无忧虑制造环境，在此之前，必须完成三个任务，即（　　）。
   ①避免可见的生产问题　　　　　　②提炼生产管理数据
   ③将不可见问题显性化　　　　　　④从设计端避免问题
   A. ②③④　　　B. ①②③　　　C. ①②④　　　D. ①③④

18. 制造业向服务端转移，也就是使制造业（　　），已经成为一种世界范围的趋势。
   A. 数据建模　　　B. 数值计算　　　C. 服务化　　　D. 数据调整

19. 在服务型制造模式中，无论是面向企业的服务还是面向顾客的服务，在微观企业层面，其主要的企业内行为表现是产品服务系统下（　　）。
   A. 数据与产品组合　　　　　　　　B. 产品/服务组合
   C. 数据与算法集成　　　　　　　　D. 整合算法与服务

20. 除了先进算法工具之外，工业大数据分析更重要的是，（　　）不仅要对智能算法非常了解，还要对生产系统十分了解。
   A. 分析者　　　B. 程序员　　　C. 管理者　　　D. 生产者

研究性学习

熟悉离散型和流程型智能制造

小组讨论：
（1）什么是"离散型工业企业"，什么是"流程型工业企业"？分别列举一些企业加以说明。
（2）离散型智能制造的关键要素是什么？尝试描述离散型智能制造的总体架构，试着在网上找到离散型智能制造的系统案例。
（3）流程型智能制造的关键要素是什么？尝试描述流程型智能制造的总体架构，试着在网上找到流程型智能制造的系统案例。

记录：小组讨论的主要观点，推选代表在课堂上简单阐述你们的观点。

评分规则：若小组汇报得5分，则小组汇报代表得5分，其余同学得4分，依此类推。

活动记录：_____

_____

_____

_____

_____

实训评价（教师）：_____

第 8 课

工业大数据运用

学习目标

知识目标：
(1) 熟悉工业大数据定义及其相关概念，了解工业大数据运用。
(2) 理解大数据时代，从解决问题到避免问题的思维。
(3) 理解基于大数据分析，实现最优方案的方法。
(4) 了解预测隐性问题，实现系统自省的理念。

素质目标：
(1) 培养数据素养，培养工业大数据思维，提高基于大数据的专业素养。
(2) 勤于思考，善于联想，掌握学习方法，提高学习能力。
(3) 体验、积累和提高智能类专业的学习素养。

能力目标：
(1) 理解团队合作、协同作业的精神，在项目合作、团队组织中发挥作用。
(2) 掌握专业知识的学习方法，培养阅读、思考与研究的能力。

重点难点：
(1) 从解决问题到避免问题的基本方法。
(2) 如何预测隐性问题，实现系统自省。

导读案例

自动驾驶卡车和自主型物流机器人

二零二几年的某个时段，由于使用自动驾驶卡车，物流业发生了巨大变化。故事的主角是住在美国内布拉斯加州的老卡车驾驶员理查德先生。理查德先生特别担心晚上的安全驾驶，对于严格遵守送货时间感到压力很大，但他还在拼命工作，渐渐体力不支。改变他这种状态的正是"自动驾驶卡车"。

理查德先生工作的是一家使用卡车进行运输的物流企业，他驾驶的运输卡车是德国温伯格汽车公司的自动驾驶卡车OTTO 2020（见图8-1）。这种卡车的自动功能限定在高速公路驾驶、停车和拥挤时使用。内布拉斯加州规定：私人用的普通自动驾驶汽车、物流业用于商业用途的自动驾驶卡车可以在高速公路上切换成自动模式。

第8课 | 工业大数据运用

理查德先生在圣诞节前忙得不可开交，深夜2点进入高速公路后，他将卡车切换成自动驾驶模式，加入到行驶车流中。在确认卡车顺利行驶后，他把驾驶座旋转个角度，以便有更宽敞的工作空间。然后，他呼唤搭载在车载平板终端带有秘书功能的App"艾迪"："艾迪，给我看看今天发货方的信息！"然后他确认客户信息。发货方是一个新客户，运算的产品保管在公司物流中心，一旦有订单，就由他们送往订货方。

图8-1　OTTO自动驾驶卡车

在项目竞标时，理查德先生向该公司提出了削减物流成本的方案，从而拿下了这个合同。现在，在行驶过程中办公时，他又对前些天商谈的另一个厂家的听证会信息进行确认，思考着该做出怎样的提议，他随时让艾迪记下自己灵机一动的想法。理查德先生总是在高速公路的驾驶过程中进行办公室工作，他的驾驶座也许可以称为"移动办公室"。

过去在深夜长途驾驶时，他要喝大量的功能性饮料，一边保持紧张的精神状态，一边手握转向盘，精神上非常疲劳。但是，现在使用自动驾驶，无论身体还是大脑都非常自由。OTTO 2020是辆准自动汽车，对驾驶员有一定的操控要求，但是不必像普通车那样在驾驶过程中一直保持紧张状态，行车过程中甚至可以伏案工作，也可以享受娱乐节目。

结束了高速公路上的驾驶，进入普通公路，理查德手握转向盘，重新开始人工驾驶。上午8点刚抵达公司物流中心，数台自主型物流机器人"凯莉"就出来迎接他（见图8-2）。理查德也换上机器人工作服，卸下大量货物，把货装到凯莉上面。

图8-2　物流机器人

因为理查德现在身穿的机器人工作服会协助完成装卸重货等工作，所以原本令身体劳累的这项工作现在也不辛苦了。装着货物的凯莉跟在理查德先生后面，一起进入物流中心，理查德对凯莉下令："把这个货装到阿仕顿公司的架子上去！"凯莉便开始运作，自动掌握前往阿仕顿公司货架的路径，到达目的地后，再将货物放到货架上。

结束物流中心的工作后，理查德再次坐上OTTO 2020。车上了高速公路，他给客户公司汇报"已将货物配送到物流中心"的内容。一天的工作结束了，返程的高速公路上，他收听着自己喜欢的娱乐节目。

理查德先生的工作压力在自动驾驶卡车、自主型物流机器人和机器人工作服出现后得到大大改善。在高速公路行驶过程中，卡车会自动驾驶，在行驶中他可以办公。由于自动汽车能够在前后车之间保持适当的距离，以一定的速度列队行驶，缓和了交通堵塞，所以配送时间也变得可控。有了机器人工作服，装卸货物时就能减轻负担，自主型物流机器人能在仓库内自动从事搬运工作。这种变化不仅体现在理查德先生身上，也遍及整个物流业。最大的变化是，年长者、年轻人、女性等这些从事卡车运输业务的人员范围更广了。卡车驾驶员的工作环境相应改变了，对于精神和体力都有严格要求的工作环境相应变得宽松了，希望就业的人数也大幅增加。这对于长年苦恼于人才不足的物流业来说，实在难得。还有一个方面体现在，过去要成为卡车驾驶员需要考取大型汽车的驾照，同时还需要过硬的驾驶技术，但是自动汽车普及之后，驾照比较容易考取，成为卡车驾驶员的门槛也降低了。理查德先生期待今后实现包括普通公路在内的完全自动驾驶。也许不久的将来，"卡车驾驶员"这个工作会消失，逐渐被"物流监督员"取代。

资料来源：根据网络资源整理

阅读上文，请思考、分析并简单记录：

（1）理查德先生的故事告诉我们，通过自动驾驶卡车和自主型物流机器人，卡车驾驶员的工作将大为改变，你觉得这个故事的描述会成为现实吗？

答：_____

_____

_____

_____

（2）由于实现了自动驾驶，你认为卡车驾驶员的主要工作会是什么？对人的素质要求是高了还是低了呢？

答：_____

_____

_____

_____

（3）在传统情况下，卡车驾驶员要装卸重物，必须在偌大的仓库里来回地从事装卸和搬运货物的工作。例如，在亚马逊公司那样拥有宽大场地的配送中心，据说工作人员一天大约要来回走24 km。你对未来在物流领域广泛普及自主型物流机器人是怎么看的？

答：_____

_____

_____

_____

(4) 请简单记述你所知道的上一周发生的国际、国内或者身边的大事。

答：_____

_____

_____

制造系统中的常见问题都可以利用统计科学、规划建模、差异分析、协同优化等方式进行解决和避免。在制造系统问题发生和解决的过程中，会产生大量的数据，通过大数据分析和挖掘，可以了解问题产生的过程、造成的影响和解决的方式。

8.1 从解决问题到避免问题

制造系统中的常见问题，包括产品质量缺陷、精度缺失、设备故障、整体运转效率损失等，都可以利用统计科学、规划建模、差异分析、协同优化等方式进行解决和避免。

8.1.1 基于统计科学的质量管理体系

所谓白车身（见图8-3），是指完成焊接但未涂装之前的车身，不包括四门两盖等运动件。涂装后的白车身加上内外饰（包括仪表板、座椅、风窗玻璃、地毯、内饰护板等）和电子电器系统（音响、线束、开关等），再加上底盘系统（包括制动、悬架系统等），再加上动力总成系统（包括发动机、变速箱等）就成了整车。

图8-3 白车身

白车身的质量主要反映空间尺寸的波动，被认为是美国20世纪80年代汽车工业竞争力的最重要影响因素之一。一个典型的白车身大概有100～150个薄壁金属部件，有80～120个装配站。一个白车身装配线正常有1 500～2 000个定位夹具和4 000个焊接点，装配过程中如果定位器、焊接点或者零部件有误差值，会传递给装配站，最后累积于白车身中。

20世纪80年代后期，内嵌式光学测量机被应用于汽车车身装配车间中，安装于装配线的末端，并用激光传感器来测量白车身的关键特征，提供相关车身尺寸。从每个车身装配过程中可以获得一大堆测量数据，这些巨大的测量数据为更有效的过程控制提供了重要的可能性。但是，实际上这些测量数据并不能够充分应用于降低车身装配波动，需要获取更有效的模型和数据分析方法。为解决这个问题，美国密歇根大学吴贤铭教授开创了"2 mm工程"。这个工程的主要目标是通过更好的生产系统校准和安装来减少初始误差值，通过快速确定流程变化的根本原因来降低斜升时间，通过优化产品过程设计降低内在波动，从而增加美国汽车制造领域的竞争力。

一批研究学者和工程师投入在减小车身装配波动的研究与实践中，通过"2 mm 工程"将车身波动降低到可能的最低级别，使车身里的所有关键尺寸质量的六西格玛值均小于 2 mm，实现了当时理论上的精度控制极限值。"2 mm 工程"对汽车工厂产生了重大的影响。1992 年 12 月，一个位于美国密歇根州底特律市的装配工程成功实现了 2 mm 变化级，并第一次将 2 mm 工程成功市场化。这项研究中的 SoV 算法起源于车身装配过程的尺寸变量控制，后来被扩展用来管理和降低通用、复杂的多级制造过程（MMP）中的质量波动。以汽车制造为例，MMP 过程包括：

（1）车身装配中具有多个零件装配于多个装配站。
（2）汽车发动机头罩在多个加工站进行加工。
（3）包括多模具站的传送或者连续冲压过程。
（4）半导体制造过程。

SoV 算法尝试描述这种复杂产品流和数据流，包括建模和分析 MMP 的波动及其传递。产品流是定义制造过程的物理层，许多工作站装配组件，许多装配组件又组成车身装配过程的装配线。每一个工作站在每个装配组件上有一个尺寸波动，每个装配组件转移到下一个工作站来组成部件。全部部件或者组件通过所有生产线之后完成，这就是产品流。SoV 算法能够通过 MMP 中的数据关系，反映出多种工作站和多种生产线配置导致的波动及其传播。

8.1.2 选择生产系统的维护机会窗

系统维护正越来越成为制造业系统中的关键问题。从长远考虑，恰当的维护措施既可提升生产系统的可靠性，又能提升产率。然而，维护本身也需要停机，也可能造成短期的产量下滑。例如，当生产正在进行时，为了维护设备而关闭一台机器，可能会造成上游机器的物料堵塞，也可能会造成下游机器的物料供给不足。对于一个典型的汽车生产线来说，一分钟的停工可能带来约 20 000 美元的经济损失。

通常一个大型生产系统拥有 30～120 台机器来同时生产一种或者多种产品，进行维护决策不是一件容易的工作。首先需要考虑的因素有：

（1）当前机器的状态。
（2）维护的排程。
（3）机器衰退的周期。
（4）系统的构造。
（5）机器维护的费用。
（6）产量目标等。

其次，有许多维护类型。比如，可以在机器出现崩坏时进行临时维护，也可以在机器还能正常工作时进行有计划的预防性维护。尽管系统维护可以帮助机器设备正常工作，但是随意停止设备进行维护操作会导致正常的生产系统中断从而影响产量。因此，产品的生产经理经常会与系统维护经理发生矛盾，前者希望生产线继续运行来满足目标生产量，因而有可能并不十分注意机器的健康状况；后者希望能有足够的时间停止设备来实施所需的维护任务。传统的解决这一矛盾的办法，是在停工期或周末进行系统维护任务，但是这种做法比较低效。首先会带来更高的劳工费用；其次在大型的生产系统中，往往有太多的维护任务需要完成，正常的停工时间用来维护还不能满足需要；再次，预防性维护策略通常是僵滞的，无法快速处理生产系统的实时变化情况。因此，与其仅在停工状态进行预防性维护，不如在正常的产品生产过程中考虑如何进行预防性维护。

因此，研究者提出了维护机会窗口的概念。维护机会窗口的定义：在生产过程中，一台设备可以被策略性地停下来以进行维护或修理的最长时间，在这个时间窗口内的维护任务可以完成并且不对系统的总产量造成任何影响。维护机会窗口（见图 8-4）可以分为主动性和被动性两种类型。

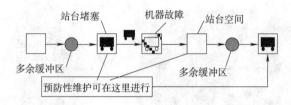

图 8-4　维护机会窗口

主动维护机会窗口是指，机器在生产过程中被有目的性地关闭，并通过协调机器附近的缓冲从而达到理想的生产速度。

被动维护机会窗口是在其他机器发生故障时完成的。如果某机器的故障与维修时间足够长，这一停滞将会通过生产线传递到附近的机器上，导致生产线上游的机器被堵塞，下游的机器缺失货物供给。这种堵塞/缺失时间段可以被看作是一个对故障机器附近的机器进行维护的窗口。

8.2　大数据分析——实现最优方案

制造系统中问题的发生和解决过程会产生大量数据，通过对其进行分析和挖掘，可以了解问题产生的过程、造成的影响和解决的方式。在制造系统和商业环境变得日益复杂的今天，利用大数据去推动智能制造，解决问题和积累知识或许是更加高效和便捷的方式。

8.2.1　电动汽车电池组最优更换方案

在乘用车的需求中，若能使用纯电动或混合动力电动汽车（见图 8-5），就能减少燃料消耗，节省费用。混合动力电动汽车配备了一个内燃机和一个电池组，并能够"恰当自如"地使用这两种能源，而电动汽车则完全取决于电力。此外，环保理念也吸引社会支持使用电动汽车。

图 8-5　混合动力电动汽车

混合动力系统价格昂贵,其中电池占总成本的最主要部分(见图 8-6,电池组 81%,电动机 6%,转换器 6%,功率控制模块 4%,发电机 3%,其他 0%)。锂离子电池由于其高电压、高能量密度和优良的充放电特性在混合动力系统被广泛使用,但重复使用会使锂离子电池不可避免地失去一些不可逆循环的能力,这种能力损失通常称为能力消退或退化。当这种退化达到某一程度时,这个电池不再适合于运输领域,这一点称为"生命的终结"。美国先进电池财团对混合动力汽车电池定义了寿命终结的标准,其内容包括:以动态压力测试电池组时,当电池组的净容量小于其额定容量的 80%,或者当峰值功率能力(决定使用峰值功率测试)在 80% 放电深度时不到 80% 的额定功率,则可认为电池寿命终结。

 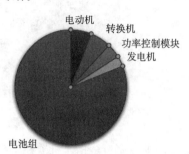

图 8-6　混合动力车成本构成

任何资产,包括工具、设备,系统或电池,其健康状态的恶化可以由适当的维护操作来恢复一定的状态及功能。虽然人们已经很重视维护,然而由于技术进步引起的与维护相关的成本变化、资产的升值、维护的复杂性加速了维护范式的演变。维护实际上是生产系统成本中最重要的因素,无效的维修管理会带来巨额维护费用的浪费。因此,当电池不能满足基本要求时,被更换等维护操作是不可避免的。电池的有限使用寿命需要人们去思考如何更好地使用和维护它们。而现在,在大数据的背景下,人们能够通过分析数据挖掘信息来帮助达成目的。

在商业运输车队中,由于工作负载的一致性,电池的健康状态是可以预测的。例如,在送货卡车车队,相比分配到郊区的车辆,在市区路线行驶的车辆其电池会有更频繁的微充电周期和放电周期,这是指小额地增加和减少的电池充放电过程,这明显地会加剧这些电池的衰退过程。而这种一致性,结合利用车队所有的电池数据,可以采用预防性优化维修策略。

基于大数据环境,先收集混合动力车车队的行动数据、路况天气等环境数据、车身状态数据、电池组数据等,然后采用基于退化的电池交换解决方案。一方面,维护模式的演化涉及更多的预测决策。例如,在制造业,维护从被动地维护(失败和修复)、预防性维修(基于及时维护),然后演化到状态维修(监视和诊断),最后达到预测与健康管理。另一方面,维护计划越来越与其他资产管理业务融合在一起,这样能提供有效、不间断的最佳解决方案。在许多维护的案例中,可以利用所管理资产的相同或不同的属性,这些属性包括相同 / 不同的操作或任务,相同 / 不同的工作负荷,或者相同 / 不同的使用频率。不同的工作负荷会使相同的个体(电池组)产生不同的健康状态。随着时间的推移,健康状态的差异变得更加明显,当一群个体达到阈值时,其维护操作是必需的。维护的方式可以包括更换或者修理。显然,这种传统方式的维护成本十分高昂,而且在某一时刻电池组功能的彻底失效会导致车辆在运输当中发生事故。

在新的大数据环境下,管理维护方案可以定义一个新的概念,叫作基于衰退的替换策略。该策略依靠监测个体的健康状态衰退,采用替换策略来提高系统的利用率。替换操作是替换两个相同的组件的位置,因两个组件可能存在不同工作负荷,所以导致不同的健康状况。例如,将A号混合动力城市路线公交车与B号混合动力郊区公交车的电池组进行替换。采用这个概念,结合相关的资源分配优化算法,就能够延长整个电动车队的电池组使用寿命,降低成本。

基于退化的替换概念实际上是通用的,可以应用于不同的领域,例如运用最优更换解决方案的交通运输、人力资源管理、运营控制、生产与制造等。该方法可以应用于任何资产,但需要满足以下条件:

(1) 系统相同的个体或资产执行不同的功能。
(2) 个体衰退率与工作负荷,或使用的频率和退化率足够稀疏(离散)。
(3) 内部替换比更换新的更加便宜。
(4) 可以在预先确定的时间点进行维护。
(5) 部件在一个有限的时间后会失效退休。

8.2.2 早期故障自感知的多工位压力机

多工位压力机(见图8-7)是一种先进的高自动化设备,相当于多台压力机以及拆垛送料系统的集成。它采用级进冲压方式,通过多个工位同时加工,工件自动运输来逐步按顺序实现复杂冲压件加工成型。根据不同级进模具的设计,多工位压力机可以同时实现包括冲裁、冲孔、折弯、成形、拉伸等不同的工序,实现了高速自动化生产,提高了生产率。多工位冲压机被广泛应用于多种金属产品的生产加工中,如汽车车身。

图8-7 多工位压力机

但是,在实际生产中许多企业都面临多工位压力机故障而导致生产质量问题。多工位压力机的生产质量与设备的健康状态有直接联系。由于快速连续加工过程,成型冲压件的质量检测通常是在完成全部工位后,零件被送出机器后才进行。如果其间由于任何模具或者刀具磨损断裂而造成次品,需要通过很长一段时间才能被发现,机器需要停止使用,再进行逐个工位的排查来定位故障,导致故障修正延迟、次品率增加、物料浪费以及生产效率降低。因此,实现多工位压力机运行性能的实时监测是保证产品质量、提高生产效率、减少生产成本的重要手段之一。

由于传感器的大规模发展和使用,一些多工位压力机会在设备的轴承上装有吨位传感器。此传感器可以用来采集多工位同时冲压时产生的聚合力,从而检测是否有某个工位的工具或模具发生异常。此方法可以有效地防止错误发现及修正的延迟,通过简单的分类方法来辨识这台设备是处于正常运行状态还是非正常运行状态。

通过对多工位压力机的聚合信号进行分类,可以帮助人们了解整体设备的运行状态是正常或者异常,但是对聚合信号的分类很难明确地定位故障发生的工位。如果使用多分类器来分辨不同的故障模式,就需要不同故障模式的异常信号来训练多分类器。由于企业的生产要求和实地设备实验的限制,往往很难进行大量的故障实验来得到足够数量的数据,去支持可靠的多分类器的训练。因此,通常情况下,在得知设备异常后,维修人员需要对各个工位逐个进行排查。这会直接延长设备的维修时间,降低设备的稼动率(指设备在所能提供的时间内为了创造价值而占用的时间所占的比重)。

8.2.3 欧姆龙能耗管理智能分析服务

自1933年创业至今,通过不断创造新的社会需求,欧姆龙集团已经发展成为全球知名的自动化控制及电子设备制造厂商,掌握着世界领先的传感与控制核心技术(见图8-8)。公司产品达几十万种,涉及工业自动化控制系统、电子元器件、汽车电子、社会系统以及健康医疗设备等领域,在业内树立了响亮的品牌。

图8-8 欧姆龙汽车总装底盘自动化检查

在工业自动化控制系统领域中,欧姆龙的产品系列包括各种传感器和监控设备。同时,欧姆龙拥有自己的远程监控系统,并涉及生产线与建筑物的管理工作,可以及时获取生产线上各工业机械的能源消耗数据,实现对工业机械的性能监控。企业通过分析和利用所获得的能源监控数据,可以减少生产线运行过程中所消耗的能源,然而,大多数生产商都没有很好地利用所获取的监控数据。

自从实施智能制造战略,欧姆龙提出了精密能源管理。能源监控系统不再关注整条生产线,而是将生产线分解成不同的工位,分别监控每一个工位的能源消费情况。基于这种思想,欧姆龙开发了KM100系统。这是一种由节能、小型化的电量监控器所构成的系统,可测量并显示生产线中各工位各机械设备的初始电压、电流、累计电量、无效功率、功率因数和频数等,并在本体中存储测量数据,在通信网络中进行集中监控管理,广泛应用在机械、工程设备、交通设备、医疗设备、汽车生产流水线等自动化控制领域。通过KM100系统,企业可轻松实现节能信息的获取和监控功能。

在商业模式的创新方面，欧姆龙采用赠送设备、退税提成的方式，与客户共享能源精密管理所带来的经济效益。直接销售KM100产生的利润并不高，而欧姆龙将KM100免费赠送给生产线，并通过及时监控和分析数据帮助该生产线实现节能，最后，欧姆龙按照该生产线每年节能退税总额进行提成。这样，通过免费赠送的方式鼓励生产线使用KM100，为欧姆龙带来了很大的收益。同时也帮助欧姆龙这个传统的制造企业实现了服务业务的开发和扩展。以上所描述的欧姆龙精密能源管理产品服务创新过程可以通过创新矩阵进行描述（见图8-9）。

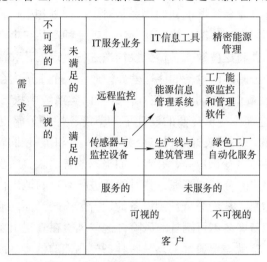

图8-9　欧姆龙精密能源管理创新矩阵

步骤1：明确客户的需求与定位。

欧姆龙将其目标客户群定为"工业机械"。在这种情况下，工业机械"已被满足的需求"与"已经提供的服务"为欧姆龙所生产的各种传感器和监控设备；工业机械"尚未被满足的需求"是远程监控；"尚未被提供的产品或服务"则是生产线与建筑管理；同时符合"有明确需求但尚未被满足的需求"但又"未被提供产品或服务"的则是工业机械的能源管理信息系统。

这几个方向是该行业竞争者均可认识到的发展方向，欧姆龙已经开展了相关的业务，同时竞争对手可能也正在甚至已经着手类似的产品和服务规划了。因此，这些产品及服务是公司的红海战略，是短期计划。

步骤2：确定情景目标。

欧姆龙提出的未来服务方向：能够帮助客户实现精益能源管理，减少工业机械能源消耗，因此，欧姆龙决定自己应朝着"精益能源管理"的目标发展，以此作为本创新矩阵的预设情景。

步骤3：寻找机会的蓝海。

欧姆龙将市场上尚未被清楚提到的商机、目标客户群尚未发现的需求定义为"精益能源管理"的目标。将顾客需求产品缺口定为"IT服务业务"，通过IT信息工具获取数据，实现对客户的服务；将消费市场的缺口定为"绿色工厂和自动化服务"，通过相关的工厂能源监控和管理软件可实现。

明确了产品的定位以及服务目标后，接下来需要做的就是寻找有效的技术手段，也就是利用数据分析技术从能耗数据中尽可能挖掘价值。

在能耗管理与监控方面，要做的第一步就是使工厂的能耗透明化。这就要求所提供的能耗数据不能像以往那样仅仅统计每一台设备在一段时间内的总能耗，而是要将能耗的构成进一步分解：

（1）每一台设备在各种工作模式下的能耗统计。通常设备有停机、待机、空载运转、工作、待料、自检等各种工作模式，在生产系统中的设备都是按照产品的生产节拍在各个模式下有规律地转换，而生产节拍的设计会对能耗产生很大的影响。据统计，生产系统中的总能耗有很大一部分（离散生产系统超过50%）其实并非用于生产，而是设备的待机、空载运转、待料等过程中的无用功消耗，了解这些消耗的构成是对生产计划和生产节拍优化的第一步。

（2）每一种产品在不同生产环节中的能耗。统计每一种产品在生产过程中的能量消耗能够增加产品成本的透明度，并将这些数据反馈到设计端进行生产工艺和流程的优化。

（3）比较执行相同任务的不同设备的能耗差异。通常一个工厂内会有生产同类产品的多条产线，而不同产线中的设备供应商也会五花八门。对同类产线中执行相同负载循环的设备能耗进行比较，就可以知道哪一些供应商的设计更加节能、控制策略更加优化。同时，这些信息也是供应商想要获得的，在对数据进行充分分析后，可将能耗排序、能耗分解和根本原因挖掘的分析结果有偿提供给这些供应商，并对他们提出改善要求，实现与供应商的共同成长。

除了对能耗进行透明化的分析与管理，并对能耗进行有目的地优化以外，还可以从能耗数据中进一步挖掘更多的信息，从而分析预测设备的运行风险与产品的质量风险。

在生产系统中，存在着许多不可测量的风险，这些风险在真正引发设备故障和次品率上升之前很难被知晓和避免，这就需要通过采集一些具备先兆性的信号加以预测。然而，由于生产系统中的设备众多，且生产环境较为复杂，对所有设备加装传感器显然是不太现实的，这就需要有一种非侵入式的监控手段，通过设备天然具备的信号进行监测。几乎对于所有设备而言，能耗信息就是设备天然具备的信号，且能够在一定程度上显示出设备衰退、质量偏移等不可测量风险的征兆。

于是欧姆龙开发了基于能耗信号对工业系统进行故障预测与健康管理的技术（PPA），通过对设备能耗信息的深度建模与信息挖掘，实现对设备早期故障和产品质量风险的预测性管理。

PPA能够对产品各个生产环节中被不同设备加工过程中的能耗信息进行采集，并在嵌入式的处理中进行自动地步骤识别和特征提取等功能，分析每一个步骤的质量风险贡献度。

这套分析系统的核心称为非嵌入式设备能耗诊断分析模块（EMPA），能耗信号输入到EMPA模块后，经过如图8-10所示的分析过程，针对固定时间固定动作、动态时间固定动作以及动态时间动态动作等不同设备属性开发了相应的分析模块。其分析步骤大致可以分解为以下几部分：

步骤1：分析模块读取传感器读入的原始数据，并对原始数据按照负载循环进行自动识别和分割。数据分割可以按照信号周期性出现的特征，比如功率的峰值、零交点等。对于工业生产系统而言，由于设备一直在不停地生产同样的产品，每一个负载循环的功率和能耗曲线应该有很大的相似性，因此可以根据这些曲线中的相似点进行数据分割。

步骤2：对在步骤1中进行分割后的信号进行特征提取，将原始数据投射到特征空间。特征提取是指从传感器信号中提取能够反映信号特性的一些量值，此方法中主要包括时域特征。信号的时域特征主要包括均值、每个步骤的总能耗、总能耗与预期值的偏差、能量最大值、均方值、峭度、偏斜度以及信号熵等。

步骤3：对提取的特征矩阵进行降维处理，目的是为了去除点特征矩阵中的冗余，在保证方差最大情况下将尽可能地去除特征之间的相关性。

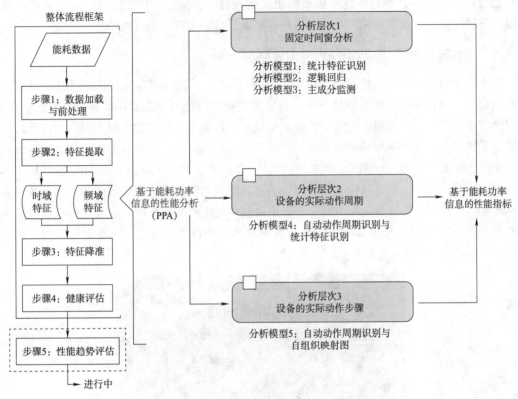

图8-10　能耗信息故障预诊系统分析流程图

步骤4：基于最新获得的信号特征矩阵，便可在步骤5中对设备的衰退状态进行估计。设备衰退状态估计主要思路是计算当前设备特征量与健康基线的重合度，从而实现对设备衰退程度的量化。

步骤5：在获得设备衰退状态信息之后便可通过强化学习的机制选择不同设备衰退状态下合适的预测模型，从而进一步预测设备特征空间的未来发展趋势。预测获得的特征量通过在预测的置信区间采样获取。

步骤6：当设备的健康值超过了控制范围，或者所预测的未来健康值在未来设置时间内超过控制范围，系统将产生相应的预警提示。

8.3　预测隐性问题——实现系统自省

制造系统中的不可见问题包括设备性能衰退、精度缺失、易耗件的磨损、工艺参数的不稳定等，所有显性问题都是隐性问题积累到一定程度后所触发的。这些问题利用一般的统计方法或单个参数的监测很难进行有效的判断，其需要更加先进的分析和建模手段，建立能够将隐性问题显性化的预测模型。在智能制造系统中，自我意识、自我预测和自我重构的功能将成为生产系统的新特征，这些新特征可以帮助用户去了解机器的健康退化、剩余可用时间、精度的缺失、质量偏移以及各类因素对质量和成本的影响。此外，机器的健康还可以通过零部件健康状况的融合和同类机器的对比来预测。这种预测能力使得工厂可以采取及时的维护措施从而提高管理效率，并最终优化机器的正常运行时间。最后，历史健康信息也可以反馈到机器设备设计部门，从而形成闭环的生命周期更新设计，最终实现无忧的生产环境。

8.3.1　能自省的"卷对卷"制造系统

自省性是指一个生产系统可以通过生产过程中所产生的数据自动挖掘出系统的运行性能、产品生产状况等信息。在现代制造业中，自省性对提高生产系统的效能起到至关重要的作用。拥有自省性的系统可以运用生产线上的控制系统来自我调节系统参数、修正误差。同时，也可以提供系统的当前生产状况、剩余寿命等帮助工作人员制订生产和机器维修计划，准备物料和人手配件，从而及时有效地解决生产系统的异常，保证产品质量，减少预测外的故障停机时间，提高生产效率。因此，开发并提高生产系统的自省性是当前现代制造系统中的一个关键任务。

这里以"卷对卷"制造流程为例，来讨论自省性对生产的重要性，以及如何有效地提升系统的自省性。"卷对卷"制程是一种高效能、低成本的连续生产方式，主要用来处理具有挠曲性质的柔性薄板/薄膜（见图8-11）。

图 8-11　卷对卷：超薄可挠式玻璃

在加工过程中，"卷对卷"制程可以结合不同的加成法或减法工序来实现如印刷、贴合、套版、镀膜等工艺。最初，"卷对卷"制程主要运用在传统印刷行业，随着技术的开发和市场竞争的日益激烈，越来越多的现代制造产业开始采用"卷对卷"制程这一高速、高产量、高灵活性、低成本的制造方式来生产大批量产品，如薄膜太阳能电池、精密电子元件（微米或纳米级）、石墨烯薄膜等高科技产品。

通常情况下，"卷对卷"制程会涉及多种从不同供应商获取的材料。这些材料本身的质量问题，如厚度（弹性模量、印花质量等）会影响整个制造系统的稳定性以及最终产品的质量。比如，对预先印花的薄膜进行套版时，控制系统会根据印花长度的反馈来改变滚轮的速度以达到套版的精确度。印花长度的异常会导致控制系统输出不稳定，并且直接影响套版的精度。另外，"卷对卷"制程通常有上百个滚轮来传递，直接或协助完成薄板/薄膜的不同加工要求。由于生产过程和薄板的连续性，任何滚轮的异常都会影响整条制造系统中产品的质量，同时由于产品质量的变化（如表面粗糙度等），会影响下游与之接触的滚轮或其他生产工具的运行性能。因此，为了保证产品质量和生产效率，"卷对卷"制程对于制造系统本身的健康状态以及上游供应商的材料/配件质量都有较高的要求。

在现代"卷对卷"生产系统中，控制系统（如速度、张力控制）、传感器（如速度、温度、张力传感器）等可以读取大量的实时系统数据，为监测系统健康状态和预估产品质量提供了基础。但是，在制造产业中，由于数据量庞大，数据类型的多样性以及数据质量的不统一性，许多企业不能很好地利用现有数据来分析系统健康和产品质量。除去数据本身的使用，传感器的安装势必也会增加生产成本。因此，需要提供合理的方法来实现以最少的传感器产生最有效的监测能力。另外，许多研究者致力于研发与应用高精度的实时测量设备来获取线上的产品质量信息，并以此来监测系统异常。这些测量设备通常要求能够快速精确地在线测量产品质量并给予反馈。但是，由于此类设备普遍受限于成本高、测量速度跟不上以及制造系统结构的限制等问题，企业往往不能大规模采用这些测量设备来获取或监控实时的产品质量信息。在实际制造生产中，"卷对卷"制造缺乏对系统及产品质量的自省性，缺失利用现有数据以及工程专业经验来监测设备异常及预估产品质量问题。

图8-12所示为一个典型的具有高速性、连续性的"卷对卷"制程。在生产线中，工程师会设计在某些关键的工序之后进行实时的质量检测，来保证产品质量并对系统中的异常进行维修。通常情况下，由于上游各个工序的偏差或异常，产品质量的变化一般会叠加。如果能利用生产线中控制系统以及周围传感器的数据来估计滚轮或者其他子系统健康状况的特征，并以此推断产品质量，就可以及时发现引发质量问题的滚轮或系统异常。比如，可以通过滚轮的速度推断薄板/薄膜的张力，并以此估计此张力对质量的影响。这些估计值可以视为从虚拟传感器或者虚拟质量测量系统中获取的数据。这种虚拟传感器和测量系统设想可以大大提高系统对自身健康状况和产品质量的自省性，并且不需要增加额外的传感器，以此降低生产成本。

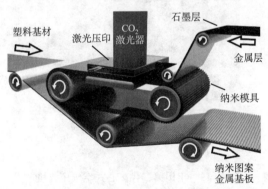

图8-12 高速"卷对卷"制程

针对以上的问题和虚拟传感器/虚拟测量系统的设想，为拥有"卷对卷"制程的企业提供了一个结合物理模型以及数据挖掘的方法来建立虚拟传感器和虚拟监测系统。可以将整个"卷对卷"制程根据需要分成多个子系统，并利用系统所涉及的物理模型和线上所采集的数据来建立一个多节模型来增加该系统的自省性，让系统可以自我认知各个子系统中生产设备的衰退状况和产品质量。

8.3.2 大数据建模实现的智能压缩机控制

以丰田为代表的日本汽车制造企业是精益制造的典范实践公司，在生产过程管理和设备使用维护方面具有严格的执行规范和持续改进的文化机制，并且在生产流程监控和质量管理方面使用了大量的统计工具，确保在质量发生偏差时能够及时地进行纠正。这些方法在使用初期很快显示出了其巨大价值，使产品质量和生产过程中的浪费得到了极大的改善，也帮助日本汽车在 20 世纪 70 年代迅速在美国市场占据了半壁江山。

然而，在精益制造推行到一定程度之后，这些企业开始发现提升的空间越来越小，一些设备的停机和产品的质量问题无论如何进行持续改善都无法完全消除，即使严格按照操作规范、每天对设备进行点检、定期对设备进行预防性维护，依然避免不了设备故障停机的现象。这是因为精益管理所解决的只是可见的问题和浪费，在问题发生时及时地发现和解决，却无法去预测和管理不可见因素造成的影响。于是，企业纷纷意识到大型制造系统及设备需要更好地应对动态的、变化的生产环境和客户需求，将固有的静态六西格玛管理模型改进为动态预测模型，从而将简单的生产制造偏差评估转化为预测型衰退评估，继而开发了可大规模应用的在线预测分析工具。

以丰田公司的空气压缩机（见图 8-13）智能化升级为例，空气压缩机的控制根据压缩气体的流量、体积、压力、压缩比等参数，具有很强的动态性和非线性特点。空气压缩机的控制需要解决的一个难题就是规避"喘振现象"，即如果控制参数距离喘振边界太近（低流量、高压力状态下），压缩机的剧烈震动会造成严重的设备损坏；而如果距离喘振边界太远，则会大大影响压缩机的工作效率，造成能耗的浪费。改进离心空气压缩机喘振现象从而规避控制的准确度和效率，其核心是准确地定位系统的喘振边界，为入口导流叶片设计反馈控制，在避免压缩机激流现象发生的同时尽可能靠近最佳效率区间。

图 8-13 丰田第二代离心式空气压缩机

然而，由于许多变量都与产生激流现象有关，激流曲线的确切位置很难被准确定位，因此在实际操作过程中大多选择保守的做法，使空气压缩机的运行参数尽量远离激流曲线，但这会造成压缩机能耗的增加。为了有效地解决这个问题，丰田公司引入数据驱动建模方法，采集在激流和非激流状态下的各类控制和监控参数，将复杂多维的数据在保留最大方差的基础上进行了降维。随后，利用算法对激流和非激流状态的数据主成分建立分类模型。分类模型的边界确保激流和非激流状态参数之间的距离最远，因此可以作为最佳激流曲线的边界。

最终，通过验证的预测分析工具被集成到了压缩机的控制系统中，实现了具有在线激流监控和优化控制能力的智能压缩机设备，使设备再也没有发生过由于喘振现象引起的故障和停机。

8.3.3 智能机器人健康管理系统

日产公司在生产线上大量使用工业机器人从事喷漆、点焊、搬运等重复工作后，随着机器人数量和使用时间的上升，由于机器人故障造成的停机事件频率不断发生。为了避免由于故障造成的停产损失，公司从2010年开始在工业机器人的健康管理方面引入了预测分析模型。

日产公司的工业机器人中有相当一部分是六轴机械臂（见图8-14），任何一个轴发生故障都会造成机械臂的停机，是造成设备停机的最重要因素。由于工业机器人的数量庞大，且生产环境十分复杂，因此不适合安装外部传感器，而是使用控制器内的监控参数对其健康进行分析。从控制器中获得信号的采样频率较低，因此针对一些高频采样或波形信号的特征提取方法将不再适用，取而代之的是按照每一个动作循环提取固定的信号统计特征，如RMS、方差、极值、峭度值和特定位置的负载值等。

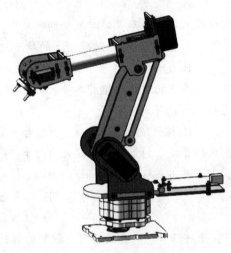

图8-14　六轴机械臂

在健康评估方面，所面临的最大挑战是设备运行工况的复杂和设备多样性问题，因此，采用同类对比方法消除由于工况多样性造成的建模困难，通过直接对比相似设备在执行相似动作时信号特征的相似程度找到利群点，作为判断早期故障的依据。

例如，健康分析流程及方法如下：

关键部件选择→数据采集→信号处理与特征提取→健康建模→故障诊断

在对机械手臂的健康状态进行定量化分析之后，对分析结果进行网络化的内容管理，建立"虚拟工厂"的机器人健康预测分析在线监控系统：

从机器人控制器内采集数据→在数据平台中存储和管理→将数据转化为机器人的健康信息→生产与维护计划排程

在"虚拟工厂"中，管理者可以从生产系统级、产线级、工站级、单机级和关机部件级对设备状态进行垂直立体化的管理，根据设备的实时状态进行维护计划和生产计划的调度。该系统还能够每天生成一份健康报告，对生产线上所有设备的健康状态进行排序和统计分析，向设备管理人员提供每一台设备的健康风险状态和主要风险部位。这样，在日常的点检中就可以做到详略得当，既不放过任何一个风险点，也尽可能避免了不必要的检查和维护工作，实现了从预防式维护到预测式维护的转变。

作业

1. 所谓（　　），是指完成焊接但未涂装之前的车身，不包括四门两盖等运动件，其质量问题，主要是空间尺寸的波动。
   A. 白车身　　　　　B. 车壳　　　　　C. 光车身　　　　　D. 机箱

2. 一个车身装配线正常有1 500~2 000个定位夹具和4 000个焊接点，装配过程中如果任何部件有误差值，会传递给装配站，最后（　　）于车身中。
   A. 暴露　　　　　　B. 纠正　　　　　C. 消失　　　　　　D. 累积

3. 20世纪80年代后期，应用内嵌式光学测量机，从每个车身装配过程中可以获得一大堆测量数据，这些巨大的测量数据（　　）充分应用于降低车身装配波动。
   A. 不知可否　　　　B. 并不能够　　　C. 完全可以　　　　D. 通常可以

4. 一批研究学者和工程师投入在减小车身装配波动的研究中，努力使车身所有关键尺寸质量的六西格玛值均小于（　　），实现了当时理论上的精度控制极限值。
   A. 6 mm　　　　　B. 6 cm　　　　　C. 2 mm　　　　　D. 2 cm

5. 许多工作站装配组件，许多装配组件又组成车身装配过程装配线，全部零件或者组件通过所有生产线之后完成，这就是（　　）。
   A. 产品流　　　　　B. 组件流　　　　C. 生产流　　　　　D. 组织流

6. 通常一个大型生产系统拥有数十到上百台机器来同时生产一种或者多种产品，做出维护决策需要考虑很多因素，有当前机器状态、维护排程、（　　）、系统构造、维护费用等。
   A. 产品生命周期　　　　　　　　　　B. 技术进化周期
   C. 设备生命周期　　　　　　　　　　D. 机器衰退周期

7. （　　）被定义为：在生产过程中，一台设备可以被策略性地停下来以进行维护或修理的最长时间，在这个时间窗口内的维护任务可以完成并且不对系统的总产量造成任何影响。
   A. 设备维修排程　　　　　　　　　　B. 维护机会窗口
   C. 设备管理方法　　　　　　　　　　D. 设备组织措施

8. （　　）机会窗口是指，机器在生产过程中被有目的性地关闭，并通过协调机器附近的缓冲从而达到理想的生产速度。
   A. 灵活维护　　　　B. 标准保养　　　C. 主动维护　　　　D. 被动维护

9. 在制造系统和商业环境变得日益复杂的今天，利用（　　）去推动智能制造，解决问题和积累知识是更加高效和便捷的方式。
   A. 大数据　　　　　B. 标准化　　　　C. 信息化　　　　　D. 自动化

10. （　　）是生产系统成本中最重要的因素，无效的维修管理会带来巨额维护费用的浪费。
    A. 重制　　　　　　B. 维护　　　　　C. 更新　　　　　　D. 报废

11. 在商业电动汽车运输车队中，由于工作负载的一致性，电池的健康状态是（　　）的。
    A. 恒定不变　　　　B. 无法控制　　　C. 可以预测　　　　D. 无法预测

12. 在市区路线行使的电动车辆，其电池会有更频繁的微充电周期和放电周期，这明显地会加剧这些电池的（　　）过程。
    A. 充电　　　　　　B. 发电　　　　　C. 氧化　　　　　　D. 衰退

13. 基于大数据环境，在制造业，维护从被动地维护、预防性维修，然后演化到状态维修（监视和诊断），最后达到（　　）管理。

　　A. 报废与更换　　　　　　　　　　B. 预测与健康

　　C. 保养与修复　　　　　　　　　　D. 更新与还原

14. 在大数据环境下，管理维护方案可以定义一个新的概念，叫作基于（　　）的替换策略。

　　A. 充电　　　B. 发电　　　C. 氧化　　　D. 衰退

15. （　　）是一种先进的高自动化压力机设备，相当于多台压力机以及拆垛送料系统的集成。它采用级进冲压方式，通过多个工位同时加工成型。

　　A. 多工位压力机　　　　　　　　　B. 单工位冲压机

　　C. 拆垛送料系统　　　　　　　　　D. 级进压力机械

16. 多工位压力机的生产质量与设备的（　　）有直接联系，其冲压件的质量检测通常是在完成全部工位后才进行。

　　A. 价格水平　　B. 生产地点　　C. 健康状态　　D. 质量等级

17. 在商业模式的创新方面，欧姆龙采用赠送设备、退税提成的方式，（　　）能源精密管理所带来的经济效益。

　　A. 与客户共享　　　　　　　　　　B. 公司专享

　　C. 社会化辐射　　　　　　　　　　D. 让客户专享

18. 在明确产品的定位及服务目标后，欧姆龙公司利用（　　）技术从能耗数据中尽可能挖掘价值。

　　A. 专利保护　　B. 数据分析　　C. 先进制造　　D. 销售驱动

19. 以丰田为代表的日本汽车制造企业是精益制造的典范公司，但在精益制造推行到一定程度之后，发现提升空间越来越小。这是因为精益管理所解决的只是（　　）问题和浪费。

　　A. 可见的　　　B. 简单的　　　C. 廉价的　　　D. 不可见的

20. 工业机器人中有相当一部分是（　　），任何一个轴发生故障都会造成机械臂的停机，是造成设备停机的最重要因素。

　　A. 多轴深度仪　　　　　　　　　　B. 多轴摄像头

　　C. 三轴机械腿　　　　　　　　　　D. 六轴机械臂

研究性学习

熟悉欧姆龙智造案例，学习大数据分析方法

小组讨论：

(1) 什么是红海战略？什么是蓝海战略？

答：_____

_____

_____

_____

（2）案例：见 8.2.2 节。通过对多工位压力机的聚合信号进行分类，可以帮助人们了解整体设备的运行状态是正常或者异常，但是对聚合信号的分类很难明确地定位故障发生的工位。如果使用多分类器来分辨不同的故障模式，就需要不同故障模式的异常信号来训练多分类器（机器学习的概念）。

由于企业的生产要求和实地设备实验的限制，往往很难进行大量的故障实验来得到足够数量的数据，去支持可靠的多分类器的训练。因此，通常情况下，在得知设备异常后，维修人员需要对各个工位进行逐个排查。这会直接延长设备的维修时间，降低设备的稼动率（指设备在所能提供的时间内为了创造价值而占用的时间所占的比重）。

分析：需要"进行大量的故障实验来得到足够数量的数据，去支持可靠的多分类器的训练"，但是，"由于企业生产要求和实地设备限制，很难进行大量的故障实验来获得足够数量的数据"。课文中对此并没有给出解决方案。请依据大数据思维，小组进行头脑风暴，看有无可行的解决方案与对策，要求方案"越多越好"。请记录小组讨论的主要观点，推选代表在课堂上简单阐述你们的观点。

活动记录：_____
_____
_____
_____
_____

评分规则：若小组汇报得 5 分，则小组汇报代表得 5 分，其余同学得 4 分，依此类推。

实训评价（教师）：_____
_____

第 9 课

智能制造信息技术

学习目标

知识目标：

（1）熟悉与智能制造相关的丰富信息技术知识。

（2）熟悉物联网技术，理解"互联网+"思维。

（3）了解工业互联网，了解工业云技术。

素质目标：

（1）培养互联网和"互联网+"思维，提高个人的信息和大数据专业素养。

（2）勤于思考，善于联想，掌握学习方法，提高学习能力。

（3）体验、积累和提高智能类专业的学习素养。

能力目标：

（1）信息技术的发展日新月异，所以，要培养自己的创新能力、学习能力，以及接受新思想、学习新知识、运用新思维的能力。

（2）理解团队合作，协同作业的精神，在项目合作、团队组织中发挥作用。

（3）掌握专业知识的学习方法，培养阅读、思考与研究的能力。

重点难点：

（1）多传感器信息融合。

（2）视觉识别技术。

（3）信息技术的持续发展。

导读案例

智能制造的十大关键技术

智能制造结合先进的信息技术、电气自动化技术、人工智能（AI）技术，使用高科技智能设备从工厂生产第一线开始建造智能生产线，搭建智能生产车间，打造信息化智能工厂，开展智能管理，推进智能服务，最后，实现整个制造业价值链的智能化和创新化。

（1）智能产品。通常包括机械、电气和嵌入式软件，具有记忆、感知、计算和传输功能（见图9-1）。典型的智能产品包括智能手机、智能可穿戴设备、无人机、智能汽车、智能家电、智能售货机等，包括很多智能硬件产品。智能装备也是一种智能产品。企业应该思考如何在产品上加入智能化的单元,提升产品的附加值。

(2) 智能服务。基于传感器和物联网（IoT）,可以感知产品的状态,从而进行预防性维修维护,及时帮助客户更换备品备件,甚至可以通过了解产品运行的状态,帮助客户带来商业机会。还可以采集产品运营的大数据,辅助企业进行市场营销的决策。此外,企业通过开发面向客户服务的App,也是一种智能服务的手段,可以针对企业购买的产品提供有针对性的服务,从而锁定用户,开展服务营销。

(3) 智能装备。制造装备经历了机械装备到数控装备,正在逐步发展为智能装备（见图9-2）。智能装备具有检测功能,可以实现在机检测,从而补偿加工误差,提高加工精度,还可以对热变形进行补偿。以往一些精密装备对环境的要求很高,现在由于有了闭环的检测与补偿,可以降低对环境的要求。

图 9-1　智能标签打印机　　　　　　　图 9-2　智能装备

(4) 智能生产线。很多行业高度依赖自动化生产线,比如钢铁（见图9-3）、化工、制药、食品饮料、烟草、芯片制造、电子组装、汽车整车和零部件制造等,实现自动化的加工、装配和检测,一些机械标准件生产也应用了自动化生产线,如轴承。但是,装备制造企业目前还是以离散制造为主。很多企业的技术改造重点,就是建立自动化生产线、装配线和检测线。美国波音公司的飞机总装厂已建立了U形的脉动式总装线。自动化生产线可以分为刚性自动化生产线和柔性自动化生产线,柔性自动化生产线一般建立了缓冲。为了提高生产效率,工业机器人、吊挂系统在自动化生产线上应用越来越广泛。

图 9-3　钢铁企业

(5) 智能车间。一个车间通常有多条生产线,这些生产线要么生产相似零件或产品,要么有上下游的装配关系。要实现车间的智能化,需要对生产状况、设备状态、能源消耗、生产质量、物料消耗等信息进行实时采集和分析,进行高效排产和合理排班,显著提高设备利用率(OEE)。因此,无论什么制造行业,制造执行系统(MES)都成为企业的必然选择。

(6) 智能工厂。一个工厂通常由多个车间组成,大型企业有多个工厂。作为智能工厂,不仅生产过程应实现自动化、透明化、可视化、精益化,同时,产品检测、质量检验和分析、生产物流也应当与生产过程实现闭环集成(见图9-4)。一个工厂的多个车间之间要实现信息共享、准时配送、协同作业。一些离散制造企业也建立了类似流程制造企业那样的生产指挥中心,对整个工厂进行指挥和调度,及时发现和解决突发问题,这也是智能工厂的重要标志。智能工厂必须依赖无缝集成的信息系统支撑,主要包括 PLM、ERP、CRM、SCM 和 MES 五大核心系统。大型企业的智能工厂需要应用 ERP 系统制定多个车间的生产计划,并由 MES 系统根据各个车间的生产计划进行详细排产,MES 排产的粒度是天、小时,甚至分钟。

图 9-4 智能工厂

(7) 智能研发。离散制造企业在产品研发方面,已经应用了 CAD/CAM/CAE/CAPP/EDA 等工具软件和 PDM/PLM 系统,但是在为制造企业提供咨询服务的过程中发现,很多企业应用这些软件的水平并不高。企业要开发智能产品,需要机电软多学科的协同配合;要缩短产品研发周期,需要深入应用仿真技术,建立虚拟数字化样机,实现多学科仿真,通过仿真减少实物试验;需要贯彻标准化、系列化、模块化的思想,以支持大批量客户定制或产品个性化定制;需要将仿真技术与试验管理结合起来,以提高仿真结果的置信度。流程制造企业已开始应用 PLM 系统实现工艺管理和配方管理,LIMS(实验室信息管理系统)应用比较广泛。

(8) 智能管理。制造企业核心的运营管理系统还包括人力资产管理系统(HCM)、客户关系管理系统(CRM)、企业资产管理系统(EAM)、能源管理系统(EMS)、供应商关系管理系统(SRM)、企业门户(EP)、业务流程管理系统(BPM)等,国内企业也把办公自动化(OA)作为一个核心信息系统。为了统一管理企业的核心主数据,近年来主数据管理(MDM)也在大型企业开始部署应用。实现智能管理和智能决策,最重要的条件是基础数据准确和主要信息系统无缝集成。

(9) 智能物流(见图9-5)与供应链。制造企业内部的采购、生产、销售流程都伴随着物料的流动,因此,越来越多的制造企业在重视生产自动化的同时,也越来越重视物流自动化,自动化立体仓库、无人引导小车(AGV)、智能吊挂系统得到了广泛的应用;而在制造企业和物流企业的物流中心，智能分拣系统、堆垛机器人、自动辊道系统的应用日趋普及。WMS（仓储管理系统）和TMS（运输管理系统）也受到制造企业和物流企业的普遍关注。

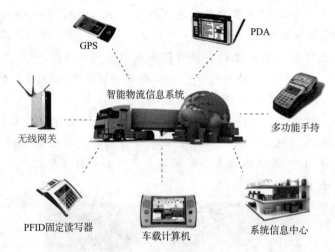

图9-5 智能物流

（10）智能决策。企业在运营过程中，产生了大量的数据。一方面是来自各个业务部门和业务系统产生的核心业务数据，比如与合同、回款、费用、库存、现金、产品、客户、投资、设备、产量、交货期等数据，这些数据一般是结构化的数据，可以进行多维度的分析和预测，这就是BI（业务智能）技术的范畴，也称为管理驾驶舱或决策支持系统。同时，企业可以应用这些数据提炼出企业的KPI，并与预设的目标进行对比，同时，对KPI进行层层分解，来对干部和员工进行考核，这就是EPM（企业绩效管理）的范畴。从技术角度来看，内存计算是BI的重要支撑。

打造中国智能制造的车间及工厂，为行业搭建共享工业云平台来分享技术、协同制造及提供智能化物流和供应链，秉承传统产业智能转型的理念，利用智能管理技术和互联网来服务行业，引领时代进步。

资料来源：根据网络资源整理

阅读上文，请思考、分析并简单记录：

（1）纵览本文所说的"智能制造十大关键技术"，其中你略知一二的有哪些？
答：_____
_____
_____
_____

（2）请浏览和审视一下自己或者周边有哪些智能产品。
答：_____
_____
_____
_____

（3）仅就这些智能制造关键技术而言，你是否感觉到在自己的职业生涯中，为求不断发展，学习和学习能力很重要？

答：_____

_____

_____

（4）请简单记述你所知道的上一周发生的国际、国内或者身边的大事。

答：_____

_____

_____

物联网和智能制造的结合，实现了数据标准的归一化，通过协议转换，使得不同品牌的设备数据以及各类不同的环境数据统一采集并上传到同一个数据库，并且能够在同一个数据库中对所有的设备运行数据和环境数据进行整体的分析。

9.1 多传感器信息融合技术

所谓多传感器信息融合，就是利用计算机技术将来自多个相同或不同类型传感器或多源的信息和数据依据一定的准则实现自动分析和综合，使目标信息更加精确、身份识别更加准确，以完成所需要的决策和估计而进行的信息处理过程（见图9-6）。

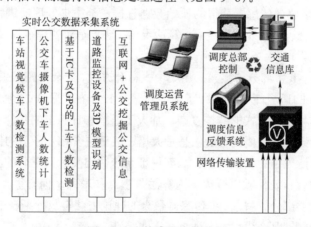

图9-6 多传感器信息融合

信息融合的本质是对多源数据信息通过相应的融合模型和算法，进行预处理、关联、估计和决策，以获取更加精确的信息，并提高信息的质量，为不同领域的应用奠定基础。信息融合应用于原始数据层的处理、特征抽象层的处理、决策层的处理等各个阶段。相应地，在不同层次融合处理的过程中，应用不同算法解决融合过程中遇到的问题。由于传感器自身性能、外部环境干扰等的影响，传感器接收的数据具有不确定性，利用多传感器进行信息融合能够将获得的不确定信息进行互补，合理地对信息进行推理和决策。

多传感信息融合是人类和许多其他生物普遍具有的一种天生能力。人类本能地具有将身体上的各种感觉器官（眼、耳、鼻、四肢）所探测获得的信息（景物、声音、气味和触觉）与先验知识进行综合分析的能力，再通过神经系统传递信息到大脑，然后多源信息在大脑完成融合，最后大脑根据一定条件和经验给出合适的应对措施，以便对周围环境和发生的事件做出事态估计。

由于人类的感官具有不同的度量特性，因而可测出不同空间范围内发生的各种物理现象。这一信息处理过程是复杂的，同时也是自适应的，它能将各种信息转化为对判断环境信息具有一定价值的解释。在此过程中，复杂的决定由大脑完成，而这些决定是以神经系统带来的能力——感知信息和发送信息为基础。大脑通常利用多个感官的输入彼此补充且互为验证，以确定正在发生的事件并做出决定。在这种情况下，由大脑整合后的信息多于不同感官输入信息的总和。实际上，传感器融合也起到类似的作用，通过整合来自多个传感器的输入，实现更加准确和可靠的感应以及更高水平的识别。

多传感器信息融合实际上是对人脑的复杂信息处理功能的一种仿真模拟，通过把多个传感器获得的信息按照一定的规则进行组合、归纳、推断、决策，以得到对观测对象的一致性解释和描述。

9.1.1 技术体系架构

根据数据处理方法的不同，多传感器信息融合系统的体系结构有三种：分布式、集中式和混合式。

（1）分布式结构：先对各个独立传感器所获得的原始数据进行局部处理，再将结果送入信息融合中心进行智能优化组合来获得最终的结果。分布式系统对通信带宽的要求低，计算速度快，可靠性和延续性好，但跟踪精度没有集中式高。

（2）集中式结构：将各传感器获得的原始数据直接送至中央处理器进行融合处理。集中式系统可以实现实时融合，数据处理精度高，算法灵活，缺点是对处理器的要求高，可靠性较低，数据量大，故难于实现。

（3）混合式结构：其中部分传感器采用集中式融合方式，其余传感器采用分布式融合方式。混合式系统具有较强的适应能力，兼顾了集中式融合和分布式融合的优点，稳定性强。混合式系统的结构比前两种融合方式的结构复杂，加大了通信和计算上的代价。

多传感器的使用会导致需要处理的信息量大增，甚至包含相互矛盾的信息。如何保证系统快速地处理数据，过滤无用、错误信息，从而保证系统做出及时、正确的决策十分关键。

多传感器信息融合软硬件难以分离，但算法是重点和难点，拥有很高的技术壁垒，因此，算法占据价值链的主要部分。目前，多传感器融合的理论方法有贝叶斯准则法、卡尔曼滤波法、D-S证据理论法、模糊集理论法、人工神经网络法等。

9.1.2 技术的发展趋势

人工智能技术非常适合应用于信息融合。神经网络、专家系统、粗糙集理论、支持向量机等方法在数据处理、数据关联、目标判别、信息融合过程中的应用已取得了一定的理论成果，但与实际应用问题结合时会面临一些难题，例如，在研究面向功能的拓扑模型或基于知识的系统测试和评定的方法、标准等问题时。另外，如何利用集成的计算智能方法，如模糊逻辑+

神经网络、模糊逻辑＋进化计算、神经网络＋进化计算、小波变换＋神经网络等，提高多传感器融合的性能是值得深入研究的课题。

9.1.3 多传感器信息的应用

自动驾驶离不开环境感知层、控制层和执行层的相互配合。摄像头、雷达等传感器获取图像、距离、速度等信息，扮演着眼睛、耳朵的角色；控制模块分析处理信息，并进行判断、下达指令，扮演着大脑的角色；车身各部件负责执行指令，扮演着手脚的角色；而环境感知是这一切的基础。因此，传感器对于自动驾驶不可或缺。传感器是汽车感知周围环境的硬件基础。如图9-7所示，多数汽车的自动化系统或ADAS（高级驾驶辅助系统）都依赖于三类传感器的融合来进行环境感知，分别是毫米波雷达、激光雷达和摄像头。

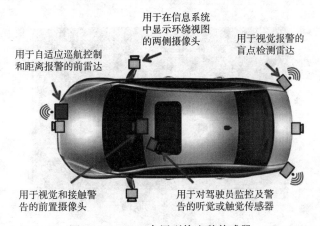

图9-7　ADAS中用到的多种传感器

在环境感知能力上，每一种传感器都有独特的优势和弱点。例如，毫米波雷达可在低能见度情况下完成测距，受天气影响小，且探测距离较远；而摄像头有更高的分辨率，能够感知颜色，但受强光影响较大；激光雷达能够提供三维尺度感知信息，对环境的重构能力更强，但高性能激光雷达的量产和成本问题仍是实现多传感器融合技术方案，乃至完全自动驾驶的障碍之一。在这种前提下，只有几种传感器的融合才能提供车辆周围环境的更精准的绘图信息，并达到自动驾驶的安全标准。

不同传感器的原理、功能各不相同，在不同的使用场景下可以发挥各自优势，难以互相替代。要实现自动驾驶，需要多种传感器相互配合，共同构成汽车的感知系统。多个同类或不同类传感器分别获得不同类别的信息，这些信息之间相互补充，也可能存在冗余和矛盾，而控制中心最终只能下达唯一正确的指令，这就要求控制中心必须对多个传感器所得到的信息进行融合，综合判断。可以想象的是，如果一个传感器根据所得到的信息要求汽车立即制动，而另一传感器显示可以继续安全行驶，或者一个传感器根据得到的信息要求汽车左转，而另一个传感器得到的信息要求汽车右转，在这种情况下，如果不对传感器信息进行融合，汽车就会"感到迷茫而不知所措"，最终可能导致意外的发生。因此，多传感器信息融合可显著提高系统的冗余度和容错性，从而保证决策的快速性和正确性。

9.2 物联网技术

物联网（IoT）是指通过感知设备，按照约定协议，连接物、人、系统和信息资源，实现对物理和虚拟世界的信息进行处理并做出反应的智能服务系统（见图9-8）。具体地说，就是把传感器嵌入和装备到电网、铁路、桥梁、隧道、公路、建筑、供水系统、大坝、油气管道等各种物体中，然后将"物联网"与互联网整合起来，实现人类社会与物理系统的整合。它是一种"万物沟通"，具有全面感知、可靠传送、智能处理特征的、连接物理世界的网络，可实现任何时间、任何地点及任何物体的连接，使人类可以更加精细和动态的方式管理生产和生活，达到"智慧"状态，提高资源利用率和生产率水平，改善人和自然界的关系，从而提高信息化能力。

图9-8 物联网

作为一种"物物相联的互联网"，物联网无疑消除了人与物之间的隔阂，使人与物、物与物之间的对话得以实现。物联网的概念涵盖了从终端到网络、从数据采集处理到智能控制、从应用到服务、从人到物等方方面面，涉及射频识别（RFID）装置、无线传感器网络、红外传感器、全球定位系统、互联网与移动网络、网络服务、行业应用软件等众多技术。在这些技术当中，又以底层嵌入式设备芯片开发最为关键，引领整个行业的持续发展。

9.2.1 物联网技术框架

物联网的技术体系框架包括感知层、网络层、应用层和公共技术等部分（见图9-9）。

（1）感知层：数据采集和感知主要用于采集物理世界中发生的物理事件和数据，包括各类物理量、标识、音频、视频数据。物联网的数据采集涉及传感器、射频识别、多媒体信息采集、二维码和实时定位等技术。传感器网络组网和协同信息处理技术实现传感器、射频识别等数据采集技术所获取数据的短距离传输、自组织组网，以及多个传感器对数据的协同信息处理过程。

（2）网络层：实现更加广泛的互联功能，能够把感知到的信息无障碍、高可靠、高安全地进行传送，这需要传感器网络与移动通信技术、互联网技术相融合。虽然这些技术已较成熟，基本能满足物联网的数据传输要求；但是，为了支持未来物联网新的业务特征，传统的传感器、电信网、互联网可能需要做一些优化。

（3）应用层：主要包含应用支撑平台子层和应用服务子层。其中，应用支撑平台子层用于支撑跨行业、跨应用、跨系统之间的信息协同、共享、互通等功能；应用服务子层包括智能交通、智能医疗、智能家居、智能物流、智能电力、环境监测和工业监控等行业应用。

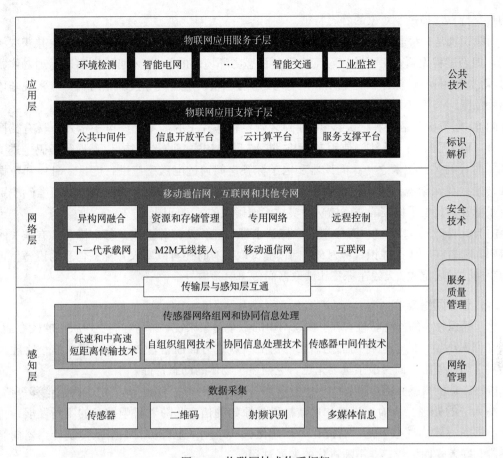

图 9-9　物联网技术体系框架

（4）公共技术：不属于物联网技术的某个特定层面，而是与物联网技术架构的三层都有关系，它包括标识解析、安全技术、网络管理和服务质量管理。

由此可见，"全面感知、可靠传送和智能处理"是物联网必须具备的三个重要特征，也是智能制造所期望的"更彻底的感知、更全面的互联互通、更深入的智能化"的核心所在。

9.2.2　物联网关键技术

物联网作为当今信息科学与计算机网络领域的研究热点，其关键技术具有跨学科交叉、多技术融合等特点，每项关键技术都亟待突破。国际电信联盟报告提出物联网主要有四个关键性应用技术：标签事物的射频识别技术（RFID）、感知事物的传感器网络技术、思考事物的智能技术、微缩事物的纳米技术。

物联网关键技术可以从硬件技术和软件技术两方面来考虑：硬件技术包括射频识别（RFID）、无线传感器网络（WSN）、智能嵌入式及纳米技术。软件技术包括信息处理技术、自组织管理技术、安全技术。

物联网的重要特点之一就是使物体与物体之间实现信息交换，每个物体都是一个对象，因此物联网的硬件关键技术必须能够反映每个对象的特点。

1. 射频识别（RFID）技术

RFID 技术利用无线射频信号识别目标对象并读取该对象的相关信息，这些信息反映了对象的自身特点，描述了对象的静态特征。

射频识别是一种非接触式的自动识别技术，它通过射频信号自动识别目标对象并获取相关数据，识别过程无须人工干预，可工作于各种恶劣环境。RFID 技术可识别高速运动物体并可同时识别多个标签，操作快捷方便。RFID 技术与互联网、通信等技术相结合，可实现全球范围内物品跟踪与信息共享。

RFID 电子标签是一种把天线和 IG 封装到塑料基片上的新型无源电子卡片，具有数据存储量大、无线无源、小巧轻便、使用寿命长、防水、防磁和安全防伪等特点，是取代条码走进"物联网"时代的关键技术之一。阅读器和电子标签之间通过电磁感应进行能量、时序和数据的无线传输。在阅读器天线的可识别范围内，可能会同时出现多张电子标签。如何准确识别每张电子标签，是电子标签的防碰撞防冲突技术要解决的关键问题。

RFID 由标签、阅读器、天线组成。标签由耦合元件及芯片组成，每个标签具有唯一的电子编码，附着在物体上标识目标对象；阅读器读取（有时还可以写入）标签信息的设备，再设计为手持式或固定式；天线在标签和读取器间传递射频信号。

2. 传感器网络技术

除了标识物体的静态特征，对于物联网中的每个对象来说，探测它们物理状态的改变能力，记录它们在环境中的动态特征都是需要考虑的。就这方面而言，传感器网络在缩小物理和虚拟世界之间的差距方面扮演了重要角色，它描述了物体的动态特征。

传感器是机器感知物质世界的"感觉器官"，可以感知热、力、光、电、声、位移等信号，为网络系统的处理、传输、分析和反馈提供最原始的信息。随着科学技术的不断发展，传统的传感器正逐步实现微型化、智能化、信息化、网络化，正经历着一个从传统传感器向智能传感器和嵌入式网络传感器不断进化的发展过程。

无线传感器网络是集分布式信息采集、信息传输和信息处理技术于一体的网络信息系统，以其低成本、微型化、低功耗和灵活的组网方式、铺设方式及适合移动目标等特点受到广泛重视，是关系国民经济发展和国家安全的重要技术。物联网正是通过遍布在各个角落和物体上的传感器以及由它们组成的无线传感器网络，来最终感知整个物质世界的。传感器网络节点的基本组成包括如下基本单元：传感单元（由传感器和模数转换功能模块组成）、处理单元（包括 CPU、存储器、嵌入式操作系统等）、通信单元（由无线通信模块组成）及电源。此外，可以选择的其他功能单元包括：定位系统、移动系统及电源自供电系统等。

在传感器网络中，节点可以通过飞机布撒或人工布置等方式，大量部署在被感知对象内部或者附近。这些节点通过自组织方式构成无线网络，以协作的方式实时感知、采集和处理网络覆盖区域中的信息，并通过网络将数据经节点（接收发送器）链路将整个区域内的信息传送到远程控制管理中心。另一方面，远程控制管理中心也可以对网络节点进行实时控制和操纵。

3. 智能技术

智能技术通过把物联网中每个独立节点植入嵌入式芯片后，比普通节点具有更强大的智能处理能力和数据传输能力，每个节点可以通过智能嵌入技术对外部消息（刺激）进行处理并反应。同时，带有智能嵌入技术的节点可以使整个网络的处理能力分配到网络的边缘，增加了网络的弹性。

智能技术也是物联网的关键技术之一。主要的研究内容和方向包括:

(1) 人工智能理论研究智能信息获取的形式化方法、海量信息处理的理论和方法、网络环境下信息的开发与利用方法、机器学习。

(2) 先进的人机交互技术与系统声音、图形、图像、文字及语言处理,虚拟现实技术与系统,多媒体技术。

(3) 智能控制技术与系统物联网就是要给物体赋予智能,可以实现人与物体的沟通和对话,甚至实现物体与物体相互间的沟通和对话。为了实现这样的目标,必须要对智能控制技术与系统实现进行研究。例如,研究如何控制智能服务机器人完成既定任务(运动轨迹控制、准确的定位和跟踪目标等)。

(4) 智能信号处理信息特征识别和融合技术、地球物理信号处理与识别。

4. 纳米技术

纳米技术主要研究结构尺寸在 0.1~100 nm 范围内材料的性质和应用。纳米技术和微型化的进步意味着越来越小的物体将有能力相互作用和连接以及有效封装。电子技术的趋势要求元器件和系统更小、响应速度要快、单个元器件功耗要小。

5. 软硬件技术

物联网的软件技术用于控制底层网络分布硬件的工作方式和工作行为,为各种算法、协议的设计提供可靠的操作平台。在此基础上。方便用户有效管理物联网,实现物联网的信息处理、安全进行、服务质量优化等功能,降低物联网面向用户的使用复杂度。物联网软件分层体系结构如图 9-10 所示。

物联网硬件技术是嵌入式硬件平台设计的基础。板级支持包相当于硬件抽象层,位于嵌入式硬件平台之上,用于分离硬件,为系统提供统一的硬件接口。系统内核负责进程的调度与分配,设备驱动程序负责对硬件设备进行驱动,它们共同为数据控制层提供接口。数据控制层实现软件支撑技术和通信协议栈,并负责协调数据的发送与接收。应用软件程序需要根据数据控制层提供的接口以及相关全局变量进行设计。物联网软件技术描述整个网络应用的任务和所需要的服务;同时,通过软件设计提供操作平台供用户对网络进行管理,并对评估环境进行验证。物联网软件框架结构如图 9-11 所示。

图 9-10 物联网软件分层体系结构

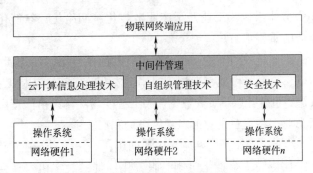

图 9-11 物联网软件框架结构

框架结构网络中每个节点通过中间件的衔接传递服务。中间件中的云计算信息处理技术、自组织管理技术、安全技术逻辑上存在于网络层,但物理上存在于节点内部,在网络内协调任务管理及资源分配，执行多种服务之间的相互操作。

物联网的开展步骤如下：

（1）对物体属性进行标识，属性包括静态和动态的属性。静态属性可以直接存储在标签中，动态属性需要先由传感器实时探测。

（2）需要识别设备完成对物体属性的读取，并将信息转换为适合网络传输的数据格式。

（3）将物体的信息通过网络传输到信息处理中心，由此完成物体通信的相关计算。

9.3 工业互联网

智能制造的实现主要依托两方面的基础能力：一个是工业制造技术，包括先进装备、先进材料和先进工艺等，这是决定制造边界与制造能力的根本；另一个就是工业互联网（见图 9-12），即基于物联网、云计算、大数据、人工智能等新一代信息技术，充分发挥工业装备、工艺和材料潜能，提高生产效率、优化资源配置效率、创造差异化产品和实现服务增值。

图 9-12　工业互联网

9.3.1　工业互联网定义

工业互联网是实现智能制造的使能技术，为智能制造提供了关键的共性基础设施，为其他产业的智能化发展提供了重要支撑。

工业互联网是新一代信息通信技术与工业经济深度融合的新型基础设施、应用模式和工业生态，通过对人、机、物、系统等的全面连接，构建起覆盖全产业链、全价值链的全新制造和服务体系，为工业乃至产业数字化、网络化、智能化发展提供了实现途径，是第四次工业革命的重要基石。

工业互联网不是互联网在工业的简单应用，而是具有更为丰富的内涵和外延。它以网络为基础、平台为中枢、数据为要素、安全为保障，既是工业数字化、网络化、智能化转型的基础设施，也是互联网、大数据、人工智能与实体经济深度融合的应用模式，同时也是一种新业态、新产业，将重塑企业形态、供应链和产业链。

当前，工业互联网融合应用向国民经济重点行业广泛拓展，形成平台化设计、智能化制造、网络化协同、个性化定制、服务化延伸、数字化管理六大新模式，赋能、赋智、赋值作用不断显现，有力地促进了实体经济提质、增效、降本、绿色、安全发展。

9.3.2 工业互联网构成

工业互联网包含网络、平台、数据、安全四大体系。

（1）网络体系是基础。工业互联网网络体系包括网络互联、数据互通和标识解析三部分。网络互联实现要素之间的数据传输，包括企业外网、企业内网。典型技术包括传统的工业总线、工业以太网以及创新的时间敏感网络（为标准以太网增加确定性和可靠性，确保以太网能够为关键数据的传输提供稳定一致的服务级别）、确定性网络（在一个网络域内给承载的业务提供确定性业务保证）、5G 等技术。

企业外网根据工业高性能、高可靠、高灵活、高安全网络需求进行建设，用于连接企业各地机构、上下游企业、用户和产品。企业内网用于连接企业内人员、机器、材料、环境、系统，主要包含信息网络和控制网络。

（2）平台体系是中枢。工业互联网平台体系包括边缘层、IaaS、PaaS 和 SaaS 四个层级，相当于工业互联网的"操作系统"，有四个主要作用：

- 数据汇聚：网络层面采集的多源、异构、海量数据，传输至工业互联网平台，为深度分析和应用提供基础。
- 建模分析：提供大数据、人工智能分析的算法模型和物理、化学等各类仿真工具，结合数字孪生、工业智能等技术，对海量数据挖掘分析，实现数据驱动的科学决策和智能应用。
- 知识复用：将工业经验知识转化为平台上的模型库、知识库，并通过工业微服务组件方式，方便二次开发和重复调用，加速共性能力沉淀和普及。
- 应用创新：面向研发设计、设备管理、企业运营、资源调度等场景，提供各类工业APP、云化软件，帮助企业提质增效。

（3）数据体系是要素。工业互联网数据有三个特性：

- 重要性：数据是实现数字化、网络化、智能化的基础，没有数据的采集、流通、汇聚、计算、分析，各类新模式就是无源之水，数字化转型也就成为无本之木。
- 专业性：工业互联网数据的价值在于分析利用，分析利用的途径必须依赖行业知识和工业机理。制造业千行百业、千差万别，每个模型、算法背后都需要长期积累和专业队伍，只有深耕细作才能发挥数据价值。
- 复杂性：工业互联网运用的数据来源于"研产供销服"各环节，"人机料法环"各要素，ERP、MES、PLC 等各系统，维度和复杂度远超消费互联网，面临采集困难、格式各异、分析复杂等挑战。

（4）安全体系是保障。工业互联网安全体系涉及设备、控制、网络、平台、工业 App、数据等多方面网络安全问题，其核心任务就是要通过监测预警、应急响应、检测评估、功能测试等手段确保工业互联网健康有序发展。

与传统互联网安全相比，工业互联网安全具有三大特点：

- 涉及范围广：工业互联网打破了传统工业相对封闭可信的环境，网络攻击可直达生产一线。联网设备的爆发式增长和工业互联网平台的广泛应用，使网络攻击面持续扩大。
- 造成影响大：工业互联网涵盖制造业、能源等实体经济领域，一旦发生网络攻击、破坏行为，安全事件影响严重。
- 企业防护基础弱：当前广大工业企业安全意识、防护能力仍然薄弱，整体安全保障能力有待进一步提升。

与消费互联网相比,工业互联网有着诸多本质不同:

- 连接对象不同:消费互联网主要连接人,场景相对简单。工业互联网连接人、机、物、系统以及全产业链、全价值链,连接数量远超消费互联网,场景更为复杂。
- 技术要求不同:工业互联网直接涉及工业生产,要求传输网络的可靠性更高、安全性更强、时延更低。
- 用户属性不同:消费互联网面向大众用户,用户共性需求强,但专业化程度相对较低。工业互联网面向千行百业,必须与各行业各领域技术、知识、经验、痛点紧密结合。

上述特点决定了工业互联网的多元性、专业性、复杂性更为突出。

9.3.3 工业互联网典型模式

工业互联网融合应用推动了一批新模式、新业态孕育兴起,提质、增效、降本、绿色、安全发展成效显著,初步形成了平台化设计、智能化制造、网络化协同、个性化定制、服务化延伸、数字化管理六大类典型应用模式。

(1)平台化设计:依托工业互联网平台,汇聚人员、算法、模型、任务等设计资源,实现高水平、高效率的轻量化设计、并行设计、敏捷设计、交互设计和基于模型的设计,变革传统设计方式,提升研发质量和效率。

(2)智能化制造:互联网、大数据、人工智能等新一代信息技术在制造业领域加速创新应用,实现材料、设备、产品等生产要素与用户之间的在线连接和实时交互,逐步实现机器代替人生产,智能化代表制造业未来发展的趋势。

(3)网络化协同:通过跨部门、跨层级、跨企业的数据互通和业务互联,推动供应链上的企业和合作伙伴共享客户、订单、设计、生产、经营等各类信息资源,实现网络化的协同设计、协同生产、协同服务,进而促进资源共享、能力交易以及业务优化配置。

(4)个性化定制:面向消费者个性化需求,通过客户需求准确获取和分析、敏捷产品开发设计、柔性智能生产、精准交付服务等,实现用户在产品全生命周期中的深度参与,是以低成本、高质量和高效率的大批量生产实现产品个性化设计、生产、销售及服务的一种制造服务模式。

(5)服务化延伸:制造与服务融合发展的新型产业形态,指的是企业从原有制造业务向价值链两端高附加值环节延伸,从以加工组装为主向"制造+服务"转型,从单纯出售产品向出售"产品+服务"转变,具体包括设备健康管理、产品远程运维、设备融资租赁、分享制造、互联网金融等。

(6)数字化管理:企业通过打通核心数据链,贯通生产制造全场景、全过程,基于数据的广泛汇聚、集成优化和价值挖掘,优化、创新乃至重塑企业战略决策、产品研发、生产制造、经营管理、市场服务等业务活动,构建数据驱动的高效运营管理新模式。

工业互联网已延伸至 40 个国民经济大类,涉及原材料、装备、消费品、电子等制造业各大领域,以及采矿、电力、建筑等实体经济重点产业,实现更大范围、更高水平、更深程度发展,形成了千姿百态的融合应用实践。

9.4 工业云技术

工业云是在云计算模式下对工业企业提供软件服务,使工业企业的社会资源实现共享化(见图9-13)。工业云的出现将大大降低制造业信息建设的门槛,有望成为中小型工业企业进行信息化建设的一个理想选择。

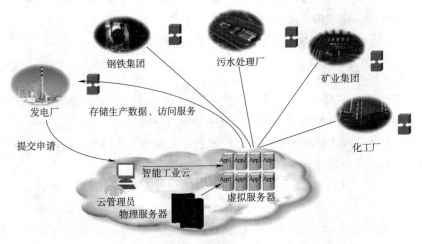

图 9-13 工业云技术

9.4.1 工业云定义

工业云是将软件和信息资源存储在"云端",用户通过"云端"分享"他人"案例、标准、经验等,还可将自己的成果上传至"云端",实现信息共享。

工业云属于行业云下的一个范畴。行业云通常包括:金融云、政府云、教育云、电信云、医疗云、云制造和工业云。

9.4.2 云技术

互联网上的应用服务一直被称为软件即服务(SaaS),而数据中心的软硬件设施就是云(Cloud)。云是广域网或者某个局域网内硬件、软件、网络等一系列资源统一在一起的一个综合称呼。

云技术可以分为云计算、云存储、云安全等。

(1) 云计算:这个概念由谷歌提出,这是一个网络应用模式。云计算包含互联网上的应用服务及在数据中心提供这些服务的软硬件设施。云计算是分布式处理、并行处理和网格计算的综合运用,是通过网络将庞大的计算处理程序自动分拆成无数个较小的子程序,再交由多台服务器进行计算,处理后回传用户的计算技术。通过云计算技术,网络服务提供者可以在数秒之内,处理数以千万计甚至亿计的信息,达到和超级计算机同样强大的网络服务能力。

(2) 云存储:这是在云计算概念上延伸和发展出来的一个概念。云计算时代可以抛弃U盘等移动设备,只需要连接网络,使用网络服务就可以新建文档,编辑内容,然后直接将文档的URL分享给他人。可以直接打开浏览器访问URL,使人们再也不用担心出现因计算机硬盘损坏而发生资料丢失的问题。

（3）云安全：它是网络时代信息安全的最新体现，融合了并行处理、网格计算、未知病毒行为判断等新兴技术和概念；通过网状的大量客户端对网络中软件行为的异常进行监测，获取互联网中木马、恶意程序的最新信息，传送到服务器端进行自动分析和处理，再把病毒和木马的解决方案分发到每一个客户端。

来自互联网的主要威胁正在由计算机病毒转向恶意程序及木马，在这种情况下，采用特征库判别法显然已经过时。应用云安全技术，识别和查杀病毒不再仅仅依靠本地硬盘中的病毒库，而是依靠庞大的网络服务，实时进行采集、分析及处理。整个互联网就是一个巨大的"杀毒软件"，参与者越多，每个参与者就越安全，整个互联网就会更安全。

9.4.3 "云"的核心

云计算系统的核心技术是并行计算，这是指同时使用多种计算资源解决计算问题的过程。通过并行计算集群完成数据的处理，再将处理的结果返回给用户。

（1）虚拟化技术：云计算最重要的关键技术之一，它为云计算服务提供基础架构层面的支撑，是信息和通信服务快速走向云计算的主要驱动力。

（2）分布式数据存储技术：将数据存储在不同的物理设备中，摆脱了硬件设备的限制，同时扩展性更好，能够更加快速、高效地处理海量数据，更好地响应用户需求的变化。

（3）大规模数据管理：云计算不仅要保证数据的存储和访问，还要能够对海量数据进行特定的检索和分析。数据管理技术必须能够高效管理大量的数据。经过大数据智能分析后，通过物联网实现实体与虚拟的有机结合。

（4）编程模式：云计算旨在通过网络把强大的服务器计算资源方便地分发到终端用户手中，同时保证高效、简捷、快速的用户体验。在这个过程中，编程模式的选择至关重要。

（5）信息安全：在云计算体系中，安全涉及很多层面，包括网络安全、服务器安全、软件安全、系统安全等。

（6）云计算平台管理：需要具有高效调配大量服务器资源，使其更好协同工作的能力。能够方便地部署和开通新业务、快速发现并且恢复系统故障。通过自动化、智能化手段实现大规模系统可靠运营。

作业

1. 所谓（　　）信息融合，就是利用计算机技术将来自多个相同或不同类型传感器或多源的信息和数据依据一定的准则实现自动分析和综合。
   A. 多智能体　　　　B. 多传感器　　　　C. 网格　　　　D. 网络

2. （　　）的本质是对多源数据信息通过相应的融合模型和算法，进行预处理、关联、估计和决策，以获取更加精确的信息，并提高信息的质量，为不同领域的应用奠定基础。
   A. 多智能体　　　　B. 多传感器　　　　C. 网格处理　　　　D. 信息融合

3. 传感器接收的数据具有（　　），利用多传感器进行信息融合能够将获得的不确定信息进行互补，合理地对信息进行推理和决策。
   A. 确定性　　　　B. 唯一性　　　　C. 不确定性　　　　D. 多元性

4. 多传感器信息融合实际上是对人脑复杂信息处理功能的一种（　　），通过把多个传感器获得的信息按照一定规则进行组合、归纳、推断、决策，以得到对观测对象的一致性解释和描述。

   A. 仿真模拟　　　　　B. 重复处理　　　　　C. 综合叠加　　　　　D. 简单整合

5. 在自动驾驶系统中，摄像头、雷达等传感器（　　），距离、速度等信息，扮演着眼睛、耳朵的角色。

   A. 执行指令　　　　　B. 传递参数　　　　　C. 处理信息　　　　　D. 获取图像

6. 在自动驾驶系统中，控制模块分析（　　），并进行判断、下达指令，扮演着大脑的角色。

   A. 执行指令　　　　　B. 传递参数　　　　　C. 处理信息　　　　　D. 获取图像

7. 在自动驾驶系统中，车身各部件负责（　　）执行指令，扮演着手脚的角色。

   A. 执行指令　　　　　B. 传递参数　　　　　C. 处理信息　　　　　D. 获取图像

8. 物联网（　　）是指通过感知设备，按照约定协议，连接物、人、系统和信息资源，实现对物理和虚拟世界的信息进行处理并做出反应的智能服务系统。

   A. APP　　　　　　　B. IoT　　　　　　　C. CPS　　　　　　　D. DIY

9. 物联网作为"（　　）的互联网"，具有全面感知、可靠传送、智能处理特征的、连接物理世界的网络，可实现任何时间、任何地点及任何物体的连接。

   A. 网网连接　　　　　B. 社交沟通　　　　　C. 物物相连　　　　　D. 人物相连

10. 物联网的技术体系框架包括（　　）和公共技术等部分。

    ① 感知层　　　　　　② 网络层　　　　　　③ 图像层　　　　　　④ 应用层

    A. ②③④　　　　　　B. ①②③　　　　　　C. ①③④　　　　　　D. ①②④

11. 物联网硬件关键技术包括射频识别（　　）、无线传感器网络、智能嵌入式及纳米技术。软件技术包括信息处理技术、自组织管理技术、安全技术。

    A. RFID　　　　　　　B. CCED　　　　　　C. WSN　　　　　　　D. LED

12. （　　）是机器感知物质世界的"感觉器官"，可以感知热、力、光、电、声、位移等信号，为网络系统的处理、传输、分析和反馈提供最原始的信息。

    A. 集线器　　　　　　B. 传感器　　　　　　C. 路由器　　　　　　D. 服务器

13. 工业互联网是实现智能制造的（　　）技术，为智能制造提供了关键的共性基础设施，为其他产业的智能化发展提供了重要支撑。

    A. 连接　　　　　　　B. 增值　　　　　　　C. 使能　　　　　　　D. 加工

14. 工业互联网是新一代信息通信技术与工业经济深度融合的新型（　　）、应用模式和工业生态。

    A. 连接网管　　　　　B. 关键工具　　　　　C. 综合应用　　　　　D. 基础设施

15. 工业互联网包含网络、（　　）四大体系。

    ① 平台　　　　　　　② 规则　　　　　　　③ 数据　　　　　　　④ 安全

    A. ①③④　　　　　　B. ①②③　　　　　　C. ①②④　　　　　　D. ②③④

16. （　　）初步形成了平台化设计、智能化制造、网络化协同、个性化定制、服务化延伸、数字化管理六大类典型应用模式。

    A. 社交因特网　　　　　　　　　　　　　　B. 互联网+
    C. 工业互联网　　　　　　　　　　　　　　D. 企业信息网

17. （　　）是将软件和信息资源存储在"云端"，用户通过"云端"分享"他人"案例、标准、经验等，还可将自己的成果上传至"云端"，实现信息共享。

A. 网络化　　　　B. 网格化　　　　C. 工业网　　　　D. 工业云

18. （　）是广域网或者某个局域网内硬件、软件、网络等一系列资源统一在一起的一个综合称呼。

    A. 架构　　　　B. 云　　　　　　C. 集合　　　　　D. 组织

19. 云技术可以分为（　）等。

    ①云显示　　　　②云存储　　　　③云安全　　　　④云计算

    A. ②③④　　　　B. ①②③　　　　C. ①②④　　　　D. ①③④

20. 云计算系统的核心技术是（　），这是指同时使用多种计算资源解决计算问题的过程。

    A. 集中整合　　　B. 线下交流　　　C. 并行计算　　　D. 分散处理

研究性学习

熟悉信息技术在智能制造中的作用

小组活动：阅读本课的【导读案例】，讨论以下题目。

(1) 熟悉传感器技术，熟悉多传感器信息融合技术。

(2) 了解物联网技术，掌握物联网技术的应用知识。

(3) 什么是工业互联网？简单描述工业互联网在智能制造中的作用。

(4) 简单描述工业云技术。讨论工业云技术的作用及其未来发展。

记录：小组讨论的主要观点，推选代表在课堂上简单阐述你们的观点。

评分规则：若小组汇报得5分，则小组汇报代表得5分，其余同学得4分，依此类推。

活动记录：_____

_____

_____

_____

实训评价（教师）：_____

_____

第 10 课

智能制造装备技术

 学习目标

知识目标：
(1) 熟悉与制造装备相关的丰富的制造装备技术知识。
(2) 熟悉机器人的定义与基本常识。
(3) 了解增材制造技术、智能检测技术和数控机床技术的常识。

素质目标：
(1) 培养机械素养和工匠精神，提高个人的劳动素养和工业素养。
(2) 勤于思考，善于联想，掌握学习方法，提高学习能力。
(3) 体验、积累和提高智能专业机械基本知识的学习素养。

能力目标：
(1) 随着人工智能时代的到来，机械装备技术的发展日新月异，所以，要培养创新能力、学习能力，以及接受新思想、学习新知识、运用新思维的能力。
(2) 理解团队合作、协同作业的精神，在项目合作、团队组织中发挥作用。
(3) 掌握专业知识的学习方法，培养阅读、思考与研究的能力。

重点难点：
(1) 机器人及其相关技术。
(2) 增材制造技术技术。
(3) 智能检测技术。

导读案例

与人协调工作的聪明机器人

今井钢铁工厂是大阪市一家接受大型厂家订单，从事钢材切割和加工（见图 10-1）的精密钣金工厂。管理工厂的 48 岁的今井先生已经是第二代掌门人了，他和负责办公室事务的妻子一起长年守着这家小规模的工厂。设计图都是手画的，大部分工作都很急，有些难以完成的订单也是家常便饭，他苦恼于技术人员严重不足。能与人协调工作、搭载了人工智能的聪明机器人帮他解决了这个烦恼。

这条"金属加工一条街"上聚集的都是从事钣金的工厂，每个工厂都有自己的熟练工人。

街上的工厂分工合作,共存发展至今。有专门从事切割、钻孔、弯折焊接等的不同工厂,为了配合交货期,某一家接到的工作由大家互相分担,这种联合作业是这条街的强项。但是曾经的盛况不在,如今这条街的金属加工业在这40年中已经锐减到只剩下原先的1/4,原因是后继无人。

图10-1 钣金加工

繁荣期时活跃着的那些熟练工都到了退休的年纪,纷纷因体力不支而离职。曾经一旦有大订单,大家就相互合作,现在"冷冷清清的,连个打招呼的人都没有。"

钣金工的技术是靠师徒关系代代相传的,新人要求教于熟练工,成为他们的徒弟。身为师傅的匠人虽然非常严格,但都是无论如何都会在自己离职前把技术全部传承给徒弟。徒弟多少都会想"偷学"师傅的技术而着迷于师傅的工作。但是,现在几乎没有人愿意成为钣金工匠人,熟练工长年累月打磨出的技术只能被人彻底忘却。熟练工也放弃了将自己技术留给后世的想法。

今井先生的工厂也不例外。工厂的内田先生是从事这一行45年的老技术骨干,特别是在金属板上钻孔的技术。他近年来也逐渐感到自己体力不好,对继续从事和以往一样的工作渐渐感到吃力,因为从年龄上说,他早就过了退休的年纪。

有一天,今井先生参加高中同学会,在那里他见到了曾经的同班同学,经营一家祖传书店的小松先生。席间小松谈道:"在工厂里使用与人合作型的机器人怎么样?我的书店正在使用机器人。机器人在店里来回走动,代替我告诉顾客书在哪里。它们很聪明,如果用得好,就相当于一个助理,很有用的。"于是,今井在小松的网上书店购买了小松推荐的机器人杂志。

回到家后,今井着迷般地读着这本杂志。杂志中写道:"从今往后,不必为机器人的动作编程了,机器人只要凭看和听就能轻松记下该做的事情。"这不正是今井想要的吗?杂志里还登载了销售机器人的企业的广告。今井先生为了能尽早用上机器人,就联系了广告上的企业。

过了几天,订购的机器人运到了今井钢铁工厂(见图10-2)。从那一天开始,今井先生和内田先生每天谆谆教导机器人金属加工方面的工作。两人作为机器人的"师傅",耐心讲解的同时,还把每天的工作展示给机器人看。

图10-2 工业机器人

一天,今井钢铁工厂来了一个金属零件加工的订单。为了做这个零件,必须加工完成金属板的弯折、切割、焊接等全部12道工序。这个订单最适合作为金属加工的学习教材,金井和内田两个人的讲解比平时更加卖力。内田技法高明地做了金属板的钻孔操作,从确定钻孔位置的"画线"工艺、固定到操作台、钻头位置的配合、钻头的插入、打好孔的金属件上毛刺的祛除,这么多的工序,内田先生都一边使用各种各样的工具,一边耐心地讲解。机器人不仅用装在眼睛里的照相机详细地观看了内田先生的操作,还用麦克风咨询内田先生,仿佛就是一个折服于师傅的技术而入迷的徒弟。

花了一周左右时间,当今井先生和内田先生将金属加工工作流程大致教授给机器人后,机器人便正式交货给了今井钢铁工厂。今井先生给这个机器人取名叫"内田君一号"。不用说,他希望这个机器人能成为内田先生的好帮手。

之后,时光流逝,内田君一号一直很活跃。它观察内田先生的动作,弄明白内田先生正在做的工作。它会在适当的时机为内田先生递上工具,挥动机器臂自动将金属板固定到操作台上,这样,内田先生只要专心做自己擅长的工作就可以了。

第二年的春天,今井钢铁工厂盼来了新人见习工田村君,他刚刚毕业于高职学校。虽然在学校已经大致学过金属加工操作的知识,但还是新手。此时的内田先生下决心退休了,他确信,内田君一号在各个方面都会成为田村君的左膀右臂。

从此,在今井钢铁工厂开始见习工作的田村君和内田君一号"二人三脚",共同协作每一天。有时今井先生会突然躲在暗处偷看田村君工作的样子。田村君正在和内田君一号执行金属钻孔操作,看起来他还不太习惯。有时候,田村君不明白下一步要做什么好,这时候内田君一号便柔声作答:"下一步要用中央穿孔机和铁锤在要钻孔的中心部位画线。中央穿孔机和铁锤已经准备在那里了。"曾经是熟练工内田先生好助理的机器人内田君一号,现在已经成为见习工田村君的好顾问了。看到这个情景,今井先生心里长舒了一口气。

对工厂经营暂时放下心来的今井先生突然想到:"按这样技术进步,将来也许会出现只要观看熟练工的工作就能再现熟练技巧的制造机器人。如果那样,我一定要试用一下,和机器人一起工作的生活没什么不好。"今井先生脑海中憧憬着未来机器人熟练工的样子。

资料来源:根据网络资源整理

阅读上文,请思考、分析并简单记录:

(1) 故事中所描绘的机器人是"与人合作型机器人"。机器人和人一起工作,你怎么看这个合作的新时代?

答:_____

_____

_____

(2) 看一下像这样的机器人工作机制:机器人从熟练工的动作(影像信息)和解说内容(语言信息)中理解一系列的操作流程。因为不但是操作方式,连操作意图也理解了,所以能够掌握操作前后的联系并教给人类。在这里,重点不是通过编程和教学,而是仅仅凭借机器人对熟练工"动作的看"和"讲解的听",就能够把操作记忆下来。你觉得这样的机器人应用场景现实吗?需要什么技术?

答:_____

_____

_____

(3) 如今,全世界范围内都在推动相关研究,旨在机器人自身能够运用熟练工那样卓越的技术来工作。请简单阐述:在机器人时代,人类工匠还有存在的必要吗?

答:_____

_____

_____

_____

(4) 请简单记述你所知道的上一周发生的国际、国内或者身边的大事。

答:_____

_____

_____

_____

智能制造装备是指具有感知、分析、推理、决策、控制功能的制造装备,它是先进制造技术、信息技术和智能技术的集成和深度融合。

重点推进高档数控机床与基础制造装备,自动化成套生产线,智能控制系统,精密和智能仪器仪表与试验设备,关键基础零部件、元器件及通用部件,智能专用装备的发展,实现生产过程自动化、智能化、精密化、绿色化,带动工业整体技术水平的提升。

10.1 制造装备概述

装备制造是处于价值链高端和产业链核心环节,并决定着整个产业链综合竞争力的关键设备的生产制造。先进装备制造具有技术密集、资金密集、附加值高、成长空间大、带动作用强等突出特点(见图10-3)。

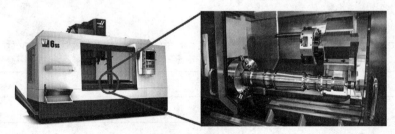

图10-3 数控机床

10.1.1 先进制造装备的范畴

2012年1月,我国国务院印发《工业转型升级规划(2011—2015年)》,在其确定的重点领域中,发展先进装备制造业被定为"重中之重"。定义的先进装备制造业范畴如下:

(1) 关键基础零部件及基础制造装备。加强铸、锻、焊、热处理和表面处理等基础工艺研究,加强工艺装备及检测能力建设,提升关键零部件质量水平。推进智能控制系统、智能仪器仪表、关键零部件、精密工模具的创新发展,建设若干行业检测试验平台。继续推进高档数控机床和基础制造装备重大科技专项实施,发展高精、高速、智能、复合、重型数控工作母机和特种加工机床、大型数控成形冲压、重型锻压、清洁高效铸造、新型焊接及热处理等基础制造装备，尽快提高我国高档数控机床和重大技术装备的技术水平。

（2）重大智能制造装备。围绕先进制造、交通、能源、环保与资源综合利用等国民经济重点领域发展需要，组织实施智能制造装备创新发展工程和应用示范，集成创新一批以智能化成形和加工成套设备、冶金及石油石化成套设备、自动化物流成套设备、智能化造纸及印刷装备等为代表的流程制造装备和离散型制造装备，实现制造过程的智能化和绿色化。加快发展焊接、搬运、装配等工业机器人，以及安防、深海作业、救援、医疗等专用机器人。

（3）节能和新能源汽车。坚持节能汽车与新能源汽车并举，进一步提高传统能源汽车节能环保和安全水平，加快纯电动汽车、插电式混合动力汽车等新能源汽车发展。组织实施节能与新能源汽车创新发展工程，通过国家科技计划（专项）有关研发工作，掌握先进内燃机、高效变速器、轻量化材料等关键技术，突破动力电池、驱动电机及管理系统等核心技术，逐步建立和完善标准体系；持续跟踪研究燃料电池汽车技术，因地制宜、适度发展替代燃料汽车。加快传统汽车升级换代，提高污染物排放标准，减少污染物排放；稳步推进节能和新能源汽车试点示范，加快充、换电设施建设，积极探索市场推广模式。完善新能源汽车准入管理，健全汽车节能管理制度。大力推动自主品牌发展，鼓励优势企业实施兼并重组，形成3～5家具有核心竞争力的大型汽车企业集团，前10强企业产业集中度达到90%。

（4）船舶及海洋工程装备。适应新的国际造船标准及规范，建立现代造船新模式，着力优化船舶产品结构，实施品牌发展战略，加快推进散货船、油船（含化学品船）、集装箱船等主流船型升级换代。全面掌握液化天然气船（见图10-4）等高技术船舶的设计建造技术，加强基础共性技术和前瞻性技术研究，完善船舶科技创新体系。提升船舶配套水平，巩固优势配套产品市场地位，提升配套产品技术水平，完

图10-4 液化天然气船舶制造

善关键设备二轮配套体系。重点突破深水装备关键技术，大力发展海洋油气矿产资源开发装备，积极推进海水淡化和综合利用以及海洋监测仪器设备产业化，打造珠三角、长三角和环渤海三大海洋工程装备产业集聚区。组织实施绿色精品船舶、船舶动力系统集成、深海资源探采装备、深海空间站等创新发展工程，全面提升绿色高效造船、信息化造船能力和本土配套能力。

（5）轨道交通装备。以满足客货运输需求和构建便捷、安全、高效的综合运输体系为导向，以快速客运网络、大运量货运通道和城市轨道交通工程建设为依托，大力发展具备节能、环保、安全优势的时速200 km等级客运机车、大轴重长编组重载货运列车、中低速磁悬浮车辆、新型城轨装备和新型服务保障装备。组织轨道交通装备关键系统攻关，加速提升关键系统和核心技术的综合能力。

（6）民用飞机。坚持军民结合、科技先行、质量第一和改革创新的原则，加快研制干线飞机、支线飞机、大中型直升机、大型灭火和水上救援飞机、航空发动机、核心设备和系统。深入推进大型飞机重大科技专项的实施，全面开展大型飞机及其配套的发动机、机载设备、关键材料和基础元器件研制，建立大型飞机研发标准和规范体系。实施支线飞机和通用航空产业创新发展工程，加快新支线飞机研制和改进改型，推进支线飞机产业化和精品化，研制新型支线飞机；

发展中高端喷气公务机，研制一批新型作业类通用飞机、多用途通用飞机、直升机、教练机、无人机及其他特种飞行器，积极发展通用航空服务。

（7）民用航天。完善我国现役运载火箭系列型谱，完成新一代运载火箭工程研制并实现首飞；实施先进上面级、多星上面级飞行演示验证；启动重型运载火箭和更大推力发动机关键技术攻关。实施月球探测、高分辨率对地观测系统等国家科技重大专项。推进国家空间基础设施建设，实施宇航产品型谱化与长寿命高可靠工程，发展新型对地观测、通信广播、新技术与科学实验卫星，不断完善应用卫星体系。进一步完善卫星地面系统建设，推进应用卫星和卫星应用由科研试验型向业务服务型转变。加强航天军民两用技术发展，拓展航天产品与服务出口市场，稳步提高卫星发射服务的国际市场份额。

（8）节能环保和安全生产装备。紧紧围绕资源节约型、环境友好型社会建设需要，依托国家节能减排重点工程和节能环保产业重点工程，加快发展节能环保和资源循环利用技术和装备。大力发展高效节能锅炉窑炉、电机及拖动设备、余热余压利用和节能监测等节能装备。重点发展大气污染防治、水污染防治、重金属污染防治、垃圾和危险废弃物处理、环境监测仪器仪表、小城镇分散型污水处理、畜禽养殖污染物资源化利用、污水处理设施运行仪器仪表等环保设备，推进重大环保装备应用示范。加快发展生活垃圾分选、填埋、焚烧发电、生物处理和垃圾资源综合利用装备。围绕"城市矿产"工程，发展高效智能拆解和分拣装置及设备。推广应用表面工程、快速熔覆成形等再制造装备。发展先进、高效、可靠的检测监控、安全避险、安全保护、个人防护、灾害监控、特种安全设施及应急救援等安全装备，发展安全、便捷的应急净水等救灾设备。

（9）能源装备。积极应用超临界、超超临界和循环流化床等先进发电技术，加大水电装备向高参数、大容量、巨型化转变。大力发展特高压等大容量、高效率先进输变电技术装备，推动智能电网关键设备的研制。推进大型先进压水堆和高温气冷堆国家科技重大专项实施，掌握百万千瓦级核电装备的核心技术。突破大规模储能技术瓶颈，提升风电并网技术和主轴轴承等关键零部件技术水平，着力发展适应我国风场特征的大功率陆地和海洋风电装备。依托国家有关示范工程，提高太阳能光电、光热转换效率，加快提升太阳能光伏电池、平板集热器及组件生产装备的制造能力。推动生物质能源装备和智能电网设备研发及产业化。掌握系统设计、压缩机、电机和变频控制系统的设计制造技术，实现油气物探、测井、钻井等重大装备及天然气液化关键设备的自主制造。

10.1.2　先进制造装备的先进性

先进装备制造中的"先进"两字，至少应包括三方面的内涵：

（1）产业先进性：即在全球设备生产体系中处于高端，具有较高的附加值和技术含量，通常指高技术设备或与新兴产业配套的设备。

（2）技术先进性：不仅包括掌握这些设备的生产技术比较困难，还包括集成此种设备时，需要比较复杂的系统方法和调试方法。

（3）管理先进性：即生产企业采用先进的管理方式方法和技术手段。

从技术角度讲，先进装备制造还包括三个特性：

（1）集群化：20世纪90年代以来，全球装备制造业的集群化趋势不断发展，即同种产业或相关产业的制造企业在空间上有机地集聚在一起，通过不断创新而赢得竞争优势。

（2）信息化：世界装备制造业正向全面信息化方向迈进，其新的发展趋势表现为技术的融合化，产品的高技术化、高附加值化、智能化和系统化。

（3）服务化：在用户产业需求进入"多样化"阶段以后，装备制造业从以"硬件（生产）"为中心向以"软件（服务）"为中心的具有综合工程能力（产品+服务）的产业转变。

10.1.3　智能机床的概念

智能机床的概念是20世纪90年代提出的。一般认为智能加工的机床（见图10-5）应该具有如下功能。

图10-5　智能机床

（1）能够感知其自身的状态和加工能力并能够进行自我标定。这些信息将以标准协议的形式存储在不同的数据库中，以便机床内部的信息流动、更新和供操作者查询。这主要用于预测机床在不同的状态下所能达到的加工精度。

（2）能够监视和优化自身的加工行为。能够发现误差并补偿误差（自校准、自诊断、自修复和自调整），使机床在最佳加工状态下完成加工。更进一步，所具有的智能组件能够预测出即将出现的故障，以提示机床需要维护和进行远程诊断。

（3）能够对所加工工件的质量进行评估。可以根据在加工过程中获得的数据或在线测量的数据估计出最终产品的精度。

（4）具有自学习的能力。能够根据加工中和加工后获得的数据（如从测量机上获得的数据）更新机床的应用模型。

10.2　机器人技术

机器人技术集中了机械工程、电子技术、计算机技术、自动控制理论及人工智能等多学科的最新研究成果，代表了机电一体化的最高成就，是当代科学技术发展最活跃的领域之一（见图10-6）。

20世纪60年代初机器人问世，发展至今已经取得了实质性的进步和成果，工业机器人技术日趋成熟，在汽车行业、机械加工行业、电子电气行业、橡胶及塑料行业、食品行业、物流、制造业等工业领域得到广泛的应用。工业机器人作为先进制造业中不可替代的重要装备和手段，已成为衡量一个国家制造业水平和科技水平的重要标志。工业机器人行业作为高端装备制造产业的重要组成部分，未来发展空间巨大。

图 10-6 人形机器人

10.2.1 机器人的定义

机器人问世已有几十年，可实现的功能不断增多。由于机器人涉及了人的概念，这就使什么是机器人成为一个难以回答的哲学问题。

美国机器人工业协会（RIA）给出的定义：机器人是一种用于移动各种材料、零件、工具或专用装置，通过可编程序动作来执行各种任务并具有编程能力的多功能机械手。

日本工业机器人协会（JIRA）给出的定义：一种带有存储器件和末端操作器的通用机械，它能够通过自动化的动作替代人类劳动。

我国科学家对机器人的定义：机器人是一种自动化的机器，所不同的是这种机器具有一些与人或生物相似的智能能力，如感知能力、规划能力、动作能力和协同能力，是一种具有高度灵活性的自动化机器。

10.2.2 工业机器人的分类

机器人从不同的角度有不同的分类方法。按应用领域分类，机器人可分为三类：

（1）产业机器人：按照服务产业不同，机器人可分为工业机器人、农业机器人、林业机器人和医疗机器人等。

（2）极限作业机器人：指应用于人们难于进入的极限环境，如核电站、宇宙空间、海底等，在这些特殊环境完成作业任务的机器人。

（3）服务型机器人：指用于非制造业并服务于人类的各种先进机器人，包括娱乐机器人、福利机器人、保安机器人等。

对工业机器人，按从低级到高级的发展程度，可分为：

（1）第一代机器人：指只能以示教—再现方式工作的工业机器人。

（2）第二代机器人：带有可感知环境装置，可通过反馈控制使其适应变化的环境。

（3）第三代机器人：即智能机器人，具有多种感知功能，可进行复杂逻辑推理、判断及决策，可在作业环境中独立行动，具有发现并自主解决问题的能力，具有高度适应性和自治能力。

（4）第四代机器人：指情感型机器人，具有人类式的情感，这是机器人发展的最高层次，也是机器人科学家的梦想。

按控制方式，可将工业机器人分为操作机器人、程序机器人、示教—再现机器人、数控机器人和智能机器人等。

（1）操作机器人：指人可在一定距离处直接操纵其进行作业的机器人。通常采用主、从方式实现对操作机器人的遥控操作。

（2）程序机器人：可按预先给定的程序、条件、位置等信息进行作业，其在工作过程中的动作顺序是固定的。

（3）示教—再现机器人：其工作原理是由人操纵机器人执行任务，并记录这些动作，机器人进行作业时按照记录的信息重复执行同样的动作。示教—再现机器人的出现标志着工业机器人广泛应用的开始，目前仍然是工业机器人控制的主流方法。

（4）数控机器人：其动作信息由计算机程序提供，数控机器人依据这一信息进行作业。

（5）智能机器人：具有触觉、力觉或简单的视觉以及能感知和理解外部环境信息的能力，或更进一步增加自适应、自学习功能，即使其工作环境发生变化，也能够成功地完成作业任务。它能按照人给的"宏指令"自选或自编程序去适应环境，并自动完成更为复杂的工作。

按臂部的运动形式可分为四种：直角坐标机器人（见图10-7）、圆柱坐标机器人（见图10-8）、球坐标机器人（见图10-9）和关节机器人（见图10-10）。

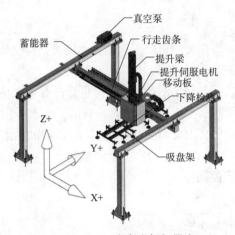

图 10-7　直角坐标机器人

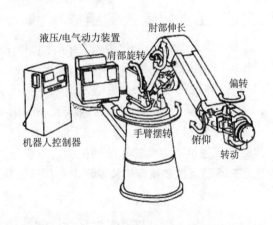

图 10-8　圆柱坐标机器人

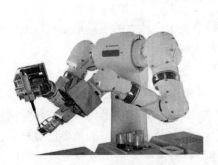

图 10-9　球坐标机器人

图 10-10　关节机器人

直角坐标机器人的臂部可沿三个直角坐标移动；圆柱坐标机器人的臂部可做升降、回转和伸缩动作；球坐标机器人的臂部能回转、俯仰和伸缩；关节机器人的臂部有多个转动关节。

按执行机构运动的控制机能，又可分点位型和连续轨迹型。点位型只控制执行机构由一点到另一点的准确定位，适用于机床上下料、点焊和一般搬运、装卸等作业；连续轨迹型可控制执行机构按给定轨迹运动，适用于连续焊接和涂装等作业（见图10-11）。

图10-11 焊接机器人

按照程序输入方式，可分为编程输入型和示教输入型。编程输入型是将计算机上已经编好的作业程序文件，通过接口或者以太网等通信方式传送到机器人控制柜。示教输入型的示教方法有两种：一种是由操作者用手动控制器（示教盒）将指令信号传给驱动系统，使执行机构按要求的动作顺序和运动轨迹操演一遍；另一种是由操作者直接领动执行机构，按要求的动作顺序和运动轨迹操演一遍。在示教同时，工作程序的信息即自动存入程序存储器中。在机器人自动工作时，控制系统从程序存储器中检出相应信息，将指令信号传给驱动机构，使执行机构再现示教的各种动作。示教输入程序的工业机器人即为示教—再现机器人。

10.2.3 工业机器人的组成

工业机器人是面向工业领域的多关节机械手或多自由度的机器人，是一类能根据存储装置中预先编制好的程序，依靠自身动力实现各种功能的自动化机器。

由图10-12可知，工业机器人是一个闭环系统，通过运动控制器、伺服驱动器、机械本体、传感器等部件完成人们需要的功能。机械本体即机座和执行机构，包括臂部、腕部和手部，有的机器人还有行走机构。大多数工业机器人有3~6个自由度，其中腕部通常有1~3个自由度。伺服驱动器包括动力装置和传动机构，使执行机构产生相应的动作。运动控制器是按照输入的程序对驱动系统和执行机构发出指令信号，并进行控制。

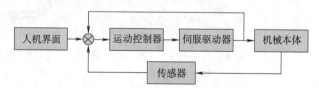

图10-12 工业机器人系统的基本组成

关节机器人一般采用关节型的机械结构，每个关节由独立的驱动电动机控制，通过计算机对驱动单元的功率放大电路进行控制，实现机器人的运动控制操作。

关节机器人由示教器、工控计算机（上位机）、运动控制器（下位机）、机器人本体等组成，通过机器人末端安装不同的操作器来实现不同的功能。示教器是人和机器人信息交互的唯一窗口，可对机器人状态进行监控及发出运动指令；工控计算机（上位机）实现对伺服电动机的控制，从而控制机械手臂运动；运动控制器（下位机）是各个关节的位姿运算单元，正解和逆解程序的执行、运行都在其中计算；机器人本体是执行机构，是实现要求功能的最直接部件。

10.2.4　工业机器人的特点

工业机器人有以下特点：

（1）可重复编程：可随工作环境变化的需要而再编程，因此在小批量、多品种具有均衡高效率的柔性制造过程中能发挥很好的功用，是柔性制造系统中的一个重要组成部分。

（2）拟人化：在机械结构上有类似人的行走、腰转、大臂、小臂、手腕、手爪等都分，由计算机控制。此外，智能化工业机器人还有许多类似人类的"生物传感器"，如皮肤型接触传感器、力传感器、负载传感器、视觉传感器、声觉传感器、语言功能等。传感器提高了工业机器人对周围环境的自适应能力。

（3）通用性：除了专用工业机器人外，一般工业机器人在执行不同的作业任务时具有较好的通用性。例如，更换工业机器人手部末端操作器（手爪、工具等）便可执行不同的作业任务。

（4）技术先进：集精密化、柔性化、智能化、网络化等先进制造技术于一体，通过对过程实施检测、控制、优化、调度、管理和决策，实现增加产量、提高质量、降低成本、减少资源消耗和环境污染，这是工业自动化水平的最高体现。

（5）技术升级：工业机器人与自动化成套装备具有精细制造、精细加工及柔性生产等技术特点，是继动力机械、计算机之后，出现的全面延伸人的体力和智力的新一代生产工具，是实现生产数字化、自动化、网络化及智能化的重要手段。

（6）应用领域广泛：工业机器人与自动化成套装备是生产过程的关键设备，可用于制造、安装、检测、物流等生产环节，并广泛应用于汽车整车及汽车零部件、工程机械、轨道交通、低压电器、电力、装备、军工、烟草、冶金等行业。

（7）技术综合性强：工业机器人与自动化成套技术，集中并融合了众多学科，涉及多项技术领域，包括微电子技术、计算机技术、机电一体化技术、工业机器人控制技术、机器人动力学及仿真、机器人构件有限元分析、激光加工技术、模块化程序设计、智能测量、建模加工一体化、工厂自动化及精细物流等先进制造技术。第三代智能机器人还具有记忆、语言理解、图像识别、推理判断等人工智能能力，技术综合性强。

10.3　增材制造技术

增材制造技术是相对于传统的机械加工等"减材制造"技术而言的，该技术基于离散/堆积原理，以粉末或丝材为原材料，采用激光、电子束等高能束进行原位冶金熔化/快速凝固或分层切割，逐层堆积叠加形成所需要的零件，也称作3D打印、直接数字化制造、快速原型等，是20世纪90年代初期涌现的一项新兴制造技术（见图10-13），是国内外竞相研究的热点。

图10-13　3D打印

10.3.1 增材制造过程

增材制造技术体系可分解为几个彼此联系的基本环节：构造三维模型、模型近似处理、切片处理、后处理等。在增材制造过程（见图10-14）中，首先对具有CAD构造的产品三维模型进行分层切片，得到各层界面的轮廓，按照这些轮廓，激光束等能源束选择性地切割一层层的纸（或树脂固化、粉末烧结等），形成各界面并逐步叠加成三维产品。由于增材制造技术把复杂的三维制造转化为一系列二维制造的叠加，因而可以在没有模具和工具的条件下，生成任意复杂的零部件，极大地提高了生产效率和制造柔性。

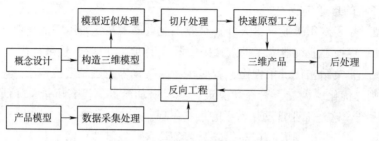

图 10-14 增材制造过程

10.3.2 增材制造工艺发展

1982年到1988年，是增材制造工艺的初期阶段。J. E. 布兰瑟申请的美国专利（关于分层制造法构成地形图）是分层制造方法的开端。1986年，迈克尔·费金研制成功分层实体制造，由于该工艺材料仅限于纸或塑料薄膜，性能一直没有提高，因而逐渐走向没落。

1988年到1920年属于快速原型技术的阶段。1988年，美国3D Systems公司推出世界上第一台商用快速原型立体光刻机SLA-1，成为现代增材制造的标志性事件。

1988年，美国Stratasys公司首次提出熔融沉积成型，也称为熔融挤出成型。工艺过程是以热塑性成型材料丝为材料，通过加热器的挤压头熔化成液体，由计算机控制挤压头沿零件的每一截面的轮廓准确运动，使熔化的热塑材料丝通过喷嘴挤出，覆盖于已建造的零件之上，并在极短的时间内迅速凝固，形成一层材料；然后挤压头沿轴向向上运动一微小距离进行下一层材料的建造，这样由底到顶逐层堆积成一个实体模型或零件。该工艺的特点是应用和维护简单、制造成本低、速度快，一般复杂程度原型仅需要几小时即可成型，且无污染。

1989年，美国德克萨斯大学奥斯汀分校提出选择性激光烧结工艺，常用的成型材料有金属、陶瓷、ABS塑料等粉末。其工艺过程是先在工作台上铺上一层粉末，在计算机控制下用激光束有选择地进行烧结，被烧结部分便固化在一起构成零件的实心部分。一层完成后再进行下一层，新一层与其上一层被牢牢地烧结在一起。全部烧结完成后，去除多余的粉末，便得到烧结成的零件。该工艺的特点是材料适应面广，不仅能制造塑料零件，还能制造陶瓷、金属、蜡等材料的零件。选择性激光烧结技术通过计算机将3D数据处理成薄层切片数据，切片图形数据再被传输给激光控制系统。激光按照切片图形数据进行图形扫描并烧结，形成产品的一层层形貌。

美国桑迪亚实验室将选择性激光烧结工艺和激光熔覆工艺相结合，提出激光工程化净成型。激光熔覆工艺是利用高能密度激光束将具有不同成分、性能的合金与基材表面快速熔化，在基材表面形成与基材具有完全不同成分和性能的合金层的快速凝固过程。激光工程化净成型工艺既保持了选择性激光烧结技术成型零件的优点,又克服了其成型零件密度低和性能差的特点。

1990年到现在为直接增材制造阶段,主要实现了金属材料的直接成型,分为激光立体成型技术和激光选区熔化工艺。

激光立体成型技术是在快速成型技术和大功率激光熔覆技术蓬勃发展的基础上,迅速发展起来的一项新的先进制造技术。该技术综合了激光技术、材料技术、计算机辅助设计、计算机辅助制造技术和数控技术等先进制造技术,通过逐层熔化、堆积金属粉末,能够直接从数据生成三维实体零件,具有无模具、短周期、近净成型、组织均匀致密、无宏观偏析等优点。这项技术尤其适用于大型复杂结构零件的整体制造,在航空航天等高技术领域具有广阔的发展前景。

激光选区熔化工艺是选择性激光烧结技术的一种升级和衍生,是直接进行金属3D打印的前沿技术之一。该工艺为将零部件CAD模型分层切片,采用预铺粉的方式,控制扫描镜带动激光束沿图形轨迹扫描选定区域的合金粉末层,使其熔化并沉积出与切片厚度一致、形状为零件某个横截面的金属薄层,直到制造出与构件CAD模型一致的金属零件。

激光选区熔化工艺的激光功率一般在数百瓦级,精度高(最高可达0.05 mm)、质量好、加工余量小,除精密的配合面之外,制造的产品一般经喷砂或抛光等后续简单处理就可直接使用,该技术烧结速度快,成型件质量精度高,适合中、小型复杂结构件的高精度整体快速制造。

2013年2月,美国麻省理工学院成功研发四维打印技术,俗称4D打印。无须打印机器就能让材料快速成型的革新技术。在原来的3D打印基础上增加第四维度——时间,可预先构建模型和时间,按照产品的设计自动变形成相应的形状,关键材料是记忆合金。四维打印具备更大的发展前景。2013年2月20日,美国康奈尔大学的研究人员利用牛耳细胞3D打印出人造耳朵。

10.3.3 增材制造的分类

"狭义"增材制造是指不同的能量源与CAD/CAM技术结合、分层累加材料的技术体系;而"广义"增材制造则是以材料累加为基本特征,以直接制造零件为目标的大范畴技术群。按照加工材料的类型和方式分类,可以分为金属成型、非金属成型、生物材料成型等(见图10-15)。

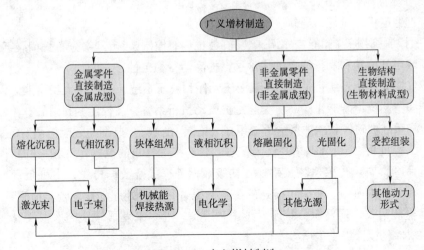

图10-15 广义增材制造

10.4 智能检测技术

传统的工程测试技术是利用传感器将被测量转换为易于观测的信息（通常为电信号），通过显示装置给出待测量的量化信息。其特点是被测量与测试系统的输出有确定的函数关系，一般为单值对应；信息的转换和处理多采用硬件处理；传感器对环境变化引起的参量变化适应性不强；多参量多维度等的新型测量要求不易满足。

智能检测包含测量、检验、信息处理、判断决策和故障诊断等多种内容，是检测设备模仿人类智能，将计算机技术、信息技术和人工智能等相结合而发展的检测技术，具有测量过程软件化、测量速度快、精度高、灵活性高，含智能反馈和控制子系统，能实现多参数检测和数据融合，智能化、功能强等特点。

10.4.1 智能检测系统组成

智能检测系统有两个信息流：一个是被测信息流；另一个是内部控制信息流。智能制造中的测控装置包括：

（1）新型传感器及其系统：新原理、新效应传感器，新材料传感器，微型化、智能化、低功耗传感器，集成化传感器（如单传感器阵列集成和多传感器集成）和无线传感器网络。

（2）智能控制系统：现场总线分散型控制系统（FCS）、大规模联合网络控制系统、高端可编程控制系统（PLC）、面向装备的嵌入式控制系统、功能安全监控系统。

（3）智能仪表：智能化温度、压力、流量、物位、热量、工业在线分析仪表、智能变频电动执行机构、智能阀门定位器和高可靠执行器。

（4）精密仪器：在线质谱 / 激光气体 / 紫外光谱 / 紫外荧光 / 近红外光谱分析系统、板材加工智能板形仪、高速自动化超声无损探伤检测仪、特种环境下蠕变疲劳性能检测设备等产品。

（5）工业机器人与专用机器人：焊接、涂装、搬运、装配等工业机器人及安防、危险作业、救援等专用机器人。

（6）精密传动装置：高速精密重载轴承，高速精密齿轮传动装置，高速精密链传动装置，高精度、高可靠性制动装置，谐波减速器，大型电液动力换挡变速器，高速、高刚度、大功率电主轴，直线电机、丝杠、导轨。

（7）伺服控制机构：高性能变频调速装置、数位伺服控制系统、网络分布式伺服系统等产品，提升重点领域电气传动和执行的自动化水平，提高运行稳定性。

（8）液气密元件及系统：高压大流量液压元件和液压系统、高转速大功率液力偶合器调速装置、智能润滑系统、智能化阀岛、智能定位气动执行系统、高性能密封装置。

智能检测系统由硬件和软件两大部分组成（见图10-16）。典型的智能检测系统由主机（包括计算机、工控机）、分机（以单片机为核心、带有标准接口的仪器）和相应的软件组成。分机根据主机命令，实现传感器测量采样、初级数据处理以及数据传送。主机负责系统的工作协调，输出对分机的命令，对分机传送的测量数据进行分析处理，输出智能检测系统的测量、控制和故障检测结果，供显示、打印、绘图和通信。近年来发展较快的虚拟仪器技术为智能检测系统的软件化设计提供了诸多方便。

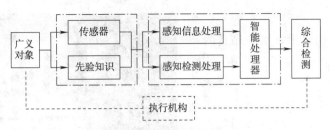

图 10-16 智能检测系统结构

10.4.2 智能视频监控技术

智能视频监控技术基于计算机视觉技术，对监控场景的视频图像内容进行分析，提取场景中的关键信息，产生高层的语义理解，并形成相应警告的监控方式。如果把摄像机当作人的眼睛，那么智能视频分析可以理解为人的大脑。智能视频监控技术往往借助于处理器芯片的强大计算功能，对视频画面中的海量数据进行高速分析，过滤用户不关心的信息，仅为监控者提供有用的关键信息；融合了图像处理、模式识别、人工智能、自动控制及计算机科学等学科领域的技术。与传统的视频监控系统相比，智能视频监控系统能从原始视频中分析挖掘有价值信息，变人工伺服为主动识别，变事后取证为事中分析，并进行报警。

10.4.3 光电检测技术

光电信息技术是将光学技术、电子技术、计算机技术及材料技术相结合而形成的。光电检测技术是光电信息技术中最主要、核心的部分，具有测量精度高、速度快、非接触、频宽与信息容量极大、信息效率极高及自动化程度高等突出的特点，已成为现代检测技术中最重要的手段和方法之一。光电检测技术主要包括光电变换技术、光信息获取与光信息测量技术、测量信息的光电处理技术、图像检测技术、光学扫描检测技术、光纤传感检测技术及系统等。

光电检测有多种形式，就媒介物质而言可分为激光、白光、蓝光等几类，而检测方法则既有利用便携式仪器进行的手动测量，又有设置在生产线中（旁）的拱门（固定）式和机器人的通用式自动化测量等几种（见图 10-17）。

把光学测量方法应用于机械加工范畴，彻底改变了传统制造业中的实验室检测设备的规划，一些经过精密加工的、高精度的表面，以及某些内部结构复杂的，或者柔性的零部件，就有了更为便捷的检测手段。同时，非接触式的光学测量方法再配合在高精度仪器上的使用，使检测效率也有了明显提高。

光电检测技术的发展趋势将主要聚焦在高精度、智能化、数字化、多元化、微型化和自动化等方面。

图 10-17 车身生产线的在线检测

10.4.4 太赫兹检测技术

太赫兹波是频率在 0.1~10 THz（波长 0.03~3 mm）的电磁波，位于微波和红外线之间。利用太赫兹波进行样品检测时，不会产生有害的光致电离，是一种有效的无损检测方法（见

图 10-18）。

太赫兹技术早期使用笨重和昂贵的系统，主要用于研发和实验中的应用，特别是天体物理学。近年来，随着科学技术的发展，太赫兹波逐渐开始被应用于工业领域，如无损检测、工业过程监测和药物的质量控制等。美国宇航局利用太赫兹无损检测成像技术成功分析了哥伦比亚号航天飞机失事中复合材料存在的缺陷。

太赫兹技术主要是太赫兹光谱技术和

图 10-18 太赫兹检测技术

太赫兹成像技术。太赫兹光谱技术主要有太赫兹时域光谱技术、时间分辨光谱技术和太赫兹发射光谱技术。太赫兹光谱包含了丰富的物理和化学信息，因此，研究太赫兹光谱对于研究基础物理相互作用具有重要的意义，可用于生物医学、质量检测、安全检查和无损检测等众多领域。

10.4.5 智能超声检测技术

超声检测主要采用脉冲反射超声波探伤仪，对被检测机械内部的缺陷进行探伤。在检测时，超声波遇到不同的介质会产生反射现象，从而检测到损伤的位置和范围。探伤仪工作时，检测头须与待检设备紧密接触，由于探头可同时接收损伤处反射的超声波，故可将超声波信号转变为电信号进行处理。

20 世纪 40 年代，英国和美国成功研制出脉冲反射式超声波探伤仪，使超声无损探伤应用于工业领域。20 世纪 60 年代，德国研制出高灵敏度及高分辨率设备，使用超声波对焊缝进行探伤，扩展了超声检测的应用；同时，使用超声相控阵检测技术（见图 10-19），将超声检测发展至超声成像领域。20 世纪 80 年代以后，无损检测结合人工智能、信息融合等先进技术，实现了复杂型面复合构件的超声扫描成像检测，使得检测更加形象具体。

图 10-19 自动超声相控阵检测技术

超声无损检测技术已得到了巨大发展，几乎被广泛应用到所有工业的探伤领域，如钢铁、化工、机械、压力容器等有关部门。在铁路运输、造船、兵器、航空航天工业等重要部门和高速发展中的集成电路、核电等新技术产业中有十分广阔的应用前景。

10.5 数控机床技术

作为当前机械加工产业的主要设备，一个国家的机床行业技术水平已经成为机械加工、装备制造产业发展水平的重要标志。数控机床和基础制造装备是装备制造业的工作母机。

高档数控机床是指具有高速、精密、智能、复合、多轴联动、网络通信等功能的数字化数控机床系统（见图10-20）。高档数控机床集多种高端技术于一体，应用于复杂的曲面和自动化加工，在航空航天、船舶、机械制造、高精密仪器、军工、医疗器械产业等领域有着非常重要的核心作用。

图10-20　五轴联动数控机床

在现代制造系统中，数控技术是关键技术，它集微电子、计算机、信息处理、自动检测、自动控制等高新技术于一体，具有高精度、高效率、柔性自动化等特点，对制造业实现柔性自动化、集成化、智能化起着举足轻重的作用。数控技术正在由专用型封闭式开环控制模式向通用型开放式实时动态全闭环控制模式发展。在集成化基础上，数控系统实现了超薄型、超小型化；在智能化基础上，综合了计算机、多媒体、模糊控制、神经网络等多学科技术，使数控系统实现了高速、高精、高效控制，加工过程中可以自动修正、调节与补偿各项参数，实现了在线诊断和智能化故障处理；在网络化基础上，CAD/CAM与数控系统集成为一体，机床联网，实现了中央集中控制的群控加工。

数控技术从发明到现在，已有近50年的历史。按照电子元器件的发展可分为五个发展阶段：电子管数控、晶体管数控、中小规模数控、小型计算机数控、微处理器数控。从体系结构的发展，可分为以硬件及连线组成的硬数控系统，计算机硬件及软件组成的CNC（计算机数字控制机床）。从伺服及控制的方式可分为步进电动机驱动的开环系统和伺服电动机驱动的闭环系统。伺服技术是数控系统的重要组成部分。广义上说，采用计算机控制，控制法采用软件的伺服装置称为"软件伺服"。

数控系统从控制单台机床到控制多台机床的分级式控制需要网络进行通信。这种通信通常分三级：工厂管理级、车间单元控制级和现场设备级。

10.6 自动导引运输车（AGV）

自动导引运输车（Automated Guided Vehicle，AGV）是指以电池为动力，装备有磁条、激光或轨道等装置，通过自动导引，能够沿规定的导引路径行驶，具有安全保护以及各种辅助机构（例如移载、装配机构）的无人驾驶自动运输车（见图10-21）。通常多台AGV与控制计算机（控制台）、导航设备、充电设备及周边附属设备组成AGV系统，主要工作原理表现为在控制计算机的监控及任务调度下，AGV可以准确地按照规定的路径行驶，到达任务指定位置后，完成一系列的作业任务。

图10-21　AGV小车

AGV有以下优点：

（1）自动化程度高。AGV由计算机、电控设备、激光反射板等控制。当车间某一环节需要辅料时，工作人员向计算机终端输入相关信息，计算机终端将信息发送到中央控制室，专业的技术人员再向计算机发出指令，在电控设备的配合下，这一指令最终被AGV接收并执行——将辅料送至相应地点。

（2）充电自动化。当AGV的电量即将耗尽时，它会向系统发出请求指令请求充电（一般技术人员会预先设置好一个值），在系统允许后自动到充电的地方"排队"充电。

（3）AGV电池寿命和采用电池的类型与技术有关。使用锂电池，其充放电次数到达500时仍然可以保持80%的电能存储。

（4）美观。提高观赏度，从而提高企业的形象。

（5）方便，减少占地面积。生产车间的AGV可以在各个车间穿梭往复。与物料输送中常用的其他设备相比，目前采用的AGV大多无须铺设轨道、支座架等固定装置，不受场地、道路和空间的限制，因此，在自动化物流系统中，最能充分体现其自动性和柔性。

作业

1.（　　）是处于价值链高端和产业链核心环节，并决定着整个产业链综合竞争力的关键设备的生产制造。

　　A. 智能机床　　　　B. 装备制造　　　　C. 智能制造　　　　D. 机械制造

2.（　　）年1月，我国国务院印发《工业转型升级规划（2011—2015年）》，在其中将发展先进装备制造业定为"重中之重"，明确了先进装备制造业的范畴。

　　A. 2012　　　　　　B. 1997　　　　　　C. 2001　　　　　　D. 2005

3. 先进装备制造中"先进"两字，至少应包括（　　）三方面的内涵。

　　① 工艺先进性　　　　　　　　　　② 产业先进性
　　③ 管理先进性　　　　　　　　　　④ 技术先进性

　　A. ①②④　　　　　B. ①③④　　　　　C. ②③④　　　　　D. ①②③

4. 从技术角度讲，先进装备制造包括（　　）三个特性。

① 集群化   ② 信息化   ③ 服务化   ④ 低成本

A. ①②④   B. ①③④   C. ②③④   D. ①②③

5. 智能机床的概念是 20 世纪 90 年代提出的。一般认为智能机床应该具有的功能中不包括（ ）。

A. 能够感知其自身的状态和加工能力并能够进行自我标定

B. 能够监视和优化自身的加工行为

C. 支持以人工方式对所加工件的质量进行评估

D. 具有自学习的能力

6. （ ）技术集中了机械工程、电子技术、计算机技术、自动控制理论及人工智能等多学科的最新研究成果，代表了机电一体化的最高成就，是当前科学技术发展最活跃的领域之一。

A. 程序设计   B. 机器人   C. 多媒体   D. 软件工程

7. 工业机器人作为先进制造业中（ ）的装备和手段，已成为衡量一个国家制造业水平和科技水平的重要标志。

A. 不可替代   B. 举足轻重   C. 可以选用   D. 一般不用

8. （ ）给出的机器人定义是：机器人是一种用于移动各种材料、零件、工具或专用装置，通过可编程序动作来执行各种任务并具有编程能力的多功能机械手。

A. 我国科学家   B. 德国机器人工业协会

C. 美国机器人工业协会   D. 日本工业机器人协会

9. （ ）给出的机器人定义是：一种带有存储器件和末端操作器的通用机械，它能够通过自动化的动作替代人类劳动。

A. 我国科学家   B. 德国机器人工业协会

C. 美国机器人工业协会   D. 日本工业机器人协会

10. （ ）对机器人的定义是：机器人是一种自动化的机器，这种机器具有一些与人或生物相似的智能能力，如感知能力、规划能力、动作能力和协同能力，是一种高度灵活的自动化机器。

A. 我国科学家   B. 德国机器人工业协会

C. 美国机器人工业协会   D. 日本工业机器人协会

11. 机器人有不同的分类方法。按应用领域分类，机器人可分为（ ）三类。

① 产业机器人   ② 极限作业机器人

③ 人形聊天机器人   ④ 服务型机器人

A. ①③④   B. ①②④   C. ②③④   D. ①②③

12. 按臂部的运动形式，机器人可分为直角坐标机器人、（ ）等四种。

① 关节机器人   ② 极限作业机器人

③ 球坐标机器人   ④ 圆柱坐标机器人

A. ①③④   B. ①②④   C. ②③④   D. ①②③

13. 工业机器人是一个闭环系统，通过运动控制器、伺服驱动器、机械本体、（ ）等部件完成人们需要的功能。

A. 路由器　　　　　B. 中继器　　　　　C. 传感器　　　　　D. 连接器

14. (　　) 技术基于离散/堆积原理，以粉末或丝材为原材料，采用激光、电子束等高能束进行原位冶金熔化/快速凝固或分层切割，逐层堆积叠加形成所需要的零件。

A. 翻砂浇注　　　　B. 铸造成型　　　　C. 减材制造　　　　D. 增材制造

15. (　　) 增材制造是以材料累加为基本特征，以直接制造零件为目标的大范畴技术群。

A. 间接　　　　　　B. 直接　　　　　　C. 广义　　　　　　D. 狭义

16. (　　) 主要采用脉冲反射探伤仪，对被检测机械内部的缺陷进行探伤。

A. 超声检测　　　　B. 太赫兹检测　　　C. 光电检测　　　　D. 视频监控

17. 作为当前机械加工产业的主要设备，一个国家的(　　)行业技术水平已经成为机械加工、装备制造产业发展水平的重要标志。

A. 钻床　　　　　　B. 机床　　　　　　C. 蹦床　　　　　　D. 铣床

18. 数控技术从发明到现在，按照电子元器件的发展可分为五个发展阶段：电子管数控、晶体管数控、中小规模数控、小型计算机数控、(　　)数控。

A. 继电器　　　　　B. 电子管　　　　　C. 晶体管　　　　　D. 微处理器

19. (　　) 小车是指以电池为动力，装备有磁条、激光或轨道等装置，通过自动导引，能够沿规定的导引路径行驶的无人驾驶自动运输车。

A. DIY　　　　　　B. APP　　　　　　C. AGV　　　　　　D. Auto

20. AGV小车的优点中不包括(　　)。

A. 电池寿命短　　　　　　　　　　　B. 充电自动化

C. 方便　　　　　　　　　　　　　　D. 自动化程度高

研究性学习

装备技术在智能制造中的作用

小组活动：阅读本课的【导读案例】，讨论以下题目。

(1) 什么是工业机器人？工人机器人有什么特点？工业机器人的发展趋势。

(2) 什么是增材制造技术？人们应用这项技术能干什么？

(3) 什么是智能检测？简述智能检测的工作原理。

(4) 高档数控机床有哪些功能？如何定义智能机床？

记录：小组讨论的主要观点，推选代表在课堂上简单阐述你们的观点。

评分规则：若小组汇报得5分，则小组汇报代表得5分，其余同学得4分，依此类推。

活动记录：_____

_____

_____

_____

实训评价（教师）：_____

_____

第11课

协同制造与个性化定制

学习目标

知识目标：
（1）熟悉什么是协同制造，什么是个性化定制。
（2）了解协同制造的总体架构，了解个性化定制的系统架构。
（3）熟悉协同制造与个性化定制案例。

素质目标：
（1）培养工业素养，培养"互联网+"思维，提高个人的信息和大数据的专业素养。
（2）勤于思考，善于联想，掌握学习方法，提高学习能力。
（3）体验、积累和提高智能类专业的学习素养。

能力目标：
（1）培养自己的创新能力、学习能力，以及接受新思想、学习新知识、运用新思维的能力。
（2）理解团队合作、协同作业的精神，在项目合作、团队组织中发挥作用。
（3）掌握专业知识的学习方法，培养阅读、思考与研究的能力。

重点难点：
（1）消费者需求驱动的定制模式。
（2）生产与维护的协同优化与排程。

导读案例

寻求突破：从芯片到操作系统

科技的发展催生了很多新行业和新产品，也给一个国家的进步提供了技术条件，为普通人的生活创造出新的便利性。

如今，信息的交互和处理成为每个国家重点关注的领域，而半导体芯片则是全球公认的最为重要的科技产物，是一项让无数科技公司趋之若鹜的关键技术。其中国内的华为公司和整个芯片事业更是首当其冲（见图11-1）。

图11-1 国产芯片

实际上，国内的芯片设计实力并不弱，反而可以说是达到了顶尖水平，只是以现有的工业水平尚无法将其生产出来。为了解决这个问题并掌握主动权，华为和国内科技水平最高机构中国科学院宣布了全面布局半导体领域的决定，并致力于攻克困扰国内多年的光刻机。光刻机是芯片制造过程中最关键的设备。对于华为和中科院的决定，国人感到非常振奋。

除了芯片，在操作系统和相关软件方面，国内的公司也离不开国外的技术或产品。例如，来自美国谷歌公司的安卓系统就一直都是国内手机厂商的依赖对象（见图11-2）。如果说芯片是硬件体系的集大成者，那么操作系统就是软件服务的重中之重，只有将二者结合起来才能推出更出色的产品。

图 11-2　安卓系统

2020年12月24日中国科学院正式官宣，联合华为、麒麟和飞腾等多家国产软件公司打造真正的国产操作系统，解决国内开源软件存在的一些问题。这个消息意味着纯国产操作系统也迎来了新突破。鸿蒙OS就是华为推出的首款国产手机操作系统（见图11-3），成为国内手机厂商的新选择。而麒麟操作系统同样也是系统领域的佼佼者，已经发布的银河麒麟桌面操作系统已经得到了很多国人的认可。

图 11-3　华为鸿蒙手机操作系统

无论是芯片还是操作系统，都是国内必须要攻克的核心技术，中科院和多家国产科技公司积极布局，未来国产系统必将大放异彩，打破国外技术的垄断。相信只要国人齐心协力，就没有迈不过去的坎，国产技术必将让世界为之瞩目。

资料来源：根据网络资源整理

阅读上文，请思考、分析并简单记录：

（1）简述除了芯片，中国还有哪些关键技术需要寻求突破，取得决定性的进步？

答：_____

_____

_____

（2）请在网络上搜索学习，了解当前中国芯片及其相关技术的点滴进步，并简单记录。

答：_____

_____

_____

_____

（3）长期以来，国人使用计算机，其操作系统大都是 Windows 或者安卓等。你知道和使用过国产的计算机（手机）操作系统吗？感觉如何？

答：_____

_____

_____

_____

（4）请简单记述你所知道的上一周发生的国际、国内或者身边的大事。

答：_____

_____

_____

_____

在全球新一轮科技革命和产业变革中，互联网与各领域的融合发展具有广阔的前景和无限潜力。"互联网+"主要是指把互联网的创新成果与经济社会各领域深度融合，推动技术进步、效率提升和组织变革，提升实体经济创新力和生产力，形成更广泛的以互联网为基础设施和创新要素的经济社会发展新形态。

2015 年 7 月，国务院发布了《关于积极推进"互联网+"行动的指导意见》，主要围绕"互联网+"，推动互联网的创新成果与经济社会各领域深度融合，促进社会发展。而网络协同制造（以下简称"协同制造"）正是在这个"互联网+"行动计划大潮中脱颖而出，方兴未艾。

11.1 协同制造的定义

"互联网+"行动计划指出：在我国，到 2025 年，网络化、智能化、服务化、协同化的"互联网+"产业生态体系基本完善，"互联网+"新经济形态初步形成，"互联网+"成为经济社会创新发展的重要驱动力量。

"互联网+"行动指导意见所制定的重点行动包括:"互联网+"创业创新、协同制造、现代农业、智慧能源、普惠金融、益民服务、高效物流、电子商务、便捷交通、绿色生态、人工智能共11个行业领域,既涵盖了制造业、农业、金融、能源等具体产业,也涉及环境、养老、医疗等与百姓生活息息相关的方面。其中一项重要行动计划即是"互联网+"协同制造。

"互联网+"是新一轮科技革命推动下的互联网形态演进及其催生的经济社会发展新形态。通俗地说,"互联网+"即"互联网+各个传统行业",这里并不是简单的两者相加,而是利用信息通信技术及互联网平台,让互联网与传统行业深度融合,充分发挥互联网在社会资源配置中的优化和集成作用,将互联网的创新成果深度融合于经济、社会各领域,提升全社会的创新力和生产力,形成更为广泛的以互联网为基础设施和实现工具的经济发展新形态。

"互联网+工业",即传统制造业企业智能化,采用移动互联网、云计算、大数据、物联网等信息通信技术,改造原有产品及研发生产方式,其基本内涵与工业互联网、工业4.0是一致的。

对于协同制造,可以一般、定性地定义为:协同制造是充分利用互联网技术为特征的网络技术、信息技术,将串行工作变为并行工程,实现供应链内及供应链间的企业关于产品设计、制造、管理和商务等开展合作的生产模式,通过改变业务经营模式与方式,达到资源最充分利用的目的(见图11-4)。

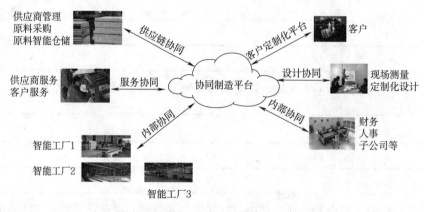

图11-4 协同制造

对协同制造的不同阐述都体现出以下内涵:

(1)协同制造的主体。它是一个企业群,或者说企业联盟,成员在主权上相互独立,地理上相对分散,各自有着不同的生产资源和技术优势,依靠协同机制组织在一起。

(2)协同制造的对象。面向产品制造任务,通过将制造任务分解成各个子任务,交由具有对应生产优势的企业来完成,以实现整体最优。

(3)协同制造的目标。市场机制下时间、成本、质量是生产主体最关心的问题。围绕制造任务,通过协同制造实现整体生产效率的提高和效益的提升是协同制造的目标。这也是企业走向协同制造的主要原因。

(4)协同制造的支撑技术。需要借助通信技术和各种先进制造技术来实现。

发达的网络环境为协同制造提供了一个更为开放的平台,企业间的集成效应更加突出。相对于早期的协同制造,网络化协同制造有了更新的"互联网+"基因。可以认为,"网络化协同制造"的主要含义是:在网络社会环境下,以网络为基础,面向产品制造任务,借助网络、制造、通信等技术，将具有不同优势资源的企业通过动态联盟的形式组织在一起，把各子任务分配给相应制造企业，以缩短产品制造周期、提高制造效益的一种生产方式。其核心是利用网络为不同企业之间的协同制造提供平台，通过网络工具实现不同企业之间的信息集成、过程集成、资源集成，进而实现整体资源的优化配置来提高效率和效益。

在制造业向着大型、精密、数控、全自动趋势不断发展的背景下，需要将制造环节与设计、营销、运行、维护直至回收处理联系起来，由传统的数据孤岛转为信息化协同管理，将各个环节采集的数据输入到全生命周期数据库以形成总知识库，通过信息技术、自动化技术、现代管理技术与制造技术相结合，构建面向企业的网络化协同制造系统，实现企业间的协同和各个环节资源的共享，以提高生产效率、产品质量和企业的创新能力，从而提高企业的竞争能力，减少生产和消费过程中的资源消耗与污染排放。

11.2 协同制造的总体架构

网络协同制造是利用工业互联网提供跨企业资源共享与协同操作的技术支撑，实现产品的异地、跨企业的制造模式，其中应用了并行工程、多学科设计优化、多学科虚拟样机模拟、三维建模与辅助制造等技术（见图11-5）。

通过网络协同制造模式，将设计、制造、销售、服务等各环节的串行工作变为并行工作，实现供应链内及跨供应链的企业间的产品设计、制造、管理和商务等的合作，达到资源最充分利用的目的。串行工作模式和并行工作模式的对比如图11-6所示。

网络化协同模式可分为三个层级：制造企业内部各个部门或系统的协同、企业集团（联盟）内工厂之间的协同和基于供应链的协同。其价值主要体现在以下几方面：

(1)降低企业原料物料库存成本，使从最终产品到各部件的基于销售订单拉动的生产成为可能。

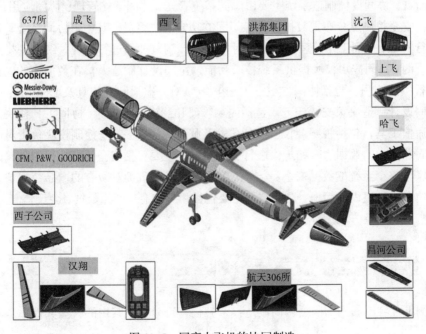

图 11-5　国产大飞机的协同制造

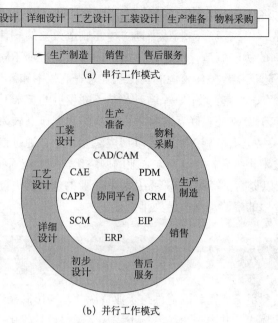

图 11-6 串行工作模式和并行工作模式对比

(2) 可以有效地在企业内各个工厂、仓库之间调配物料、人员及生产等,缩短订单交付周期,更灵活地实现整个企业的制造敏捷性。

(3) 实现整个企业各工厂和环节的物流可见性、生产可见性、计划可见性,更好地监控企业的制造过程。

(4) 实现企业的流程管理,节约实施成本和流程维护与改善成本。

(5) 降低企业系统维护资源消耗。

一般而言,协同设计制造系统主要由协同系统管理、协同工作管理、协同应用、决策支持、协同工具、安全控制及分布式数据管理等不同的功能模块组成。其中,协同系统管理模块对整个系统进行管理;协同工作管理模块负责对协同设计制造过程进行管理,统筹安排开发中的各种活动、资源;协同应用模块提供系统核心功能,协同设计制造人员在数据库的支撑下,利用该模块进行协同应用,包括协同 CAD、CAPP、CAM、虚拟制造仿真及 DNC 等;决策支持模块承担协同设计制造决策支持任务,包括约束管理和群决策支持等;协同工具模块为协同设计制造提供通信工具,包括视频会议、文件传输及邮件发送等;安全控制模块负责对进入系统的用户、协同过程中的数据访问和传输进行安全控制,主要包括安全认证、保密传输以及访问控制等,以保证整个系统的数据安全;分布式数据管理模块负责对所有的产品数据信息、系统资源及知识信息进行组织和管理,这些信息主要包括用户信息、产品数据、会议信息、决策信息、密钥信息、知识库及方法库等。

11.3 协同制造组成要素分析

综合侧重点各不相同的网络协同制造技术架构,可分析出其中的一些共性、基本组成要素和特点。

(1) 网络是基础。在网络协同制造中，网络的基础作用主要体现在网络为协同制造的整个过程提供了平台支持。网络主要为制造系统和制造过程提供了一种快速方便的信息交互手段和环境，即信息传输、互通、共享的平台。通过将制造过程的资源和对象转化成相应信息，利用网络平台进行集成，从而实现协同制造。所利用的网络主要有互联网、企业内联网／外联网等。

(2) 资源共享是前提。网络协同制造是在各企业拥有的制造资源不对称的情况下，通过多个企业的协同以实现资源的优化配置，从而提高制造效率。通过将总任务分解成各个子任务，充分利用各个企业的优势资源，为子任务选择最合适的制造企业来实现整体制造方案的最优。

(3) 技术是支撑。在网络协同制造中，各项技术是保障协同过程顺利进行的支撑，包括基础技术、集成技术、应用实施技术等。其中，基础技术包括网络技术、标准化技术、产品建模与企业建模技术、动态联盟技术等，集成技术主要借助各类信息网络技术来实现，应用实施技术包括资源共享与优化配置、资源封装与接口、数据管理、网络安全技术等。

(4) 扁平透明度高的组织模式是保障。网络协同制造的主体是地理上分散、组织上独立的各个制造企业。在网络协同制造模式下，各个企业以动态联盟的形式联系在一起，在联盟内各个企业不存在层级结构，通过协议和约定能够进行信息和资源的共享，各企业能够独立自主地完成各自的子任务。这种扁平和透明度高的组织模式为网络协同制造提供了保障，在该组织模式下，联盟内各企业以制造任务为中心，根据自身资源条件提供制造服务。这些企业形成了既分散又集中，既独立又协同的组织关系。

(5) 提高效率和效益是目标。网络协同制造是市场驱动的结果，效率和效益的提升是引导企业走向网络协同制造的关键目标。通过在行业范围内进行资源配置和制造任务的分工协作，能够弥补单个企业某项资源或制造能力的不足，实现企业间资源和制造能力的互补，从而提高产品制造效率和效益。

11.4 个性化定制场景

通常，消费者在市场上购买商品时，大多数是在挑选最接近自己期望的产品；少数消费者为了满足自己个性化的需求，会付出高额费用，花费更长时间来定制个性化商品。随着数字化、网络化技术的不断发展及其与制造业的深度融合，制造业进入了新的发展阶段。在这个阶段，制造能力大幅提升，物质资料极大丰富，产品不再仅仅是满足消费者的使用需求，还需要满足消费者的个性化需求。随着消费者消费需求的变化，商业模式也发生变化。C2M 即用户直连制造，是一种新型的工业互联网电子商务商业模式，又称"短路经济"。C2M 和 O2O 模式的结合为制造业适应消费者的需求变化提供了一种新的解决思路。在新的商业模式和制造技术体系下，制造商与消费者之间的屏障得以消除，资源、信息和技术的协同得以保障，制造业真正向以消费者为中心的服务型制造演进。

11.4.1 个性化定制案例

国外的创业公司 Yooshu 专门从事沙滩鞋的个性化定制工作，其流程是：首先对客户的双脚分别进行三维扫描，获取脚部数据，再分别对双脚进行三维建模，接着将脚部模型转换为数字信息输入制鞋设备，最后通过机器人分别制作符合双脚人体工程学的沙滩鞋。

在 2016 年德国汉诺威工业博览会上，西门子公司将一根高尔夫球杆送给奥巴马，并告诉他这是根据他的体重、挥杆姿势和力量等所有相关因素量身定制的一根球杆,造价却与普通的球杆没有区别。

Yooshu 的沙滩鞋和西门子的高尔夫球杆的个性化定制只是个性化定制产业的一个缩影。未来,随着移动互联网信息技术的运用以及新生代消费群体的变迁,消费者的需求可以不再局限于企业所提供的单一品种、规模化流水线上生产的产品或制造企业提供的其他可选择的产品,被动的消费方式将有所改变,定制个性化产品以满足自身需求已逐渐成为一种新的消费趋势。

11.4.2 个性化定制内涵

个性化定制是指基于新一代信息技术和柔性制造技术,以模块化设计为基础,以接近大批量生产的效率和成本,提供满足客户个性化需求产品的一种智能服务模式。区别于大规模定制,个性化定制更加注重消费者的全程参与。

制造业在经历了手工生产、机器生产、大规模生产和大规模定制四个阶段之后,个性化定制发展成为制造业的一个重要分支。区别于传统的制造模式,个性化定制模式最重要的特征是明确以消费者为中心、由订单驱动进行小批量的生产,将销售过程前置。如图 11-7 所示,制造商通过平台与消费者进行信息交互并产生订单,以消费者需求为导向进行产品制造,而不再是传统的先生产后销售。

图 11-7 销售前置的大规模个性化定制模式

11.5 个性化定制系统架构

随着网络技术的兴起,传统商业模式逐渐被网络电子商务模式所代替,其中包括 B2B、B2C、C2C 等模式。B2B 是发生在企业与企业之间的电子商务模式,在企业之间产生订单。B2C 是发生在企业和消费者之间的电子商务模式,也就是人们日常生活中在网络平台购物的流程。C2C 是发生在消费者和消费者之间的电子商务模式,其中部分个人是卖方,部分个人是买方,在该模式下,第三方提供交易平台,个体作为卖方通过平台将产品销售给买方,平台从中赚取佣金。

C2M 是智能制造时代得到广泛关注的商业模式,就是制造商和消费者直接联系,除去中间环节,砍掉流通加价环节,最大限度地去中间化,让消费者以最低的价格买到高品质、可个性化定制的产品。C2M 模式是在工业互联网背景下产生的,它的提出源于工业 4.0 概念,即现代工业的自动化、智能化、网络化、定制化和节能化,最终目标是通过网络将不同的生产线连接在一起,利用计算机强大的运算能力保证能够随时进行数据交换,按照客户的订单要求,确定供应商和生产工序,最终生产出个性化产品的定制化工业模式。

按照企业组织生产的特点,可以把制造企业划分为按单设计、按单生产、按单装配和库存生产四种生产类型(见图 11-8)。C2M 的生产模式更接近于按单设计模式,从设计、原料采购到装配、配送，都是在接到客户订单后发生的，需要更长的交付时间。C2M 模式与传统模式和目前普遍存在的网络模式的特点对比如图 11-9 所示。

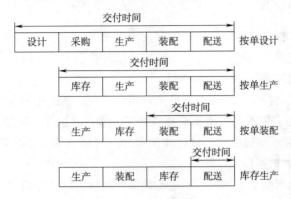

图 11-8　各生产类型特点

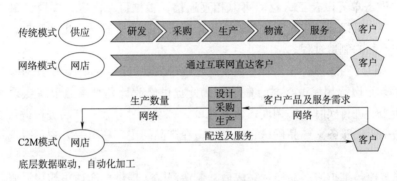

图 11-9　各模式特点对比

传统模式的生产和销售具有较强的 B2C 特点，即采用大规模、标准化流水线生产，以生产企业为核心，只在最终环节通过实体店铺面向消费者。在该模式下，企业容易出现供应链无法协同以及产能过剩等问题。网络模式改进了传统模式的销售方式，以电子商务的模式进行线上交易，节约了中间成本，也给消费者提供了更多的便利和选择。但是二者的本质还是相同的，都是在销售库存的产品。

在 C2M 模式下，客户与产品生产端无缝连接，强调客户参与到产品的全过程中，其核心商业逻辑是实现客户和产品生产端的直接对接，同时让产品生产端能够快速地响应并且工业化、大规模、低成本地生产，以满足客户的定制化需求，强调为客户创造价值。同时，按订单生产也避免了库存问题，精简了企业运营成本。

个性化定制体系架构的端到端数字集成，主要是利用工业互联网技术和大数据技术，在生产商和消费者之间建立信息交互渠道。这一架构也是对传统商业模式向 C2M 转变的一个反映。

为实现个性化定制，需要建立消费者个性化需求信息平台和各层级的个性化定制服务平台，平台需要具备消费者需求特征的数据挖掘和分析服务（平台设计）能力，以及可使消费者完全参与的产品设计、计划排产、柔性制造、物流配送、售后服务的集成和协同优化能力。

以数据为核心，将各层级相互串联。产品定制平台作为定制服务的起始点，将来自客户的需求信息作为制造的目标，通过物流云、供应云、制造云、设计云等协同企业内部和企业间的生产与服务，最终为客户提供满足要求的产品及服务。资源层整合了整个生产流程及供应链中的所有资源；管理层对资源进行数字化管理；服务层利用协同技术，根据定制平台的需求整合企业内部和企业间的相关资源信息；最终在用户层实现用户需求采集、产品生产、产品物流和服务提供。

例如，汽车制造过程中个性化定制的内容及流程如下：

（1）客户下单。首先客户通过 App，在制造商信息管理平台下订单，制造商通过客户录入的信息初步了解客户的定制意向。

（2）客户提出个性化需求。通过个性化定制服务平台，制造商为客户提供可选择的基础模块信息，如发动机型号、变速箱类型及车身结构等。客户在选择基础模块后，可以通过平台，提出自己的个性化需求，如根据体形设计座椅尺寸、根据手掌大小和握持力度设计转向盘以及按照个人偏好选择内饰设计等。

（3）客户全程体验产品生产过程。制造商确认产品信息后，开始投入生产。得益于数字化技术的支撑，生产过程可以快速响应，标准化的生产工艺参数、设计参数等能够实现快速读取。物料、各制造设备单元以及工人之间可以相互通信，根据订单内容，实现订单的自组织。在生产过程中，客户可以通过实时图像传输或 VR 等交互技术了解产品生产进度，也可以通过实地考察，参与产品的制造过程。

（4）生产过程随叫随停。客户对于在制造过程中发现的产品问题，例如对车身颜色、内饰设计不满意等，可以提出修改要求。制造商为此提供修改计划。得益于高度柔性的生产线和强大的计算能力，进行实时动态调度，各制造单元可以及时对线上产品进行调整。

（5）提供个性化服务。产品确认完成之后，在产品的出厂环节，客户可以选择个性化的物流服务。

（6）远程监控与维护。产品交付完成后，制造商除了提供标准通用的售后服务，如定期保养，还可以通过预装的传感器和物联网采集汽车在日常工作过程中产生的数据，并对数据进行挖掘与分析，结合客户反馈的信息，对汽车当前的健康状况进行判断，对可能存在的故障进行预测并提供个性化的维护建议。

个性化定制模式的产生与发展得益于各类技术的支撑，其中主要的关键技术包括：工业大数据技术、信息集成与协同、智能工厂。

在个性化定制生产过程中，由于定制的产品存在个性化差异，物料、产品与客户之间的对应关系复杂，因此，在大规模个性化定制情景下，物料和产品的管理也变得越发复杂。智能物流和仓储系统通过强大的计算能力可以保证对生产过程的快速响应，为个性化定制提供可靠的保障。智能物流及仓储系统将会是促进个性化定制快速发展的一个重要组成部分。

11.6 典型案例

近年来，一些国内外企业引入了网络协同制造和个性化定制模式，并取得了一定的进展。

11.6.1 协同制造典型案例

下面列举一些网络协同制造模式的典型案例。

（1）美国耐克公司。耐克在世界各地征集其产品的生产商、经销商。对达到质量要求的生产者，耐克公司授权生产并提供耐克产品商标。对达到其销售要求的经销商，耐克公司授权销售并提供耐克销售标志。耐克公司还在全球范围寻求从事技术开发、款式设计、大众心理研究等业务的公司。耐克公司与生产商、经销商、技术开发公司、款式设计公司、大众心理研究公司等共同构成网络协同制造合作伙伴开展全流程合作。

（2）波音公司。公司的各分支机构和日本多家公司曾围绕"波音777"喷气式客机建立了协同制造平台，通过网络系统协调，实现计算机辅助无纸设计和无纸制造。分散在世界各地的工程师可以随时从"波音777"型客机的300多万个零件的设计和制造模型中，调出任何一种零件在计算机屏幕上进行观察与修改。

（3）戴尔公司。公司引入企业协同制造运作机制，从外部选择可靠的供应商并与之建立合作伙伴关系，使之成为自己的一部分。当客户投诉某一部件时，由供应商的技术人员到现场处理，处理后回到戴尔公司研究改进质量的方法。戴尔和供应伙伴共享设计数据库、技术、信息和资源，大大加快了新技术推向市场的速度。这种协同制造模式使戴尔公司迅速成长为知名的计算机公司。

（4）西门子公司。于2016年推出了MindSphere工业制造云服务平台（见图11-10）。该平台采用基于云的开放物联网架构，可以将传感器、控制器及各种信息系统收集的工业现场设备数据，通过安全通道实时传输到云端，并在云端为企业提供大数据分析挖掘、工业App开发以及智能应用增值等服务。MindSphere平台架构主要由边缘连接层、开发运营层、应用服务层三个层级组成。其中，MindConnect、MindCloud、MindApps为核心要素。MindConnect负责将数据传输到云平台，MingClound为用户提供数据分析、应用开发环境及应用开发工具，MindApps为用户提供集成行业经验和数据分析结果的工业智能应用。

图11-10　MindSphere工业制造云服务平台

11.6.2　消费者需求驱动的定制模式

家电向来被认为是标准化产品，但在需求日益多元化的互联网时代，消费者对家电的外观、颜色乃至功能的诉求呈现多元化趋势。作为国内最早探索大规模定制模式的企业之一，海尔集团在多年智能制造探索的基础上推出了独创、具有自主知识产权的工业互联网COSMO平台，让消费者全流程参与产品设计研发、生产制造、物流配送、迭代升级等环节，实现了产品定制。

对于消费者，COSMO平台全流程互联互通，所有的资源都可以与自己直接互联，每个节点都可以实时地接收自己的意见，产品个性化定制的需求得到充分满足。

对于能力型资源，过去因为无法触达终端消费者，设计、研发作品难以量化，自身价值饱受争议。而现在，设计师等能力型资源可以基于平台庞大的多矩阵社群消费者体系和强大的资源整合能力,去发掘市场的痛点和需求,与消费者共同实现一个产品或者一个体验的持续改进。这样一个迭代修改、盘旋式上升的过程,不仅赋予消费者对产品的主导权,更为能力型资源方提供了作品变现的机会。

众创汇平台是COSMO平台下的个性化定制平台,在众创汇平台上,消费者可以提交任何有关家电的创意和想法,自主定义自己所需要的产品,在需求形成一定规模之后,就可以通过海尔互联工厂生产实现。海尔通过众创汇平台将消费者的需求连接起来,让消费者全流程参与生产制造的过程,从而为消费者开启了全新的消费体验。

不同于传统企业先研发产品,再预测市场需求,再大规模制造销售的生产模式,海尔开创了一种消费者需求驱动的生产模式,即从创意到交付的消费者全流程参与模式,整合了设计师资源、专业的研发资源、供应链资源(见图11-11)。

图11-11 消费者需求驱动的生产模式流程

海尔定制平台以消费者需求为核心,注重消费者体验,打造开放式社群生态平台。它打破了传统的市场、研发、消费群之间互不干涉的壁垒,使消费者可以在海尔定制平台上提出自己的需求和创意,并与平台的优秀设计师一同参与到产品设计、定制整个过程中。此外,平台有海尔丰富的模块商资源以及强大的研发资源的共同加入,将消费者的创意变成真实有温度的产品成为可能。与此同时,在海尔互联工厂的强力支撑下,消费者还可以通过海尔定制平台实时查看产品的订单、生产、物流、交付全过程,实时数据透明可追溯。海尔定制平台可以给消费者一个表达意愿的场景空间,让消费者在平台上不仅能消费海尔的产品,还可以共享海尔的能力、资源、机制等。

以定制一台海尔冰箱为例,在消费者通过终端登录海尔定制平台提出定制要求之后,需求信息马上到达工厂,生成订单;工厂的智能制造系统会自动排程,将信息传递到各个生产线,最终生产出消费者定制的冰箱。海尔已经建立起空调、洗衣机、冰箱等八大互联工厂,在全球范围内率先完成家电等工业产品从大规模制造向大规模定制的转型。

11.6.3 生产与维护的协同优化与排程

快速变化的市场、日益增加且不确定的客户需求、不定时发生的机器故障都使得在当今快节奏的工业环境中,制造业的成本越来越高。为了满足无法确定的未来客户需求,同时保证生产系统在经济上的效益,企业需要制定经济实惠且稳定高效的生产安排与维护计划(见图11-12)。

工业界当前广泛使用的维护策略通常被划分为

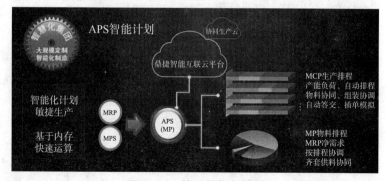

图11-12 协同优化与排程

两大类：一类是反应性（被动）维护；另一类是预防性维护。反应性维护是指一旦机器因故障停止工作时所进行的维护，这种维护的主要任务是使得故障的机器恢复到理想的工作状态。而预防性维护更像是一个"预先安排的机器停工"，被定义为在机器还能进行工作状态时执行维护操作，使得机器恢复到接近最优时的工作水平。据观测，反应性维护通常会造成更长时间的系统停工期，主要原因是资源的临时短缺，从而导致安排上的延误。因此，通常反应性维护的损失会比预防性维护高3～4倍。大量现有科研资料表明，对于稳定性低的机器开展预防性维护可以有效地延长机器寿命，并且降低运营成本。

通常来说，生产与系统维护的风险可以通过运营操作管理和资本管理来降低。企业生产制造系统的预防性维护策略是运营操作导向。通过运营操作，一个企业可以进行库存驱动的预防性维护、基于设备状态的预防性维护、时间触发的预防性维护等。许多文献关注于如何在了解机器故障可能性的情况下，从运营操作上优化生产系统的检查和维护。这些优化模型通常考虑产量、稳定性、可获取性和总花费等生产系统指标。

对于在运营操作上的维护排程问题，通常维护策略是由时间驱动的（周期性），往往带来的结果是维护不足或者过量，有可能一次预防性的维护任务恰恰被安排在一个机器刚刚恢复工作之后。不必要的定期停工和昂贵的修理过程导致了大量的资金浪费。当前维护策略的另外一个不足之处就是它并没有考虑到瞬息万变的真实市场需求，并且缺少一个灵活的反应机制来应对市场的快速变化。

在大规模复杂生产系统中，生产运营与维护往往需要通过分析大量的数据并结合有效建模来进行决策分析和优化。这些数据不仅仅包括固有的生产节拍、工位与工位之间的缓存空间、设备可靠性等，还包括许多动态变化以及干扰的信息，如设备实时健康状态、生产延迟和提前、库存的实时监控信息。面对这些大量、多样、复杂的数据，如何提取出有效信息来帮助建立数学模型和参数训练，从而为生产系统运营与维护提供更优的决策支持正是工业大数据时代提出的新课题和新思路。

与以往传统运营操作的系统维护模型不同，一个新颖的想法是将金融工程里的"期权"概念带入制造业企业中，以解决之前所提及的运营操作学上排程的不足之处。研究者通过严格地探究"实物期权"来评估生产与维护系统，从而找到最优的系统维护策略。

"期权"这一称谓，最初为金融学术语，定义为"回报和价值来自或依赖于其他事物的金融工具"。由于预防性维护可以提高系统的可靠性和生产效率，期权可以被定义为生产者所具有的以更低价格来生产额外单位货物的权利。制造业企业可以在由期权带来的低风险性与增加的预防性维护设施资金投入中做出平衡性的决策。通过定义一种新的维护期权的概念为协同生产与维护排程带来了新的思路，延伸了传统的周期性维护策略而实现了一个以选项为基础的预防性维护模型，以应对不可预期并且随机的客户需求。通过这种选项研究手段，生产系统操作的灵活性增加了，同时使得客户需求不确定性带来的风险大大降低。这种新的工具解决了两个主要的问题：

（1）预防性维护由固定的周期性变成了灵活性。
（2）传统的固定客户需求的假设被延伸到了不确定的客户需求情况中。

通过实际案例模拟，对比基于维护期权的生产维护决策和传统定期预防性决策，不难看出，在需求量不确定的环境中，以期权为基础的数学模型能够为协同生产与维护的排程带来良好的决策支持，主要体现在维护成本的降低（减少过度维护浪费或减少维护不足的惩罚成本）。同时期权模型相比于传统的周期性预测维护模型，能够带来更好的灵活性及经济收益，利用期权模型进行协同排程，收益随着产量需求波动的线性增加而陡增。因此，将期权理论引入到大规模生产系统中，为具有不确定因素的生产与维护决策提供了更为柔性和动态的优化解决方案。

作业

1. "互联网+"行动计划指出：我国到（　　）年，网络化、智能化、服务化、协同化的"互联网+"产业生态体系基本完善，"互联网+"新经济形态初步形成，"互联网+"成为经济社会创新发展的重要驱动力量。
   A. 2035　　　　　　B. 2025　　　　　　C. 2050　　　　　　D. 2020

2. "互联网+"行动指导意见所制定的重点行动包括："互联网+"创业创新、（　　）、现代农业、智慧能源、普惠金融、益民服务、高效物流、电子商务、便捷交通、绿色生态、人工智能共11个行业领域。
   A. 个性化定制　　　B. 先进制造　　　　C. 协同制造　　　　D. 智能制造

3. "互联网+（　　）"，即传统制造业企业智能化，采用移动互联网、云计算、大数据、物联网等信息通信技术，改造原有产品及研发生产方式。
   A. 工业　　　　　　B. 制造业　　　　　C. 产业　　　　　　D. 行业

4. 除了将通信技术和各种先进制造技术作为协同制造的支撑技术之外，协同制造的内涵还包括（　　）。
   ① 协同制造是个性化定制的综合手段
   ② 协同制造的主体是一个企业群或企业联盟
   ③ 协同制造的对象面向产品制造任务
   ④ 协同制造的目标是实现整体生产效率的提高和效益的提升
   A. ①②③　　　　　B. ②③④　　　　　C. ①②④　　　　　D. ①③④

5. 网络协同制造是利用（　　）提供跨企业资源共享与协同操作的技术支撑，实现产品的异地、跨企业的制造模式。
   A. 企业内联网　　　　　　　　　　　　B. 新型物联网
   C. 智能物联网　　　　　　　　　　　　D. 工业互联网

6. 网络化协同模式可分为三个层级（　　）。
   ① 制造企业内部各个部门或系统的协同
   ② 企业集团（联盟）内工厂之间的协同
   ③ 基于供应链的协同
   ④ 以社交互联网为基础的成员协同
   A. ①②③　　　　　B. ②③④　　　　　C. ①②④　　　　　D. ①③④

7. 一般而言，协同设计制造系统主要由协同系统管理、（　　）、协同应用、决策支持、协同工具、安全控制及分布式数据管理等不同的功能模块组成。
   A. 协同企业内联　　　　　　　　　　　B. 协同个性化制造
   C. 协同工作管理　　　　　　　　　　　D. 协同设备互联

8. （　　）模块提供系统核心功能，协同设计制造人员在数据库的支撑下，利用该模块进行协同应用，包括协同 CAD、CAPP、CAM、虚拟制造仿真及 DNC 等。
   A. 决策支持　　　　　B. 协同工具　　　　　C. 系统管理　　　　　D. 协同应用

9. 各不相同的网络协同制造技术架构有一些共性、基本要素和特点，包括（　　）。
   ① 网络是基础，资源共享是前提
   ② 技术是支撑，提高效率和效益是目标
   ③ 管理是龙头，独占核心资源是关键
   ④ 扁平透明度高的组织模式是保障
   A. ①②③　　　　　B. ②③④　　　　　C. ①②④　　　　　D. ①③④

10. C2M 即（　　），是一种新型的工业互联网电子商务商业模式，又被称为"短路经济"。
    A. 顾客指导决策　　　　　　　　　B. 用户直连制造
    C. 顾客自主维修　　　　　　　　　D. 客户与制造协同

11. 在新的 C2M 和（　　）结合商业模式以及制造技术体系下，制造商与消费者之间的屏障得以消除，制造业真正向以消费者为中心的服务型制造演进。
    A. O2O　　　　　B. C2O　　　　　C. C2C　　　　　D. B2B

12. （　　）是指基于新一代信息技术和柔性制造技术，以模块化设计为基础，以接近大批量生产的效率和成本，提供满足客户个性化需求产品的一种智能服务模式。
    A. 集约化定制　　　　　　　　　　B. 用户直连制造
    C. 协同定制制造　　　　　　　　　D. 个性化定制

13. 区别于传统的制造模式，个性化定制模式最重要的特征是明确以（　　）为中心、由订单驱动进行小批量的生产，将销售过程前置。
    A. 需求　　　　　B. 价值　　　　　C. 消费者　　　　　D. 设计

14. （　　）是发生在企业与企业之间的电子商务模式，在企业之间产生订单。
    A. O2O　　　　　B. B2C　　　　　C. C2C　　　　　D. B2B

15. （　　）是发生在企业和消费者之间的电子商务模式，也就是人们日常生活中在网络平台购物的流程。
    A. O2O　　　　　B. B2C　　　　　C. C2C　　　　　D. B2B

16. （　　）是发生在消费者和消费者之间的电子商务模式。在该模式下，第三方提供交易平台，个体作为卖方通过平台将产品销售给买方，平台从中赚取佣金。
    A. O2O　　　　　B. B2C　　　　　C. C2C　　　　　D. B2B

17. C2M 模式是在（　　）背景下产生的，它的提出源于现代工业的自动化、智能化、网络化、定制化和节能化，最终生产出个性化产品。
    A. 智能物联网　　　　　　　　　　B. 工业互联网
    C. 企业外联网　　　　　　　　　　D. 企业内联网

18. 按照企业组织生产的特点，可以把制造企业划分为按单设计、按单生产、按单装配和库存生产四种生产类型。C2M 的生产模式更接近于（　　）模式。
    A. 按单设计　　　　　B. 按单生产　　　　　C. 按单装配　　　　　D. 库存生产

19. 个性化定制模式产生与发展得益于各类关键技术，包括（　　）技术、信息集成与协同、智能工厂。
    A. 协同应用　　　　　　　　　　　B. 直连制造

C. 数据挖掘　　　　　　　　　　　　　　D. 工业大数据

20. 家电向来被认为是(　　)产品,但在需求日益多元化的互联网时代,消费者对家电的外观、颜色乃至功能的诉求呈现多元化趋势。

A. 程序化　　　　B. 标准化　　　　C. 网络化　　　　D. 智能化

智能小车制造示范线的个性化定制与协同制造

小组活动：
(1) 简述智能协同制造的特征。
(2) 简述个性化定制制造模式的特征。

案例描述：

高校开设智能制造专业后,拟建设一个智能小车制造示范线,作为校内实训基地。但是,不同院校,在场地规模、资金投入等诸多方面有各自的限制条件,这个智能制造示范线无法标准化建设,应该是"一校一方案"。

实验室智能小车制造模拟生产线是一条研究型个性化定制生产线,在实验室内模拟了个性化定制全流程（见图11-13）。

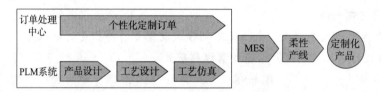

图11-13　个性化生产全流程

该生产线设计并搭建了订单处理中心、PLM 系统、MES 和柔性生产线。消费者可以在内部局域网络完成下单,并在局域网中获得消费者反馈和制造商服务信息。通过将局域网与其他网络相联通,消费者可以在个人终端利用 App 或网页进行产品的在线定制,在线选择基础模块信息（例如智能小车整体架构）,向制造商提供消费者信息、自定义尺寸和自定义组件需求（例如传感器类型、小车体积大小）等信息,生成个性化定制订单。

针对订单信息,处理中心会协同 PLM 系统,提供满足需求的产品设计参数、工艺设计 CAD 模型及工艺仿真参数,各类参数和三维模型可以通过现场触摸屏或网络终端进行展示。在真实世界进行装配之前,利用软件对整个装配过程进行模拟,以检验整个装配过程的合理性,并对部分参数进行优化。最终确定的工艺流程等信息被提供给 MES。

在智能小车装配前,制造信息被提供给智能机器人或智能 AGV,它们从物料仓库中选取符合制造信息的原料。利用 CCD(电荷耦合器件)识别各原料特征,将检测所得信息反馈至系统,比对实际库内的原料与托盘 RFID 芯片上信息,若比对一致,则正常出库,送至装配中心。

装配过程：从原料库获得已有部件和原料,首先利用已有部件,分别装配小车下层、中间层和上层,实现客户化定制。然后利用 AGV 将装配好的二层输送到总装加工中心,先进行下层和中间层之间的装配,再进行最后的总装。小车总装完成后,需要经过功能检测。在最后一个加工单元,利用激光技术对金属块进行加工,制造个性化铭牌,并装配在小车对应位置,

第 11 课 ｜ 协同制造与个性化定制

最终完成产品制造过程。

在整个装配过程中，消费者可以通过工位旁的电子屏幕或者局域网中的设备实时同步监测装配过程，如果发现某一部分发生错误或者希望临时更改产品设计，可以人为地介入装配过程，实现产品在出库之前都可以再装配。

最后，利用 AGV 将合格的成品送至成品库，同样利用 CCD 技术识别成品，与托盘信息对比，防止混料，完成成品入库。

在装配过程进行的同时，中央控制台实时监控现场的监测和采集单元，对现场的产品信息和执行机构的反馈信息进行采集分析，对产品的状态和设备的状态进行在线监测，对于出现质量问题的产品及时进行相关修正工作，对于不合理的工艺流程和参数进行优化。通过场内物流，完成产品入库，并利用 App 或网页向客户提供产品信息，同时对消费者的反馈信息进行收集和分析处理，有针对性地提供个性化物流和售后服务。

记录：

（1）请分析上述案例中的个性化定制元素，并进行记录。

_____
_____
_____
_____

（2）以小组成员目前的制造能力，还不足以独立完成智能小车制造示范线项目。请集思广益，共同讨论产生一个可行的"协同制造"项目建设方案，并请记录该方案的实施要点。例如，什么部件如何解决（外购、外包制作等，具体到有谁承当），什么问题有谁具体负责解决等。

_____
_____
_____
_____
_____

记录小组讨论的主要观点，推选代表在课堂上简单阐述你们的观点。

评分规则：若小组汇报得 5 分，则小组汇报代表得 5 分，其余同学得 4 分，依此类推。

活动记录：_____
_____
_____
_____

实训评价（教师）：_____
_____

第 12 课

智能制造生产管理

学习目标

知识目标：
（1）熟悉智能制造生产管理的相关知识，了解精益生产、精益管理。
（2）熟悉产品生命周期管理 PLM 和制造执行系统 MES。
（3）了解智能制造工厂的相关概念，了解三一重工典型案例。

素质目标：
（1）培养智能制造生产管理的综合素养，提高个人信息专业素养。
（2）勤于思考，善于联想，掌握学习方法，提高学习能力。
（3）体验、积累和提高智能制造的学习素养。

能力目标：
（1）智能制造技术的发展日新月异，要培养自己创新能力、学习能力，以及接受新思想，学习新知识以及运用新思维的能力。
（2）理解团队合作，协同作业的精神，在项目合作、团队组织中发挥作用。
（3）掌握专业知识的学习方法，培养阅读、思考与研究的能力。

重点难点：
（1）产品生命周期管理。
（2）精益管理。
（3）智能制造工厂。

导读案例

广东首个 5G 全连接智能制造示范工厂亮相

由美的、联通、华为携手在美的厨热事业部顺德工厂打造的 5G 全连接智能制造示范工厂日前正式亮相，同时正式上线全球智能工厂业务首次应用 5G 融合定位技术（见图 12-1）。

厨热事业部顺德工厂拥有三大园区，是生产洗碗机、消毒柜、灶具、净水器和饮水器（见图 12-2）的现代化数字化工厂。工厂以美的集团"全面数字化、全面智能化"的战略为指引，借力 5G 高带宽、低时延、广连接的特点，深度打造"5G+工业互联网"智能制造新模式。

第 12 课 | 智能制造生产管理

图 12-1　5G 全连接智能制造示范工厂内部

图 12-2　厨热设备

历时一年，结合工厂生产制造流程，聚焦总装、注塑、钣金等八大业务和"安全、品质、生产、物流、供应、设备、产品、能源、运营"九大维度，围绕"人、机、料、法、环"五大要素，设计了"985"数字化建设地图，规划了包括智能仓储、智能车辆管理、AI 智能监测、EHS 安全等 19 项应用和超 600 个 5G 连接的落地实施方案，建设 5G 全连接工厂，从根本上提升生产效率和效益。

美的集团厨热事业部顺德工厂总经理乌守保介绍，根据 5G 全场景的梳理，工厂共规划 55 个场景，今年规划了 19 个场景已实现了 11 个场景 70 个点位的运用，新技术的运用有 10 项。"随着全价值链全场景的 5G 运用，我们要打造示范标杆的模式和智能制造试点，期望这个工厂在 2024 年能够实现碳达峰，2026 年实现碳中和。"

在美的厨热事业部顺德工厂，高质量 5G 网络支撑生产线高速运转，5G CPE 实时监测机器人电机运行动态，机器人手臂整齐划一高效作业，AGV 小车零差错调度运送到位，5G 融合高精定位系统确保仓储管理账实一致，AI 视觉替代人工质检，大幅降低不良品率，工人佩戴 AR 设备实现远程设备检修，AR 远程验货让新冠肺炎疫情期间的工作准时交付。在应用场景的背后，是数字到数智的蜕变，更是由此带来的制造链条效率蝶变与价值增值。据预测，这座 5G 全连接工厂每年预计节约成本达数千万元。

基于"5G+蓝牙"AOA 融合定位技术的智能仓储业务已在美的厨热事业部顺德工厂正式上线，这是 5G 融合定位技术在全球智能工厂业务中首次应用。园区传统仓储物流体系长期面临着人机物无法有效跟踪定位、移动场景下工业 Wi-Fi 网络不稳定、多网并行维护困难等问题，增加了人员找货成本，影响仓储物流效率。5G 融合定位技术的出现，赋能仓储物流数字化升级。

美的、联通、华为联合生态合作伙伴，针对制造工厂业务痛点，制定了基于 5G 融合定位的智能仓储方案并完成升级交付。5G 融合定位技术的应用，使得工厂成品仓库夹抱车位置信息准确传到仓储系统，并与实物信息相关联，系统定位达亚米级精度，装柜效率提升 50%，有效降低仓储成本。

美的集团 IT 总监周晓玲表示，美的将携手联通、华为继续深度合作，希望在政府的牵头下，拉动上下游产业链攻克更多壁垒，将 5G 运用到更多的场景，研讨出更成熟的解决方案。这些经验不仅将推广到美的全球生产基地，也将利用美的工业互联网 M·IOT 对外赋能，为中国的智能制造添砖加瓦。

资料来源：根据网络资源整理

阅读上文，请思考、分析并简单记录：

（1）什么是厨热设备？请写出你所知道的厨热设备种类。

答：_____

_____

_____

（2）阅读文章，请问什么是厨热生产制造流程的"八大业务"和"九大维度"？

答：_____

_____

_____

_____

（3）你认为智能制造示范工厂的关键技术是什么？

答：_____

_____

_____

_____

（4）请简单记述你所知道的上一周发生的国际、国内或者身边的大事。

答：_____

_____

_____

_____

数字化智能工厂方案是一套结合精益生产管理、工业物联网、数字化管理系统的工厂企业智能制造整体解决方案。智能数字化工厂方案通过精益的手法对生产现场、管理流程进行科学优化，以工业物联网搭建信息化管理网络，通过数字化管理系统将工厂企业经营管理、现场设备及环境数据进行交融、传输、整理、分析。智能数字化工厂方案让工厂企业提高生产效率、提高产品品质、缩短生产周期、降低制造成本、全面防错防呆，实现全面数字化智能生产管理。

12.1 产品生命周期管理（PLM）

产品生命周期管理（Product Lifecycle Management，PLM，见图12-3）是一种应用在单一地点的企业内部、分散在多个地点的企业内部，以及在产品研发领域具有协作关系的企业之间的，支持产品全生命周期的信息创建、管理、分发和应用的一系列应用解决方案，它能够集成与产品相关的人力资源、流程、应用系统和信息。

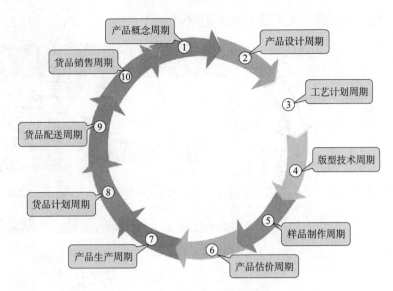

图 12-3　产品生命周期管理

按照美国知名市场调研和咨询企业 CIMdata 的定义，PLM 主要包含三部分，即 CAX 软件（产品创新的工具类软件）、cPDM 软件（产品创新的管理类软件，包括 PDM 产品数据管理和在网上共享产品模型信息的协同软件等）和相关的咨询服务。实际上，PLM 与我国提出的 C4P（CAD/CAPP/CAM/CAE/PDM）或者技术信息化所指的基本上是同一领域，即与产品创新有关的信息技术的总称。

从另一个角度而言，PLM 是"对产品从创建到使用，到最终报废等全生命周期的产品数据信息进行管理"的理念。在 PLM 之前，PDM 主要是针对产品研发过程的数据和过程的管理。而在 PLM 理念下，PDM 概念得到延伸，成为 cPDM，即基于协同的 PDM，可以实现研发部门、企业各相关部门，甚至企业间对产品数据的协同应用。软件厂商推出的 PLM 软件是 PLM 第三个层次的概念。这些软件部分地覆盖了 CIMdata 定义中 cPDM 应包含的功能，即不仅针对研发过程中的产品数据进行管理，也包括产品数据在生产、营销、采购、服务、维修等部门的应用。

因此，PLM 有三个层面的概念，即 PLM 领域、PLM 理念和 PLM 软件产品。而 PLM 软件的功能是 PDM 软件的扩展和延伸，其核心是 PDM 软件。

2008 年，随着围绕 Web 2.0 的一系列进步，引入了 PLM 2.0 的概念，包含了使用社会社区的方式来实现 PLM 的手段，即 PLM 2.0 是 Web 2.0 在 PLM 领域的新应用，它不仅仅是一种技术，更是体现为 PLM 领域的一种新的思想：PLM 应用是基于网络的（软件即服务）；PLM 应用注重在线协作，集体智慧和在线社区；PLM 扩展成现实世界的网络，将 PLM 延伸至企业之外；PLM 业务流程可以很方便地通过网络进行激活，配置与使用。

12.2　制造执行系统（MES）

制造执行系统（Manufacturing Execution System，MES）的定义是："一些能够完成车间生产活动管理及优化的硬件和软件的集合，这些活动覆盖从订单发放到出产成品的全过程。它通过维护和利用实时准确的制造信息来指导、传授、响应并报告车间发生的各项活动，同时向企业决策支持过程提供有关生产活动的任务评价信息"(见图12-4)。

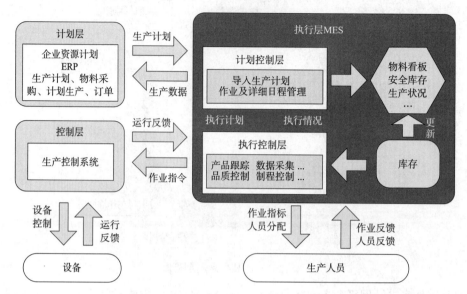

图 12-4　MES 系统流程

制造执行系统是美国 AMR 公司在 20 世纪 90 年代初提出的,旨在通过执行系统将车间作业现场控制系统联系起来。这里,现场控制包括 PLC(可编程逻辑控制器)、数据采集器、条码、各种计量及检测仪器、机械手等。MES 系统设置了必要的接口,与提供生产现场控制设施的厂商建立合作关系。

12.2.1　MES 系统需求

MES 系统的需求不仅来自企业本身的竞争压力,还来自于客户、执行管理、内部管理等方面的需求。MES 利用信息化对制造业现场进行有序管理。

(1)执行管理方面:

- 企业的管理层能及时了解管理生产现场的运行状况,清楚地了解产品产出的时间,有计划地安排生产货物,以提高交货的准确度。
- 对于质量有问题的产品可及时下架,使合作商没有机会收到劣质产品。
- 避免制造现场报表的延误和错误,导致不能及时地解决问题,造成不必要的损失。
- 使企业内部现场制造层与管理层信息互通,提高企业的核心竞争力。

(2)竞争方面。各行各业都面临着激烈的竞争,对于制造业,巨大的竞争压力要求企业拥有高质量和低成本的市场竞争优势。随着制造规模的扩大,人工统计的数据将会赶不上市场竞争的需求,而 MES 系统可以更快捷、更准确地对材料的利用率和产品质量问题做出有效的统计和管理,从而提高市场竞争力。

(3)客户方面。客户可以通过 MES 系统对产品的生产过程进行监视,了解整个产品的生产流程、用料多少、生产进度等情况。这样可以提高客户对企业的可信度,有利于促进合作。企业也可以从中准确地预测和保证产品的出货期。生产过程的透明度提高了客户对产品的满意度。

(4)企业内部管理方面:

- 将制度变动的内容及时、准确地通知相关的员工。

- 通过沟通平台搜集意见，协助管理者对企业的管理进行调整。
- 改善内部对员工的管理，建立员工奖惩机制，最大限度地调动员工的工作积极性。

（5）质量的管理。通过管理提高产品质量，避免违规操作或违规生产。

12.2.2　MES 模型建立

在 MES 系统的整体框架中包括了服务器、机器人、加工设备、检测设备等。生产车间 MES 系统位于管理层和控制层之间（见图 12-5），符合三层模型标准，是企业经营战略到具体实施的一道桥梁。它针对车间生产制造与管理脱节、生产过程控制与管理信息不及时等现状，集成了企业管理、车间生产调度、库存管理、工艺管理、质量管理、过程控制等相互独立的系统，使这些系统之间的数据实现完全共享，解决了信息孤岛状态下企业生产信息数据重复和矛盾的问题。

车间 MES 系统的主要模块包括：系统设置、计划管理、过程管理、用户权限管理（过程监控管理、质量管理、产品追踪、统计报表、参数表查询）等。

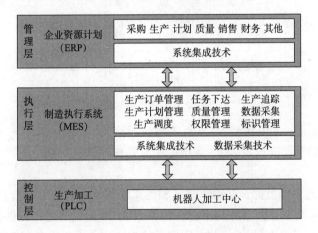

图 12-5　MES 系统三层模型

12.2.3　关键集成技术

集成技术分为软件系统集成技术和硬件系统集成技术。

（1）软件系统集成技术。包括接口技术以及 MES 和 EPR 集成的模块接口信息及操作接口的实现。实现 MES 系统和 ERP 系统集成的模块中基本信息主要包括：物料主数据下传、生产订单下传、销售订单下传、外向交货单下传、CNC 特性下传、维修服务订单下传、MES 修改服务订单报工上传、MES 修改生产订单技术关闭上传、MES 修改维修服务订单上传、MES 写入管理软件系统设备物料清单上传、MES 写入管理软件系统中间表上传。

（2）硬件系统集成技术。包括上位机软件采集 PLC 数据和 MES 和 OPC（工业标准，用于过程控制的 OLE）服务的集成。

12.3　MES 的系统边界

企业在进行 MES 需求分析时，即便是从业务角度来分析需求，也要将界限划分清晰。因此，了解 MES 功能和系统边界是非常关键的。

MES 系统通过与 ERP、集控系统、物流自动化等系统的全面集成，为企业搭建一个生产制造集成平台，实现对生产全过程的管理（见图 12-6）。MES 系统通过控制包括物料、设备、人员、流程指令和设备在内的所有工厂资源，优化从订单到产品完成的整个生产活动，以最少的投入生产出最符合质量要求的产品，实现连续均衡生产。

MES 功能边界被作为定义工厂 MES 系统业务边界的基础，并结合工厂的自身特点来划定 MES 系统的业务边界范围。

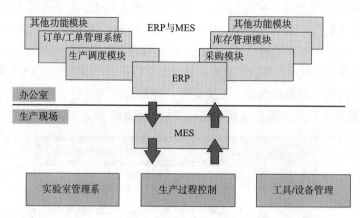

图 12-6 ERP 与 MES

（1）基础数据管理：主要实现 MES 系统物料、设备、人员、工艺、质量、日历相关的基础数据的维护，基础数据管理对 MES 系统中所有基础数据进行集中管理，其他功能模块使用统一的基础数据。

MES 系统维护的基础数据，其编码规则和格式规范要求符合工厂信息化建设的总体要求，最终提供一个综合基础信息共享查询平台，为整个 MES 系统的运行提供良好的基础。基础数据如果在 ERP 系统中已经有维护，MES 通过系统集成的方式实现基础数据的接收和同步。

（2）生产建模：根据生产厂各生产环节的实际设备情况，对整个物理设备进行定义，建立物理模型。在物理模型的基础上进行"扩展"，根据工厂在生产、物流、能源生产等方面的实际业务管理模式，定义相关的业务逻辑模型，建立逻辑模型；逻辑模型通过事件和消息驱动的各种业务"规则"，模拟和跟踪整个生产过程。

（3）生产排产与调度：生产排产的主要任务是接收或维护生产计划，结合资源能力、设备能力、设备维修保养计划、工艺要求以及生产车间部门的生产操作安排等，通过科学组织生产安排，进行详细排产，接收 ERP 的各类订单，将订单转化为 MES 生产计划，再将生产计划分解为工单，更有效地指挥协调生产。

生产调度是生产实时指挥调度的核心，生产排产和生产过程监控是生产调度的基础。系统根据设备动态信息、质量动态信息、生产动态信息等，协同各部门各作业单元高效有序生产，实现作业的智能调度，保障排产与调度的完成。

（4）生产标准管理：实现对产品标准进行管理，维护产品类别，制定物料产品路线；维护产品路线包含的产品段、各产品段的执行顺序，以及产品段下的工序、工序下包含的参数；维护生产工艺标准，审批发布生产标准；管理生产标准的版本，并作为排产调度、质量考核和生产控制的依据。

生产标准管理实现生产标准定义和维护，包括制定生成生产标准、制定新版本生产标准、标准审批与下发，以及按类别维护生产标准、标准归档和标准废弃等几方面的功能。

（5）质量管理：通过对生产过程中的质量信息进行记录和汇总，实现对各工序、工段的生产工艺标准进行有效的质量监视，对在制品的质量情况进行分析，实现对工艺质量改善。利用生产全过程中的产品质量数据的关联、产品质量数据的可追溯及产品质量数据的实时性，实现对产品质量的过程统计分析及质量追踪功能，最终达到对生产过程中出现的质量问题进行考核。

（6）设备停机管理：MES 系统的设备运行管理实时收集、汇总生产过程中的设备运行数据，捕捉设备运行故障信息；根据底层反馈的设备运行数据，自动对数据加以识别，并生成相应的设备运行记录和停机记录，将这些数据归档、进行统计分析，形成设备运行情况统计报告。

（7）生产监视：在对生产管控、能源管控、物流管控等生产控制系统进行实时数据采集的基础上，通过对生产过程中实时产生的各种关键数据进行动态监视，从而实时掌握生产的动态情况。同时，与生产计划进行比对，达到对生产进度计划进行有效控制，以便及早控制与处理生产过程中的异常事件。

（8）物料管理：包括物料基础数据定义、物料信息采集、物料谱系生成和物料追踪。它记录和跟踪从原料投料到产成品入库过程中发生的所有与物料有关的信息，并结构化地组织起来，按固定时间段进行归档，形成历史生产档案。

当用户需要查询历史生产数据时，只需输入相关的查询条件，MES 系统会快速准确地进行定位，自动显示出用户所关心的数据，如生产过程中的物料消耗、生成、变更和流转信息，以及相应的质量、设备、工艺信息。

（9）现场管理：包括各个车间现场管理，按工艺段对交接班的原料、辅料、在制品的信息进行记录。能通过数据采集获取的自动记录，对于不能自动获取的数据，生产操作人员按照操作守则，在现场终端进行录入和维护，保证生产业务数据的连续性和完整性。

（10）统计过程控制：在获取底层自动化系统实时生产过程数据及抽取 MES 各个功能模块静态生产过程数据的基础上，通过数理统计方法的过程控制工具，科学地区分出生产过程中产品质量的随机波动与异常波动，对生产过程的异常趋势提出预警，使生产管理人员及时采取措施，消除异常，恢复过程的稳定。

（11）生产人员管理：人员是生产执行系统里的一个重要资源。在 MES 系统里要定义人员及其特性，如岗位、部门、联系电话等。MES 系统自动进行数据采集及人工维护原始的生产数据，这些数据同操作班组通过系统直接联系在一起，支持在此基础之上的进一步分析与班组绩效统计，生产人员管理包括生产人员基本情况管理、生产人员调度管理、生产人员到岗信息查询。

（12）实时数据采集：指通过数采设备对生产过程中在线信息按照一定的频率进行的采集，采集的内容质量信息、设备信息、工艺信息和物料信息。MES 系统实时数采模块通过 OPC 或其他通信方式接收控制系统和数采系统实时采集的数据，提供其他各模块使用。

（13）工艺指标分析：MES 系统得到的生产过程各个阶段监测工艺参数，特别是关键指标（KPI）信息后，与工艺标准进行比较，通过 SPC（统计过程控制）统计分析技术对生产过程中的各工序参数进行偏差分析、历史数据对比分析和影响因素分析。

科学地区分出生产过程中产品质量的偶然波动与异常波动，发现过程异常，及时告警，以便生产管理人员及时采取措施，消除异常，恢复过程的稳定，从而改进、保证产品的质量。

总之，MES 系统以计划为导向，以设备为基础，掌控生产过程，通过敏捷指挥调度，强化质量控制，使得制造成本透明，提升管控能力，提升管理水平。

(1) 通过打通企业的计划层和操作层，整合信息孤岛。

(2) 将制造过程中的生产计划、进度安排、物料流动、物料跟踪、过程控制、过程监视、质量管理、设备维护等活动全面集成起来，有机协调这些活动的执行，使制造过程朝着高效方向发展，完善管理手段。

(3) 通过生产实时调度、实时监控、实时反馈，让生产现场透明化。

(4) 收集、整理生产过程中的各类数据，为管理人员提供评价依据，提供科学、灵活的分析评价工具，以指出生产过程改进的方向。

12.4 精益管理

精益生产是一种以工业工程技术为核心，以消除浪费为目标，围绕生产过程进行提升的一种管理形式。在日本丰田汽车公司生产方式（TPS）的基础上，由美国麻省理工学院的 53 名专家历时 5 年时间，通过对全世界 17 个国家 90 个汽车制造厂的调查和对比分析，总结提炼。起初人们用"准时化的 JIT 生产"来总结丰田公司在生产管理方面的特殊优点，后来欧美的企业管理研究人员又将这种生产管理模式称为 Lean Production（精益生产）。

在随后的 20 多年中，各国专家从文化、管理技术和信息技术等方面对丰田生产方式进行了补充，拓展了精益生产理论体系。同时，理论与实践界的许多研究者将精益生产视为现代工业工程的进化。其核心是应用现代工业工程的方法和手段来有效配置和使用资源，从而彻底消除无效劳动和浪费，通过不断地降低成本、提高质量、增强生产灵活性、实现无废品和零库存等手段，确保企业在市场竞争中的优势。

随着时代的发展，这种管理形式也在不断演化，由最初的只关注制造环节逐渐开始关注职能管理环节；由最初的只在汽车制造业中的应用逐渐开始在其他行业、其他领域中广泛应用；其核心也由以准时生产为中心的精益生产转变为以提升管理效率为中心的精益管理。

精益管理源于精益生产。随着各国学者在这方面的研究深入和企业实践的发展，人们将精益思想从精益生产中提炼出来，并将其突破原来仅仅涉及的生产领域，逐步扩大到企业其他职能管理当中，形成了不少以精益思想为基础的通用精益管理理论要点。

精益管理是一系列有效的综合管理活动。它包括受精益思想、精益意识支配的人事组织管理、现场管理、流程管理与结果控制管理等活动。首先，精益管理的本质特点是精益思想贯穿始终，精益思想是与企业价值流密切相关的思维体系。其次，精益管理的起点应该是从企业管理实践未开始之前，就按照精益思想来设计企业流程和运作，当然也需要在过程中的持续改善。

精益管理的定义：企业树立持续追求高效及最大价值流的思想与意识，并自始至终优化人事组织、运作流程、现场状态、结果控制的一系列管理活动。

12.5 智能制造工厂

智能制造工厂代表了从传统自动化向完全互联和柔性系统的飞跃（见图 12-7）。这个系统能够从互联的运营和生产系统中源源不断地获取数据，从而了解并适应新的需求。

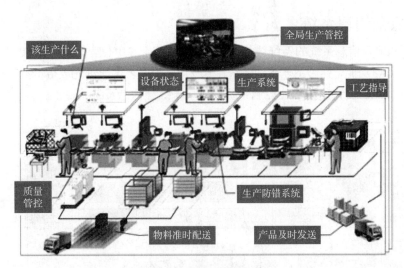

图 12-7 智能制造工厂

真正的智能工厂能够整合全系统内的物理资产、运营资产和人力资本，推动制造、维护、库存跟踪、通过数字孪生实现运营数字化以及整个制造网络中其他类型的活动。其产生的结果可能是系统效率更高也更为敏捷，生产停工时间更少，对工厂或整个网络中的变化进行预测和调整适应的能力更强，从而进一步提升市场竞争力。

12.5.1 企业信息系统架构

智能制造的基本特征是生产过程和生产装备的数字化、网络化和信息化。企业系统与控制系统集成国际标准 ISA-95 和国际电工委员会标准规范 IEC62264 将企业的信息系统的架构划分为不同层次，定义了不同层次所代表的功能（见图 12-8）。

层 0 定义实际的生产制造过程，代表生产设备（如数控机床、工业机器人、成套生产线等）。

层 1 定义生产流程的传感和执行活动，代表各种传感器、变送器和执行器等。时间范围：秒、毫秒、微秒。

层 2 定义生产流程的监视和控制活动，代表各种控制系统和 SCADA（数据采集与监控）系统。时间范围：小时、分、秒、毫秒。

层 3 定义生产期望产品的工作流程配方控制活动，包括：维护记录和优化生产过程、生产调度、详细排产等。时间范围：日、班次、小时、分。

层 4 定义管理工厂/车间所需的业务相关的活动，包括：建立基本的工厂/车间生产计划、资源使用、运输、物流、库存、运作管理。时间范围：月、周、日。

智能制造要求各级网络的集成和互联打破原有的业务流程与过程控制流程相脱节的局面，使得分布于各生产制造环节的各控制系统不再是"信息孤岛"，而是从底层现场级（层1）贯穿至控制级（层2）和管理级（层3）各层次。

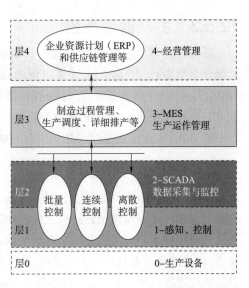

图 12-8 ISA-95 功能模型

12.5.2 综合信息系统

工厂/车间综合信息系统的系统结构如图12-9所示。其中：层4、层3代表企业资源、生产等的计划和管理功能，称为生产管理系统。层2、层1代表生产单元或生产线的监视、操作，以及生产过程控制功能，称为工业控制系统。对应于综合信息系统，在工厂/车间中实现网络连接拓扑。

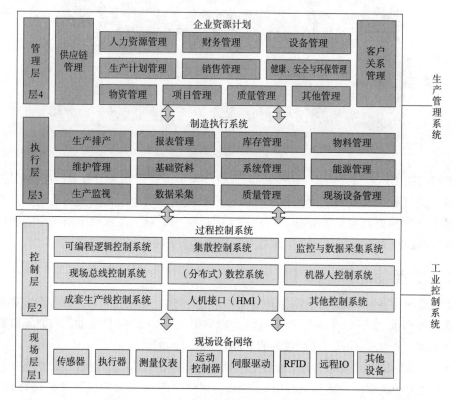

图12-9 工厂/车间综合信息系统的系统结构

12.5.3 生产管理系统

管理层的各个系统/软件包括：计算机辅助设计（CAD）、计算机辅助工程（CAE）、计算机辅助工艺设计（CAPP）、计算机辅助制造（CAM）、客户关系管理（CRM）、产品数据管理（PDM）、产品生命周期管理（PLM）、供应链管理（SCM）、企业资源计划（ERP）。根据生产需求，各企业使用ERP的功能模块会有很大差别。

使用PLM软件来管理产品全生命周期，需要与SCM、CRM，特别是ERP进行集成。

12.5.4 工业控制系统

工业控制系统涉及工业以太网、现场总线、工业无线等多种工业通信网络技术，负责将计算机（工程师站、操作员站、SCADA系统、OPC服务器等）、控制器（PLC、CNC、RC等）、人机接口等控制与监视设备同生产现场的各种传感器、变送器、执行器、伺服驱动器等连接起来，并将生产管理系统（如MES系统）的生产调度、工作指令和控制参数等向下传递给控制系统，以及将生产现场的工况信息、设备状态、测量参数等向上传递给生产管理系统（如MES系统），以执行特定的生产制造计划。

SCADA系统，即数据采集与监视控制系统，是以计算机为基础的生产过程控制与调度自动化系统。它应用于电力、冶金、石油、化工、燃气、铁路等领域的数据采集与监视控制以及工程控制等诸多领域，可以对现场的运行设备进行监视和控制，以及实现数据采集、设备控制、测量、参数调节以及各类信号报警等功能。

12.5.5　ERP、MES和PCS集成

工业控制网络涵盖控制级网络和现场级网络，实现将生产管理系统（如MES系统）的生产调度、工作指令、工艺参数和控制参数等向下传递给控制系统，以及将生产现场的工况信息、设备信息、测量参数等向上传递给生产管理系统，进而生产管理系统根据获取的信息来优化生产调度和资源分配。ERP、MES、PCS（过程控制系统）的集成及数据包括以下几方面：

（1）ERP传递给MES的生产计划数据。ERP需要每天传递给MES一周以后的生产计划数据，即顺位计划文件。在传递的顺位计划文件中，应该包含全部车间所涉及的生产信息。

（2）MES传递给ERP的生产执行数据。MES需要将计划的实际信息传递给ERP，以保证ERP可以实现生产计划跟踪、物料倒冲、成品入库、生产查询。

（3）MES传递给设备和生产者的生产信息。通过MES系统与PLC的数据传递，实时地将生产设备生产工件基础信息以及生产状态信息进行采集，并存储，经过整理后，即可以用专用格式向ERP传递。

12.5.6　数字孪生模型

数字孪生模型（MBD）指的是以数字化方式在虚拟空间呈现物理对象，为物理对象创建虚拟模型，模拟其在现实环境中的行为特征，它是一个应用于整个产品生命周期的数据、模型及分析工具的集成系统。对于制造企业来说，数字孪生模型能够整合生产中的制造流程，实现从基础材料、产品设计、工艺规划、生产计划、制造执行到使用维护的全过程数字化。通过集成设计和生产，数字孪生模型可帮助企业实现全流程可视化、规划细节、规避问题、闭合环路、优化整个系统。

数字孪生模型主要包括产品设计、过程规划、生产布局、过程仿真、产量优化等。

（1）产品设计：MBD技术中融入了知识工程、过程模拟和产品标准规范等，将抽象、分散的知识集中在易于管理的三维模型中，使得设计、制造过程能有效地进行知识积累和技术创新，因而MBD是企业知识固化和优化的最佳载体。

（2）过程规划：产品的实际制造过程有时可能极其复杂，生产中所发生的一切都离不开完善的规划。一般的规划过程通常是设计人员和制造人员采用不同的系统分别开展工作，他们之间无过多沟通，设计人员将设计创意交给制造商，不考虑制造性，由他们去思考如何制造。但是这样做很容易导致信息流失，使得工作人员很难看到当前的实际状况，进而增大出错的概率。

（3）生产布局：指的是用来设置生产设备、生产系统的二维原理图和纸质平面图。设计这些图需要耗费大量的精力并进行广泛的协调。由于计划和设备设计密切集成，所以用户能高效管理整个生产过程。通过规定每个生产步骤，甚至管理每个生产资源（如机械手、夹具等），用户可以优化过程。

（4）过程仿真：一个利用三维环境进行制造过程验证的数字化制造解决方案。制造商可以

利用过程仿真在早期对制造方法和手段进行虚拟验证。过程仿真包括利用装配过程仿真，利用人员过程仿真，利用工艺模拟点焊仿真，利用机器人过程仿真，利用试运行过程仿真。利用过程仿真能够对制造过程进行分步验证。

（5）产量优化：利用产量仿真优化决定生产系统产能的参数。通过将厂房布局与事件驱动型仿真结合在一起，促进这种优化的实现。这样可以快速开发和分析多个生产方案，从而消除瓶颈、提高效率并提高产量。工厂仿真可以对各种规模的生产系统和物流系统（包括生产线）进行建模、仿真，也可以对各种生产系统（包括工艺路径、生产计划和管理）进行优化和分析，还可以优化生产布局、资源利用率、产能和效率、物流和供应链，考虑不同大小的订单与混合产品的生产。

12.6 案例：三一重工 18 号厂房

三一重工股份有限公司（简称三一重工）是一家创建于 1994 年的机械制造企业，总部位于北京，公司产品包括建筑机械、筑路机械、起重机械等 25 大类 120 多个品种。

三一重工 18 号厂房是亚洲最大的智能化制造车间，有混凝土机械、路面机械、港口机械等多条装配线，是三一重工总装车间。2008 年开始筹建，2012 年全面投产，总面积约十万平方米。

三一重工总装车间分为装配区、高精机加区、结构件区、立库区、展示厅、景观区六大功能区域；主要生产泵车、拖泵、车载泵和平地机、压路机、摊铺机、正面吊等产品。厂房规划全面应用数字化工厂仿真技术进行方案设计与验证，此举大大提高了规划的科学性及布局的合理性。

（1）智能加工中心与生产线（见图 12-10）。三一重工在上海临港产业园建成全球最大最先进的挖掘机生产基地，其中焊接机器人大规模投入使用，使得三一挖掘机的使用寿命大约翻了两番，售后问题下降了四分之三。

图 12-10　智能加工中心与生产线

（2）智能化立体仓库和物流运输系统（见图 12-11）。三一智能化立体仓库由华中科技大学与三一重工联合研制，总投资 6 000 多万元，分南北两个库，由地下自动输送设备连成一个整体，总占地面积 9 000 m²，仓库容量大概是 16 000 个货位。这个库区有几千种物料，能支持每月数千台产品的生产量。

图 12-11　自动配送物料的 AGV 小车

（3）智能化生产执行过程控制。三一集团制造执行系统充分利用信息化技术，从生产计划下达、物料配送、生产节拍、完工确认、标准作业指导、质量管理、关重件条码采集等多个维度进行管控，并通过网络实时将现场信息及时准确地传达到生产管理者与决策者（见图12-12）。

图 12-12　智能化生产车间

（4）智能化生产控制中心。采用了 Andon 系统之后，一旦发生问题，操作员可以在工作站拉一下绳索或者按一下按钮，触发相应的声音和点亮相应的指示灯，提示监督人员立即找出发生故障的地方以及故障的原因，可以减少停工时间同时又提高了生产效率。

作业

1. （　　）"是一种应用于企业内部，以及具有协作关系的企业之间的，支持产品全生命周期的信息创建、管理、分发和应用的一系列应用解决方案。"
   A. PLM　　　　　　B. MES　　　　　　C. ERP　　　　　　D. PCS

2. PLM 主要包含三部分，即（　　）。
   ① CAX 软件（产品创新的工具类软件）
   ② cPDM 软件（产品创新的管理类软件）
   ③ PCS 过程控制系统
   ④ 相关的咨询服务
   A. ②③④　　　　　B. ①③④　　　　　C. ①②④　　　　　D. ①②③

3. （　　）是"一些能够完成车间生产活动管理及优化的硬件和软件的集合，这些活动覆盖从定单发放到出产成品的全过程。"
   A. PLM　　　　　　B. MES　　　　　　C. ERP　　　　　　D. PCS

4. （　　）是美国AMR公司在20世纪90年代初提出的，旨在通过执行系统将车间作业现场控制系统联系起来。
   A.产品生命周期管理　　　　　　　　　　B.精益管理
   C.制造执行系统　　　　　　　　　　　　D.企业资源计划

5. 现场控制包括（　　）、条码、机械手等。MES系统设置了必要的接口，与提供生产现场控制设施的厂商建立合作关系。
   ① 二维条码识别器　　　　　　　　　　② 数据采集器
   ③ 各种计量及检测仪器　　　　　　　　④ PLC（可编程逻辑控制器）
   A.②③④　　　　B.①③④　　　　C.①②④　　　　D.①②③

6. MES系统的需求不仅来自企业本身的竞争压力，还来自于客户、执行管理、（　　）等方面的需求。MES利用信息化对制造业现场进行有序管理。
   ① 竞争　　　　② 内部管理　　　　③ 质量管理　　　　④ 车辆管理
   A.②③④　　　　B.①③④　　　　C.①②④　　　　D.①②③

7. 生产车间MES系统位于（　　），是企业经营战略到具体实施的一道桥梁。
   A.管理层之前　　　　　　　　　　　　B.控制层之后
   C.管理层和控制层之间　　　　　　　　D.独立设置的位置

8. 车间MES系统的主要模块包括：系统设置、（　　）、过程管理、用户权限管理（过程监控管理、质量管理、产品追踪、统计报表、参数表查询等。
   A.风险管理　　　　B.计划管理　　　　C.采购管理　　　　D.范围管理

9. MES系统通过与ERP、集控系统、（　　）等系统的全面集成，为企业搭建一个生产制造集成平台，实现对生产全过程的管理。
   A.物流自动化　　　　B.AGV小车　　　　C.自动设计　　　　D.详细测试

10. MES系统通过控制（　　），优化从订单到产品完成的整个生产活动，以最少的投入生产出最符合质量要求的产品，实现连续均衡生产。
    A.部分物料系统　　　　　　　　　　　B.全部进货渠道
    C.全部销售渠道　　　　　　　　　　　D.所有工厂资源

11. 工厂MES系统的（　　）对系统中所有基础数据进行集中管理，其他功能模块使用统一的基础数据。
    A.生产建模　　　　　　　　　　　　　B.生产排产与调度
    C.基础数据管理　　　　　　　　　　　D.生产标准管理

12. 工厂MES系统的（　　）根据各生产环节的实际设备情况，对整个物理设备进行定义，建立模型，模拟和跟踪整个生产过程。
    A.生产建模　　　　　　　　　　　　　B.生产排产与调度
    C.基础数据管理　　　　　　　　　　　D.生产标准管理

13. 工厂MES系统的（　　）的主要任务是接收或维护生产计划，结合资源、设备能力等，进行详细排产，有效地指挥协调生产。
    A.生产建模　　　　　　　　　　　　　B.生产排产与调度
    C.基础数据管理　　　　　　　　　　　D.生产标准管理

14. 工厂MES系统的（　　）实现对产品标准进行管理，维护产品类别，制定物料产品路线。
    A. 生产建模　　　　　　　　　　　　　B. 生产排产与调度
    C. 基础数据管理　　　　　　　　　　　D. 生产标准管理

15. （　　）是一种源自日本丰田汽车公司的生产方式，以工业工程技术为核心的，以消除浪费为目标，围绕生产过程进行提升的一种管理形式。
    A. 精益思想　　　B. 质量管理　　　C. 精益生产　　　D. 精益意识

16. 随着各国学者的研究深入和企业实践的发展，人们将（　　）提炼出来，逐步扩大到企业其他职能管理当中，形成了不少以此为基础的通用管理理论要点。
    A. 精益思想　　　B. 精益管理　　　C. 精益生产　　　D. 精益能力

17. （　　）是一系列有效的综合管理活动，它包括受精益意识支配的人事组织管理、现场管理、流程管理与结果控制管理等活动。
    A. 精益思想　　　B. 精益管理　　　C. 精益生产　　　D. 精益能力

18. （　　）代表了从传统自动化向完全互联和柔性系统的飞跃。这个系统能够从互联的运营和生产系统中源源不断地获取数据，从而了解并适应新的需求。
    A. 智能管理　　　　　　　　　　　　　B. 智能制造
    C. 智能生产　　　　　　　　　　　　　D. 智能制造工厂

19. （　　）系统是以计算机为基础的生产过程控制与调度自动化系统。
    A. SCADA　　　　B. PLM　　　　C. SCM　　　　D. CRM

20. （　　）模型指的是以数字化方式在虚拟空间呈现物理对象，为其创建虚拟模型，模拟其在现实环境中的行为特征。
    A. 系统重叠　　　B. 重复再造　　　C. 数字孪生　　　D. 复制备份

研究性学习

熟悉智能制造生产管理的技术与作用

小组活动：阅读本课的【导读案例】，讨论以下题目。

（1）什么是MES系统？MES系统的需求有哪些？MES系统在智能制造经营及生产过程控制中发挥的作用是什么？

（2）什么是精益管理？精益思想的内涵与应用是什么？

（3）工业4.0与智能工厂之间有什么关系？

记录：小组讨论的主要观点，推选代表在课堂上简单阐述你们的观点。

评分规则：若小组汇报得5分，则小组汇报代表得5分，其余同学得4分，依此类推。

活动记录：_____
_____
_____
_____

实训评价（教师）：_____
_____

第13课

远程运维与智能服务

学习目标

知识目标：
(1) 熟悉制造业远程运维的概念知识，了解远程运维系统架构。
(2) 熟悉智能制造服务的物联网技术，理解"互联网+"思维。
(3) 了解工业互联网，了解工业云技术。

素质目标：
(1) 培养数据素养，培养互联网和"互联网+"思维，提高个人的信息和大数据专业素养。
(2) 勤于思考，善于联想，掌握学习方法，提高学习能力。
(3) 体验、积累和提高智能类专业的学习素养。

能力目标：
(1) 培养自己创新能力、学习能力，以及接受新思想、学习新知识以及运用新思维的能力。
(2) 理解团队合作，协同作业的精神，在团队组织中发挥积极作用。
(3) 掌握专业知识的学习方法，培养阅读、思考与研究的能力。

重点难点：
(1) 远程运维核心技术。
(2) 服役系统智能健康管理。
(3) 智能服务三层结构。

导读案例

无人机用于基建设施的查验

二〇二几年的某个时段，通过人工智能，社会基建设施的运营管理以及维保工作将发生很大变化。

故事的主人公是日本高松市60岁的建筑公司总经理高塚先生，他是桥梁查验（见图13-1）的高手，但是因为刚扭了腰而难以继续工作，人手也不足，帮他解决这些烦恼的是桥梁自动查验的无人机。

作为建筑公司总经理，高塚先生今天要参加基建设施中桥梁查验的现场验收工作。高塚先生自工业高中毕业后，18岁进入建筑行业，专门从事查验工作，至今已经40年。

查验员的技术水平不同,分析判断的结果也会不同。对于桥梁查验工作,高塚一直都是用近距离目测来进行的。无论多么高的地方、多么危险的地方,都要豁出命去靠近桥梁,仔细查看它是否有裂缝和裂纹,还要用铁锤敲打设备表面,凭声音确认其强度。日本已有的41 000多座桥梁中,大多建于经济高速成长期,其中一些桥梁已经老化了,地方政府要求对其查验的频次很高,所以这会儿不是高塚先生休息的时候。

图13-1　桥梁查验

这天傍晚,高塚先生打开电视,电视上正在播放建筑行业使用无人机的特辑。几年前他曾听说,东京已经为引进无人机对基建设施进行查验而实施了实证性实验。那时候,他没有对此进一步深入研究,而现在却引起了他的注意。他上网查了一下,发现在社会基建设施领域已经出现了使用无人机的例子。"使用带照相机的、像蜘蛛一样的机器真的可以进行基建设施查验吗?"他半信半疑,检索了用无人机拍摄下的查验桥梁的动态图。把找到的动态图重新播放之后,他惊讶于这一技术的高超,并考虑如何也在自己公司把这个无人机好好地利用起来。他在网上查询了销售基建设施查验用的无人机的厂家,第二天在电话中进行了咨询。

又过了一天,一个大纸箱寄到了公司,里面装着基建设施查验用的无人机和使用说明书。说明书上写着:"即使是人类无法靠近的危险场所,无人机也可以飞过去靠近它,可以在那些地方进行拍摄。"进一步说,这项技术可以用照相机在设施的上面和背面拍摄,可以飞过设施进行拍摄,可以通过传感器收集图像,并将图像通过异常探知流程系统进行解析,判断出需要维护保养的地方,并即时通过无线方式传输给人类。高塚将笔记本计算机放在膝盖上,接通无人机的电源,确认连接上计算机后,他让部下将无人机放飞(见图13-2)。

图13-2　无人机巡查

很快,计算机App中就发来了一条通知:"桥的内侧有裂纹,需要马上修理。"同时还发现了几个小异常,并即时将这些异常之处传输给了计算机。过了大约20分钟,无人机再次出现,向着高塚先生的方向飞来,接近他们时则缓缓下降,落在地面上。如果人类要进行同样的查验,大概需要一两天时间。况且,如果是人类难以进入的地方,移动过去以及发现异常之处,则需要更多的时间。但是,无人机就没有这方面的担心,相当高效。对于那些无人机探知到的异常之处,它会安排进行修理和加固的工作。实际上,用肉眼来察看，也正如无人机所判断的一样。

高塚先生的公司真的在桥梁查验中使用了无人机，他也不用再对查验工作进行现场验收了。为了使用桥梁查验用无人机和智能手机，构筑基建设施维保的智慧型环境系统，他继续从事的是提供自己知识的工作。

资料来源：根据网络资源整理

阅读上文，请思考、分析并简单记录：

（1）无人机可以看成是智能机器人的一种。你是否熟悉无人机及其应用？你觉得无人机今后会在哪些领域得到广泛应用？

答：_____

_____

_____

（2）装备了近距离目测技能的无人机，除了飞行与控制功能外，你认为还需要用到什么技术？

答：_____

_____

_____

（3）用于基建设施查验的无人机通过在设施附近自主飞行，开展查验工作，判断基建设施是否需要维护保养。无人机在飞行过程中，能准确判断出自身的位置，并从照相机拍下的图像中找出裂纹等基建设施老化的征兆。通过把过去相似的数据和照相机捕捉到的图像进行比较，从而判断出维护保养的必要性。请分析，这里都用到了哪些先进技术？

答：_____

_____

_____

（4）请简单记述你所知道的上一周发生的国际、国内或者身边的大事。

答：_____

_____

_____

作为智能制造模式的一种，远程运维服务是运维服务在新一代信息技术与制造设备融合集成创新和工程应用发展到一定阶段的产物，它结合了状态监测、大数据中心、设备诊断与预知维修等，使运维技术集成化、共享化、智慧化，打破了人、物和数据的空间与物理界限，是智慧化运维在智能制造服务环节的集中体现。

智能服务是智能制造的核心内容,越来越多的制造企业已经意识到了从生产型制造向生产服务型制造转型的重要性。

13.1 远程运维的概念

随着工业的不断发展,设备的复杂程度和自动化程度有了很大提高。依赖人工对设备进行故障诊断和维护已经不能满足当今时代的要求。对于所有的流水线工厂来说,影响生产效率最关键的因素就是意外停机,一次停机将会导致整条流水线停止工作,造成数百万甚至千万的损失。生产设备一旦出现故障,若未能及时发现和解决,就会影响正常的生产运行,甚至会导致灾难性事故发生。

据调查,设备的 60% 的维护费用是由突然的故障停机引起的,即使在技术极为发达的美国,每年也要支付 2 000 亿美元来对设备进行维护,而设备停机所带来的间接生产损失则更为巨大。提高制造设备的运维水平,可以提早发现设备运行中出现的故障隐患,能为企业带来巨大的经济效益。因此,保证设备的安全稳定运行,对设备状态进行监测,及时维护维修,对企业的经济效益和工作人员的人身安全具有重要意义(见图 13-3)。

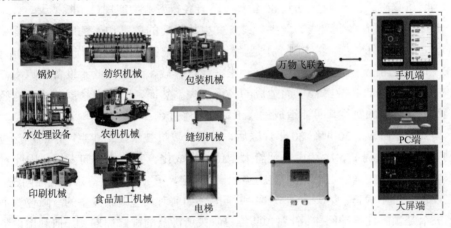

图 13-3 远程运维应用

13.1.1 制造业远程运维的意义

制造企业的设备分布在生产现场中,由于设备集成化程度日益增加,系统组成日益复杂,对于一些非常见故障的诊断比较困难。如果能够通过协同分析的方法,建立远程运维系统,集中故障诊断专家的理论及经验,集成故障诊断知识库,在所积累的大量设备历史数据基础上进行智能分析,对于提高现场设备在线诊断的及时性与准确性、提高设备的可靠性与可维修性具有非常重要的意义。

1. 提高设备的整体管理水平

通过对设备健康状态进行监测,远程运维可以对设备运行剩余寿命进行比较准确的预估,在设备出现故障前主动对设备进行保养,可以根据设备的运行状态更为高效地安排设备的生产任务,使工厂可以根据生产计划灵活地安排停机维护时间。借助故障诊断技术,远程运维可以实现对设备故障的准确定位,对于大型复杂设备来说,可以极大地提高维修效率。

2. 提高产品质量

如果设备在故障状态下工作,不仅对设备本身有损伤,也无法保证设备加工的精度,导致产品质量下降。远程运维可以使设备保持在健康状态,提高产品的生产质量与稳定性。

3. 提高企业的经济效益和社会效益

现代化工业生产的突出特点是机械设备大型化、连续运行时间长、高度智能化和高度经济化。借助协同分析方法,远程运维技术在云端集成故障诊断大数据知识库,充分利用远程专家的技术支持和共享数据,避免异地维护时不必要的维护成本增加和资源的浪费,提高企业的经济效益。同时,远程运维大幅提高了设备维护的准确性与及时性,将生产过程中重大事故发生的可能性降到最低,对提高企业生产效率、社会效益具有重要意义。

13.1.2 远程运维技术发展历程

自工业化大生产至今,设备的维修已经历了三个阶段:事后维修、预防维修和预知维修。

(1)事后维修阶段。在20世纪以前,工业技术水平还比较落后,生产规模较小,生产设备相对简单,因此,生产设备故障带来的危害并没有得到人们的重视和关注,只有在设备发生故障之后才会进行诊断和维修。

(2)预防维修阶段。20世纪初到80年代,随着各行各业生产规模不断扩大,技术水平不断进步,特别是各种流水生产线的诞生,设备发生故障后的危害和停机后造成的损失显著增加,这就迫切要求人们改进维修体制。于是,人们根据经验和统计规律确定了设备的维修周期,在设备发生故障之前就提前进行整体检修和维护。这样做,大大降低了设备故障率,一定程度上减少了企业因为设备故障停机而造成的经济损失。然而,因为维修周期是根据经验和统计规律确定的,具有随机性,可能造成维修不足或维修过剩。

(3)预知维修阶段。20世纪80年代以后,随着计算机技术在工业生产中的广泛应用,生产的自动化程度不断提高,生产设备朝着大型化、集成化、复杂化方向发展,因此对设备维修的要求也越来越高。人们迫切希望能够解决三个问题,第一个是设备状态监测问题:如何实时地确定设备的工作状态?第二个是故障诊断问题:如何对大型复杂设备的故障位置进行快速定位?第三个是预测性维护问题:针对预防维修阶段所涉及的维修周期,如何利用设备信息计算出具体的故障发生前剩余时间,即设备的剩余寿命。

计算机技术、网络技术和大数据技术的不断发展,为设备的状态评估、故障诊断及剩余寿命预测提供了良好的条件。利用人工智能技术对设备的状态进行评估、计算剩余寿命,利用信号的时频域分析、模式识别技术确定设备的故障位置与故障原因,成为设备故障诊断的发展趋势。

设备状态评估是通过采集设备各个部位的实时信号,结合设备的历史数据,采用建立模型、设置阈值等方式判断设备的实时工作状态,确定其处于正常状态、不良状态或故障状态,从而针对设备的不同状态采用不同措施,以保证设备的正常稳定运行。

如今,远程运维已经变成了一种新的服务模式,将运维服务集中化、共享化、智慧化,通过汇聚远程监控中心的专家团队对设备运行数据、运维数据、环境监测数据进行收集、存储和深度挖掘,提供设备工况、环境安全的预测分析和预警。

13.1.3 远程运维核心技术

远程运维集成应用工业大数据分析、智能化软件、工业互联网等技术,建设设备全生命周期管理平台,并对智能设备进行远程操控、健康状况检测、设备维护方案制订与执行。远程运维通过工业互联网远程采集设备数据,采用先进的分析算法对数据中的隐性知识进行挖掘和建模,并在制造过程中识别、预测和避免问题。

1. 故障诊断技术

所谓故障,是指系统结构上的问题(包括系统组成关系和组成元素问题)导致系统在行为上无法达到预定的功能的现象。故障诊断技术是指在设备运行中,应用检测手段来判断设备的性能状态,并对诊断对象发生的故障和异常进行识别和确定的工作。故障诊断技术研究的直接目的是为了提高诊断的精度和速度,降低误报率和漏报率,确定故障发生的准确时间和部位,对运行中的设备出现故障的机理、原因、部位和故障程度进行识别和诊断,并根据诊断结论,进一步确定设备的维护方案或预防措施。

故障诊断方法可分为三类:

(1)基于机理模型的方法。通过仿真的方法构造观测器,进而对系统的表现进行模拟和估计,然后将它与系统的实际表现进行比较,从中取得故障信息。但是,随着现代设备的不断大型化、复杂化和非线性化,往往很难或者无法对系统建立精确的数学模型,从而限制了基于模型的故障诊断方法的推广和应用。

(2)基于信号处理的方法。当可以得到系统的行为状态,但很难对系统的结构进行直接分析时,可采用基于信号处理的方法。这是一种传统的故障诊断技术,通常利用信号模型,如相关函数、频谱、自回归滑动平均、小波变换等,直接分析可测信号,提取诸如方差、幅值、频率等特征值,识别和评价机械设备所处的状态。

(3)基于知识的方法。在解决实际的故障诊断问题时,经验丰富的专家进行故障诊断并不都是采用严格的数学算法从计算结果中查找问题。对于一个结构复杂的系统,在其运行过程中发生故障时,人们容易获得的往往是一些涉及故障征兆的描述性知识,以及各故障源与故障征兆之间关联性的知识,经验丰富的专家就是利用长期积累起来的这类经验知识,快速直接地实现对系统故障的诊断。

2. 预测性维护技术

在制造企业中,无论是维修还是定期维护,目的都是为了提高制造企业设备的开动率,从而提高生产效率。故障诊断技术的应用大大缩短了确定设备故障所需的时间,从而提高了设备的利用率。但故障停机给制造企业所带来的损失还是非常巨大的。预测性维护技术的应用进一步提高了企业设备的开动率,随着技术的发展,它甚至可使企业设备的故障停机率几乎降到零。

预测性维护是基于连续的测量和分析,预测诸如机器零件剩余使用寿命等的关键指标。关键的运行数据可以辅助决策、判断机器运行状态、优化机器维护时机。预测性维护根据当前监测状态数据与历史数据,预测设备在现在与未来发生某一类或若干类故障的时间与风险,便于有计划地对设备进行预测性维护,提高设备的可靠性与安全性,降低故障发生的风险与维护成本。

预测性维护方法包括基于机理模型的预测方法和数据驱动的预测方法等。

(1)基于机理模型的预测方法。这是对系统的机理进行分析,通过对系统进行实验,或者利用力学、材料学的方法进行分析,建立系统的关键指标的变化趋势模型,进而预测系统的剩余使用寿命等关键指标。由于物理学模型是针对特定设备或功能模块,需要供应商或厂家做许多复杂的统计与建模,而且模型的通用性很差,因此在实际应用中,针对不同的复杂机械系统建立精确的物理模型在通常情况下是一件非常困难的事情。

（2）数据驱动的预测方法。部件或系统的设计、仿真、运行和维护等各个阶段的测试、传感数据是掌握系统性能下降情况的主要依据，可以从这些表征系统性能的大量数据中提取有用的信息，进行系统行为预测。这种维护方法将系统内部结构视作一个黑箱，基于系统运行的状态数据，对系统的行为与功能的关联关系进行建模，预测系统在未来一段时间的性能发展趋势。

数据驱动的预测主要基于统计学理论和人工智能理论进行建模，被广泛使用的方法主要有基于比例风险模型的预测、基于连续退化过程的预测、基于神经网络的预测等。比例风险模型的建立考虑的是监测到的状态是影响系统失效概率的因素，建立起系统失效概率与系统监测状态和系统运行时间之间的函数，进而预测系统的性能变化。基于连续退化过程的预测是在已知系统退化状态故障阈值的基础上，将系统的健康状态建模为连续的退化过程进行寿命预测。基于神经网络的预测方法是通过在系统的输入和输出之间构建特定的函数关系，从而预测系统的关键指标。

13.2 远程运维系统架构

远程运维系统结合设备状态监测技术、故障诊断技术、预测性维护技术和计算机网络技术，在重要关键设备上建立监测点，采集设备的状态数据，用若干台中心计算机作为服务器，建立设备状态的网络分析中心，对设备进行远程的状态监测，并集中对采集的状态数据进行识别与预测，从而实现高效维护的目的。

机械制造工厂的典型远程运维系统结构如图13-4所示。远程运维系统在现场采集设备运行状态数据，通过工业互联网传递给远程诊断平台，平台在获取到设备状态数据之后，基于设备的历史状态数据库与知识库，利用故障诊断技术与状态预测技术识别与预测设备的运行状态；设备专家与维护人员可以通过远程服务终端对设备的运行状态进行监测和观察，在远程诊断平台诊断遇到困难时，诊断专家通过远程指导对现场设备进行维修指导，从而完成设备的维护工作。

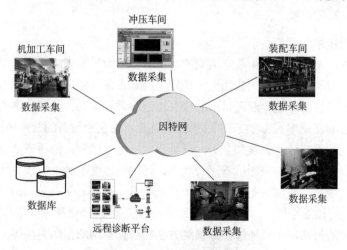

图13-4 远程运维系统结构

远程运维系统的特性一般有以下几种：在线监测与诊断功能特性、高可靠性与维护性、对多种设备的适用性、开放性和扩展性、大量数据的存储与管理特性、故障诊断的实时性与准确性。

13.2.1 远程运维系统的组成

远程运维系统是保证设备正常运行、提高设备工作效率和延长设备使用寿命的重要手段。系统包含三个部分：

（1）下位机。即数据采集系统，是现场直接控制设备获取设备状况的装置，一般来说是各种智能设备。下位机面向底层设备，接收上位机发出的相关命令，然后将这些命令转化为相应的信号直接控制相应的底层设备。下位机与实际工作现场的检测控制设备相结合，不间断地读取现场设备的各种状态数据、工艺参数，并把这些信息转换成数字信号，通过各种通信方式反馈给上位机。常见的下位机有PLC、单片机、远程终端单元和各种智能仪表等。

（2）上位机。即设备监测诊断系统，是指可以直接发出操控指令进行集中管理监控的计算机。上位机面向管理级用户，它通过网络与现场的下位机通信，获得现场设备的各种状态数据，在屏幕上以图形、报表等形式显示各种信号的变化。计算机对数据进行处理分析后，会告知用户设备的当前状态是否正常，当现场设备出现问题时，上位机就会发出警告，提醒用户现场设备已经发生异常应该尽快维修处理，从而实时监控现场设备的运行状态，及时进行维修维护。从下位机发送过来的各种数据可能会由上位机存储在数据库中，也可能通过各种网络传输到不同的监控平台上进行监测分析。

（3）数据通信网络。用来实现远程运维系统中多个部分之间的通信，如下位机各个设备之间的通信、上位机之间的通信、上位机与下位机之间的通信等。

13.2.2 远程运维系统的功能

远程运维系统主要有数据采集与传输、数据存储与分析、智能诊断与远程维护等功能。

（1）数据采集与传输。为了监控生产过程中的设备状态，需要采集被监控设备的大量状态参数。因为下位机一般不具有数据记录和存储功能，只有上位机才能记录和保存大量的数据，所以当作为下位机的数据采集装置完成设备参数的采集以后，需要把采集到的数据通过数据通信网络传输给上位机，并由上位机对这些数据进行后续的分析和处理。数据采集与传输过程如图13-5所示。

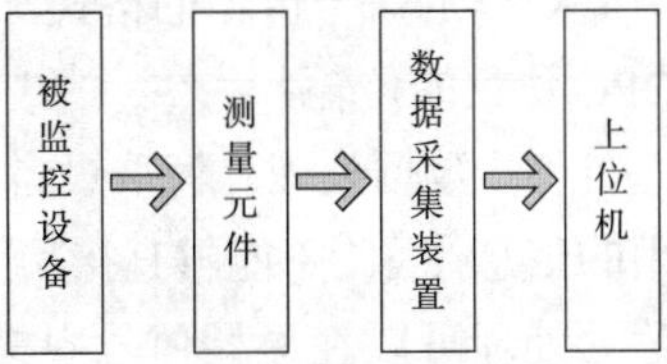

（2）数据存储与分析。为了记录设备长时间运行过程中的状态数据，为智能诊断功能提供历史数据，上位机收到下位机传输的数据后进行存储，为后续的数据分析奠定基础。

采集到的设备状态数据存入数据库后，远程运维系统对数据进行分析。数据分析的目的是把隐藏在大量数据中的潜在信息集中萃取出来，找到所研究设备对象的状态信息及其内在规律，为故障诊断和状态预测提供依据。系统通过提取特征参数、应用一系列简单或复杂的数学算法，对设备运行的状态信息进行有针对性的分析，从而掌握设备的实时工作状态，进而实现设备的故障诊断、状态预测等功能。

被监控设备 ⇒ 测量元件 ⇒ 数据采集装置 ⇒ 上位机

图13-5 数据采集与传输

（3）智能诊断与远程维护。由于工业设备往往是复杂的机、电、液一体化系统，难以获得设备对象的精确数学模型，很难描述故障诊断的规则，传统的故障诊断技术很难满足设备运维系统的要求。智能故障诊断系统不需要设备对象的精确数据模型，可以实现设备状态识别与状态预测。基于知识的智能故障诊断算法，在知识库的基础上，根据观察到的状况，结合领域知识和经验，推断出系统、部件或零件的故障原因，以便尽可能地发现和排除故障，以提高系统或装备的可靠性。常见的基于知识的智能故障诊断算法包括专家系统、故障树。数据驱动的智能故障诊断算法利用系统存储的大量离线数据,通过统计分析、信号处理等方法提取数据特征,并利用模式识别算法对提取的数据特征进行识别、分类,最终建立智能故障诊断模型,基于设备运行状态信息识别故障。常见的数据驱动的故障诊断算法包括人工神经网络、支持向量机、主成分分析法等。

13.2.3 基于状态的远程运维系统

基于状态的维护是远程运维系统中常用的架构,其核心思想是在有证据表明故障将要发生时才对设备进行维护。这种维护方式根据状态监测、故障诊断分析结果,并结合设备运行的实际状况,确定检修时间,再安排停机检修。这样可以节省人力、物力和财力,减少不必要的损失,是延长设备运行周期、提高生产率和增加企业经济效益的有效途径。

基于状态的维护通过对设备工作状态和工作环境的实时监测,借助人工智能算法等先进的计算方法,诊断设备的健康状况并为现场操作人员提供评估结果,预测系统的剩余寿命以便维修人员合理安排设备的维修调度时间。根据设备的实际运行状态确定设备的最佳维护时间,降低了设备全生命周期费用,增加了设备稳定性。

13.2.4 远程运维关键技术

一个完整的远程运维过程包括从现场采集信号,对采集到的信号进行筛选和处理得到设备运行的有效状态信息,基于历史的设备故障数据与知识库信息,利用诊断方法对设备的故障信息进行识别或预测。因此,远程运维的关键技术主要包括:

(1)信号采集。设备工作性能状态的信号采集是故障预测和诊断的前提。设备性能状态的准确表达、参数实时测量、特征信号提取,以及如何用最少的传感器获取最多的设备状态信息是首先要解决的重大难题。

(2)数据传输。将数据从信号采集设备传递到远程故障诊断、预测平台上。在这一过程中需要确定信号传输的格式与标准。常用的传输方式有基于总线的传输、使用 TCP/IP 协议或 OPC 协议的传输。

(3)数据处理。读取设备的状态信号后,由于这些原始信号可能过于凌乱或者包含一些无用的信息,因此不能够直接用于故障诊断系统的智能诊断过程,这就需要对信号进行二次处理。数据处理可以在原始信号中提取出有用的特征信息,利用这些特征信息进行分析诊断会提高分析效率与准确性。数据处理方法一般有傅里叶变换、小波变换、滤波等。

(4)知识库和数据库设计。远程运维依赖数据库和知识库支撑。一般的制造系统对性能数据和故障数据的积累往往不够多,影响了性能预测和故障诊断的精准性,因此建立设备的性能和故障数据库十分关键。知识库的设计、开发和使用维护是一个非常复杂的过程。在知识库的设计阶段,主要面临的是知识的收集获取以及知识的表达问题;在知识库的开发阶段,主要面临的是知识的内部编码以及知识的使用问题;在知识库的使用维护阶段,主要是知识的维护管理和知识的优化问题。

(5)智能故障诊断方法及智能状态预测方法。常规的诊断与预测方法往往不能满足设备复杂、故障知识多的特点,很难对已有故障知识做充分的利用,因此采用智能诊断与预测方法建立一套故障诊断、状态预测系统十分关键。目前一般采用数据驱动的方法面向故障诊断、状态预测进行建模。通过人工智能技术，基于设备的历史信息训练模型，提高模型的诊断与预测能力。

13.3 服役系统智能健康管理

复杂装备系统结构复杂，故障诊断和设备维护困难。目前多数故障诊断领域的研究工作主要集中在服役系统的状态评价方面，关心的是系统当前的运行状态。传统"事后维修"是在服役系统出现故障后进行维修，"计划维修"经常造成不足维修与过剩维修。随着制造智能化、全球化、服务化发展，服役系统智能健康管理越来越受到人们广泛关注。服役系统智能健康管理技术的运用主要集中在武器装备、航空航天等军工领域以及复杂重要工矿设备的保障领域，并将逐步在民用装备领域推广。

服役系统智能健康管理技术是一个建立在已有成熟技术上的集成，融合了早期诸如在线测试、部件健康监控、集成状态评估、诊断与预计等工具或者平台的理念和技术，具备故障诊断、隔离、故障预测、寿命追踪等能力。它是指利用尽可能少的传感器采集系统的各类数据信息，借助各种推理算法和智能模型（如物理模型、神经网络、数据融合、模糊逻辑、专家系统等）来监控、预测和管理系统的状态，估计系统自身的健康状况，在系统发生故障前尽早监测且能有效预测，并结合各种信息资源提供一系列的维修保障措施实现系统的视情维修。因此，该技术的意义不仅是消除故障，还是为了了解和预测故障何时可能发生，从而制订合理的保障计划，既通过保障降低故障风险，又降低保障成本。这意味着维护方式上的转变，从传统的基于运行数据监控的诊断向基于智能系统预判诊断的转变，从出现故障开始着手维护转向对于风险故障的预分析处理的维护。

图 13-6 所示为服役系统智能健康管理图，显示出服役系统智能健康管理流程，首先针对服役系统进行数据采集汇聚与存储，对于汇聚的数据进行数据清洗，赋予智能分析算法进行服役系统健康保障决策的能力。基于云计算、物联网、云制造等新兴技术与理念，构建面向智能服务的服役系统智能健康管理系统。企业可以实现设备诊断维护资源的集中管控与共享，提升企业的核心竞争力。

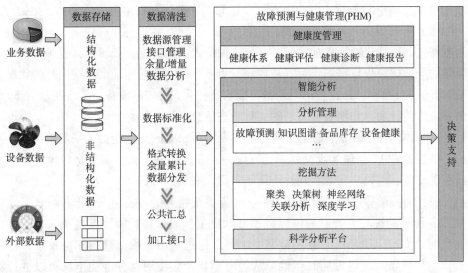

图 13-6　服役系统智能健康管理图

13.4 智能供应链

随着生产、物流、信息等要素不断趋于智能化，整个制造业供应链也朝着更加智慧的方向发展，成为制造企业实现智能制造的重要引擎，支撑企业打造核心竞争力（见图 13-7）。

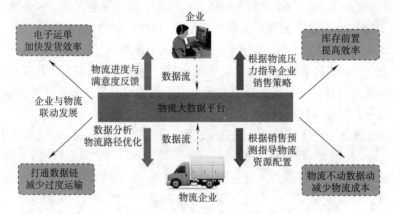

图 13-7 物流大数据

13.4.1 智慧供应链的特点

供应链是以客户需求为导向，以提高质量和效率为目标，以整合资源为手段，实现产品设计、采购、生产、销售及服务全过程高效协同的组织形态。智慧供应链是在传统供应链的基础上，结合物联网技术和现代供应链管理的理论、方法和技术，在企业中和企业间构建的，实现供应链的智能化、网络化和自动化的技术与管理综合集成。在智能制造时代，相较于传统供应链，智慧供应链具有更多的市场要素、技术要素和服务要素。

使用各种智能技术后，供应链管理可以从决策支持发展为决策授权，而最终将转变为一种预测能力。与传统供应链相比，智慧供应链具备以下特点：

（1）先进，技术的渗透性更强。管理者和运营者采取主动方式，系统地吸收各种现代技术，实现管理在技术变革中的革新。以前由人工创建的供应链信息将逐步由传感器、RFID、仪表、执行器、GPS 和其他设备与系统来生成。

（2）可视化、移动化特征更加明显。利用多种形式表现数据，如图片、视频等方式，并可进行智能化访问数据。供应链不仅可以"预测"更多事件，还能见证事件发生时的状况。由于像集装箱、货车、产品和部件之类的对象都可以自行报告，供应链设备上的仪表盘将显示计划、承诺、供应源、预计库存和消费者需求的实时状态信息。

（3）互联、协作性更强。智慧的供应链将实现前所未有的交互能力，一般情况下，不仅可以与客户、供应商和 IT 系统实现交互，还可以对正在监控的对象，甚至是在供应链中流动的对象之间实现交互，这种广泛的互联性还便于实现大规模的协作。

（4）智能。为协助管理者进行交易评估，智能系统将衡量各种约束和选择条件，这样决策者便可模拟各种行动过程。智慧的供应链还可以自主学习，自行做出某些决策。例如，当异常事件发生时，它可以重新配置供应链网络，可以通过虚拟交换以获得相应权限，进而根据需要使用如生产设备、配送设施和运输船队等有形资产。使用这种智能不仅可以进行实时决策,还可以预测未来的情况。通过利用尖端的建模和模拟技术,智慧的供应链将过去的"感应-响应"模式转变为"预测-执行"模式。

(5)灵活性。智慧供应链基于互联网,连接了供应商、签约制造商和服务提供商,它可以随条件变化做出适当的调整。为实现资源的最佳配置,未来的供应链将具备智能建模功能。通过模拟功能,供应链管理者可以了解各种选择的成本、服务级别、所用时间和质量影响。灵活性可以弥补成本波动带来的风险。

13.4.2 智能供应链系统

智能供应链系统主要由硬件支撑平台、软件支撑平台和应用系统平台三部分组成(见图13-8)。在硬件资源平台和软件服务平台的支撑下,将通过业务系统获取的数据和企业信息进行统一分析,为企业经营提供战略分析和决策支持。

智能供应链系统的数据主要来源于智能仓储管理系统。智能仓储管理系统包括RFID、读卡器、控制主机等设备,可在本地直接进行仓储过程的全程管理。

图13-8 智能供应链系统

13.5 智能制造服务

智能制造是新工业革命的核心,它并不在于进一步提高设备的效率和精度,而是更加合理化和智能化地使用设备,通过智能运维实现制造业的价值最大化。智能制造聚焦于生产领域,但又是一次全流程、端到端的转型过程,会让研发、生产、产品、渠道、销售、客户管理等一整条生态链为之发生剧变。对工业企业来说,在生产和工厂侧,它依然可以规模化、标准化、自动化为基础,但它还需被赋予柔性化、定制化、可视化、低碳化的新特性;在商业模式侧,会出现颠覆性的变化——生产者影响消费者的模式被消费者需求决定产品生产的模式取而代之;在国家层面,则需要建立一张比消费互联网更加安全可靠的工业互联网。

13.5.1 智能服务的定义

智能服务，就是指能够自动辨识用户的显性和隐性需求，并且主动、高效、安全、绿色地满足其需求的服务。服务智能化是智能制造的核心内容，越来越多的制造企业已经意识到从生产型制造向生产服务型制造转型的重要性。在线上与线下并行的O2O服务中，两股力量在服务智能方面相向而行：一方面是传统制造业不断拓展服务；另一方面是从消费互联网进入产业互联网，比如微信未来连接的不仅是人，还包括设备和设备、服务和服务、人和服务。个性化的研发设计、总集成、总承包等新服务产品的全生命周期管理，会伴随着生产方式的变革不断出现（见图13-9）。

图13-9 智能服务

智能服务实现的是一种按需和主动的智能，即通过捕捉用户的原始信息，通过后台积累的数据，构建需求结构模型，进行数据挖掘和商业智能分析。除了可以分析用户的习惯、喜好等显性需求外，还可以进一步挖掘与时空、身份、工作生活状态关联的隐性需求，主动给用户提供精准、高效的服务。这里需要的不仅仅只是传递和反馈数据，更需要系统进行多维度、多层次的感知和主动、深入的辨识。

高安全性是智能服务的基础，没有安全保障的服务是没有意义的，只有通过端到端的安全技术和法律法规实现了对用户信息的保护，才能建立用户对服务的信任，进而形成持续消费和服务升级。节能环保也是智能服务的重要特征，在构建整套智能服务系统时，如果最大限度降低能耗、减小污染，就能极大地降低运营成本，使智能服务多、快、好、省，产生效益，一方面更广泛地为用户提供个性化服务，另一方面也为服务的运营者带来更高的经济和社会价值。

13.5.2 智能服务三层结构

智能服务是在集成现有多方面的信息技术及其应用基础上，以用户需求为中心，进行服务模式和商业模式的创新。因此，智能服务的实现需要涉及跨平台、多元化的技术支撑。提供智能服务所需要的前提条件如下：

（1）基于标准的信息基础设施建设。

（2）可高效使用的数据的积累。

（3）基于标准的数据的开放和共享。

（4）数据合法使用的法律准备。

智能服务的三层结构如下：

（1）智能层。包括：① 需求解析功能集，负责持续积累服务相关的环境、属性、状态、行为数据，建立围绕用户的特征库，挖掘服务对象的显性和隐性需求，构建服务需求模型；② 服务反应功能集，负责结合服务需求模型，发出服务指令。

智能层涉及存储与检索技术、特征识别技术、行为分析技术、数据挖掘技术、商业智能技术、人工智能技术、SOA（面向服务的架构）相关技术。

（2）传送层。负责交互层获取的用户信息的传输和路由，通过有线或无线等各种网络通道，将交互信息送达智能层的承载实体。

传送层涉及弹性网络技术、可信网络技术、深度业务感知技术、Wi-Fi/WiMax/5G、6G等无线网络技术和IPv6。

（3）交互层。系统和服务对象之间的接口层，借助各种软硬件设施，实现服务提供者与服务对象之间的双向交互，向用户提供服务体验，达成服务目标。

交互层涉及视频采集技术、语音采集技术、环境感知技术、位置感知技术、时间同步技术、多媒体呈现技术以及自动化控制技术。

13.5.3　智慧农业解决方案——约翰迪尔精智农机

美国地广人稀、人均土地资源丰富，其土地和机械相对价格长期下降，而劳动力价格则处于相对不断上升的趋势，促使农场主优先选择机械动力来代替人力。面临着200多万个美国农场对农业机械的大量需求，许多的农业机械制造企业诞生并迅速发展起来。作为历史悠久的农机生产企业，约翰迪尔投入大量研发资金，以先进的技术、高的产品质量，赢得客户的信赖，并在20世纪末期的美国农机制造业重组和整合中，成为少数几家大型农机制造企业。

1837年公司成立之初，约翰迪尔仅仅是一家小小的铁匠店，经过170多年的发展，如今已经成为全球化的集团公司。约翰迪尔主要生产农业机械（拖拉机、联合收割机、农机具，见图13-10）、商用与市政机械、建筑与林业机械、动力系统（柴油机与传动系部件等）。在激烈的农业机械生产业的竞争市场中，约翰迪尔通过不断发展与追求商业模式的创新，开展服务转型，从传统的农机生产制造企业转变为农作物管理的企业，实现了其在农机业生产市场的主导地位。

图 13-10　农机制造

在企业转型初期，约翰迪尔首先设定了企业目标：为与土地相关的人们提供与众不同的服务。为了实现这一目标，约翰迪尔进行了战略调整：从传统的农机制造企业向为顾客提供紧密农业管理的服务型制造企业转变。企业不仅能为顾客提供优良的农机设备，还能通过延伸服务实现顾客价值的最大化,从而扩大约翰迪尔在全世界农业设备市场的主导地位。

首先,农机生产质量的提升。产品是服务的载体,优良的产品是实现服务转型的基础。为了获得客户的认可,创新成为企业计划的核心。约翰迪尔在转型过程中,仍旧没有放弃传统的产品制造业务。凭借其优秀的研发团队,企业投入大量研发资金,用于提高农机产品的生产率和可靠性,提升产品质量;同时,为满足客户对高动力、高效率和低排放的要求,企业继续研发新型引擎。通过大力度的研发投入,约翰迪尔的产品赢得了高质量的美誉。

其次,农作物管理服务(精确农业),是指通过收集农业生产信息资料,了解土壤状况对作物产量的影响,进一步将土地划分为小地块,对每一小块地都进行深入了解,从而对不同的土地采用不同的农业作业措施。约翰迪尔在农机产品上安装田间信息采集传感器,收集土壤信息,然后根据种植的作物、土壤信息分析来最优化施肥量比,以及其他管理决策。为了使客户能够以安全、环保的方式进行农业经营,约翰迪尔为客户提供种子、化肥、杀虫剂的投入建议;在水利管理技术方面的大量投入,帮助农民减少了用水,同时消除了废弃性流失,如免耕播种等方法降低了风雨侵蚀效应,减少了排放到空气中的化学物质。

经过一系列的服务转型措施,约翰迪尔获得了巨大的成功。通过这个案例,可以看到服务创新、服务转型对制造企业的重大意义。

13.5.4 以智能装备为基础的产品服务系统

高圣是一家生产带锯机床(见图 13-11)的公司,所生产的带锯机床产品主要用于对金属物料的粗加工切削,为接下来的精加工做准备。在对产品竞争力的探索中,高圣逐渐意识到产品增值服务的重要性,即从客户价值的角度出发来思考。客户真正关心的并不是机床本身,而是机床所产生的切削能力、切削质量和切削成本,如何针对这三个痛点为用户创造价值,将会成为产品竞争力的核心。

图 13-11 带锯机床

机床的核心部件是用来进行切削的带锯,在加工过程中带锯会随着切削体积的增加而逐渐磨损,将会造成加工效率和质量的下降,在磨损到一定程度之后就要进行更换。使用带锯机床的工厂往往要管理上百台机床,需要大量的工人时刻检查机床的加工状态和带锯的磨损情况,根据经验判断更换带锯的时间。带锯过早更换会造成成本的浪费,而过晚更换会产生加工次品,同样会影响交付时间和生产成本。带锯寿命的管理也具有很大的不确定性,加工参数、工件材料、工件形状、润滑情况等一系列因素都会对带锯的磨耗速度产生影响,因此很难用经验去预测带锯的使用寿命。此外，切削质量也受到许多因素的影响，除了材料与加工参数的合理匹配之外，带锯的磨耗也是影响切削质量的重要因素。由于不同的加工任务对质量的要求不同，且对质量的影响要素无法实现透明化，因此在使用过程中会保守地提前终止使用依然健康的带锯。

在对问题进行分解和对目标进行分析后，高圣开始从机床 PLC 控制器和外部传感器收集加工过程中的数据，包括转速、下降压力、电流、润滑液流量、带锯振动等信号。通过与 IMS 中心的合作，在经过大量的切削试验后，利用大数据分析建模的方法，建立了数据特征与带锯衰退程度的映射模型，并将切削工况因素的非线性关系进行了归一化，形成了具有广泛适用性的带锯寿命衰退自适应分析与预测算法模块，实现了带锯机床的智能化升级。

在加工过程中，智能带锯机床能够对产生的数据进行实时分析，首先识别当前的工件信息和工况参数，随后对振动信号和监控参数进行健康特征提取，依据工况状态对健康特征进行归一化处理后，将当前的健康特征映射到代表当前健康阶段的特征地图上的相应区域，从而能够将带锯的磨损状态进行量化和透明化。分析后的信息随后被存储到数据库内建立带锯使用的全生命信息档案，这些信息被分为三类：工况类信息、特征类信息和状态类信息。

在实现带锯机床"自省性"智能化升级的同时，高圣开发了智慧云服务平台为用户提供客制化的机床健康与生产力管理服务，机床采集的状态信息被传到云端进行分析后，机床各个关键部件的健康状态、带锯衰退情况、加工参数匹配性和质量风险等信息都可以通过手机或 PC 端的用户界面获得，每一个机床的运行状态都变得透明化。用户还可以用这个平台管理自己的生产计划，根据生产任务的不同要求匹配适合的机床和能够达到要求的带锯，当带锯磨损到无法满足加工质量要求时，系统会自动提醒用户去更换带锯，并从物料管理系统中自动补充一个带锯的订单。于是用户的人力使用效率得到了巨大提升，并且避免了凭借人的经验进行管理带来的不确定性。带锯的使用寿命也得以提升，同时质量也被定量化和透明化地管理了起来。

作业

1. 对于所有的流水线工厂来说，影响生产效率最关键的因素就是（　　）。生产设备一旦出现故障，若未能及时发现和解决，就会影响正常的生产运行。
   A. 工人流失　　　　B. 缺失部件　　　　C. 意外停机　　　　D. 突然启动

2. 制造企业的设备分布在生产现场中，系统组成日益复杂，一些（　　）故障的诊断比较困难。
   A. 非常见　　　　　B. 常见　　　　　　C. 宕机　　　　　　D. 断电

3. 通过（　　）的方法，建立远程运维系统，集中故障诊断专家的理论及经验，集成故障诊断知识库，在数据基础上进行智能分析，具有非常重要的意义。
   A. 专家驻场　　　　B. 协同分析　　　　C. 备品备件　　　　D. 冗余备机

4. （　　）阶段是指：在 20 世纪以前，工业技术水平还比较落后，生产规模较小，生产设备相对简单，通常只有在设备发生故障之后才会进行诊断和维修。
   A. 远程运维　　　　B. 预知维修　　　　C. 预防维修　　　　D. 事后维修

5. （　　）阶段是指：20 世纪初到 20 世纪 80 年代，行业生产规模不断扩大，各种流水生产线、设备发生故障后的危害损失显著增加，于是人们根据经验和统计规律确定了设备的维修周期。

A. 远程运维　　　　　B. 预知维修　　　　　C. 预防维修　　　　　D. 事后维修

6. （　　）阶段是指：20世纪80年代以后，随着计算机技术在工业生产中广泛应用，生产自动化程度提高，生产设备大型且复杂，人们开始重视设备检测、故障诊断和预测性维修。

A. 远程运维　　　　　B. 预知维修　　　　　C. 预防维修　　　　　D. 事后维修

7. 如今，（　　）变成一种新的服务模式，将运维服务集中化、共享化、智慧化，通过远程监控中心的专家团队对设备进行预测分析和预警。

A. 远程运维　　　　　B. 预知维修　　　　　C. 预防维修　　　　　D. 事后维修

8. 远程运维通过（　　）远程采集设备数据，对数据中的隐性知识进行挖掘和建模，并在制造过程中识别、预测和避免问题。

A. 智能物联网　　　　　　　　　　　　B. 企业外联网
C. 工业互联网　　　　　　　　　　　　D. 企业内联网

9. 所谓（　　），是指系统结构上的问题（包括系统组成关系和组成元素问题）导致系统在行为上无法达到预定的功能的现象。

A. 无能　　　　　　　B. 故障　　　　　　　C. 毛病　　　　　　　D. 失效

10. （　　）技术是指在设备运行中，应用检测手段来判断设备的性能状态，并对诊断对象发生的故障和异常进行识别和确定的工作。

A. 问题查找　　　　　B. 失效检查　　　　　C. 事故分析　　　　　D. 故障诊断

11. 故障诊断方法可分为（　　）三类。

① 基于知识的方法　　　　　　　　　② 基于机理模型的方法
③ 基于原则的方法　　　　　　　　　④ 基于信号处理的方法
A. ①②④　　　　　　B. ①②③　　　　　　C. ②③④　　　　　　D. ①③④

12. 远程运维系统是保证设备正常运行、提高设备工作效率和延长设备使用寿命的重要手段。系统包含（　　）三个部分。

① 错位机　　　　　　　　　　　　　② 上位机
③ 下位机　　　　　　　　　　　　　④ 数据通信网络
A. ①②④　　　　　　B. ①②③　　　　　　C. ②③④　　　　　　D. ①③④

13. 远程运维系统主要有（　　）等功能。

① 数据采集与传输　　　　　　　　　② 数据存储与分析
③ RFID与蓝牙网络　　　　　　　　　④ 智能诊断与远程维护
A. ①②④　　　　　　B. ①②③　　　　　　C. ②③④　　　　　　D. ①③④

14. 智能供应链系统的数据主要来源于（　　），它包括RFID、读卡器、控制主机等设备，可在本地直接进行仓储过程的全程管理。

A. 智能风险管控系统　　　　　　　　B. 智能制造与维护系统
C. 智能仓储管理系统　　　　　　　　D. 智慧采购系统

15. （　　）是指能够自动辨识用户的显性和隐性需求，并且主动、高效、安全、绿色地满足其需求的服务。

A. 智能服务　　　　　B. 深度服务　　　　　C. 综合服务　　　　　D. 直接服务

16. 智能服务的三层结构是（　　）。

① 智能层　　　　　② 传送层　　　　　③ 交互层　　　　　④ 执行层

A. ①②④　　　　B. ①②③　　　　C. ②③④　　　　D. ①③④

17. 智能服务的（　）涉及的关键技术包括存储与检索技术、特征识别技术、行为分析技术、数据挖掘技术、商业智能技术、人工智能技术、SOA（面向服务的架构）相关技术。

A. 执行层　　　　B. 交互层　　　　C. 智能层　　　　D. 传送层

18. 智能服务的(　)涉及的关键技术包括弹性网络技术、可信网络技术、深度业务感知技术、Wi-Fi/WiMax/5G、6G 等无线网络技术和 IPv6。

A. 执行层　　　　B. 交互层　　　　C. 智能层　　　　D. 传送层

19. 智能服务的（　）涉及的关键技术包括频采集技术、语音采集技术、环境感知技术、位置感知技术、时间同步技术、多媒体呈现技术以及自动化控制技术。

A. 执行层　　　　B. 交互层　　　　C. 智能层　　　　D. 传送层

20. 作为老牌的农机制造企业，在企业转型初期，约翰迪尔首先设定企业目标：为与土地相关的人们提供与众不同的服务。为了实现这一目标，约翰迪尔进行战略调整，开始从事（　）。

A. 农作物管理服务　　　　　　　　B. 农药与化肥生产
C. 建设种子基因库　　　　　　　　D. 农产品增值加工

课程实践

从智慧航空运营服务看智能制造服务应用

1. 小组讨论：

（1）简述远程运维与智能制造服务的定义概念。

（2）讨论智慧农业解决方案和智能产品服务系统案例。

2. 案例分析：

案例描述：位于美国俄亥俄州的通用电气航空是通用电气公司的一个子公司，是世界领先的民用/军用喷气式飞机发动机制造商。通用电气航空长期在研发领域投入巨资，以保持技术先进。该公司主要产品包括波音 767 使用的 CF6-80 发动机（见图 13-12）、猎鹰 2000 喷气式飞机使用的 CFE738 发动机，以及军用 A-10"雷电"攻击机使用的 TF34 发动机和 C-5"银河"运输机使用的 TF39 发动机。

图 13-12　通用电气航空公司生产的 CF6-80 航空发动机

在不断完善和提高产品质量、服务质量的前提下,通用电气航空公司渐渐了解到,公司的传统业务,即卖航空发动机物理产品及提供发动机售后维修服务,仅可赚取10%左右的航空业利润,在发动机市场需求渐趋饱和的情况下,通用电气航空在产品上提高利润的余地非常小;同时,维持这一比例的利润额,必须靠不断地销售发动机与提供售后维修服务才能获得,长期来讲,对公司的发展不利,必须找到突破口。

为了获取长期稳定的更高收益,并帮助其客户(飞机制造商、机场、航空公司)减少航空发动机的运营维护成本,提高航空服务质量,通用电气航空公司由单纯的向飞机制造商(如空客、波音)销售发动机,以及为机场和航空公司提供发动机的售后维修服务,转型到向机场、航空公司出售航空发动机的飞行使用时间。

通用电气航空公司的红海盈利模式是其向航空公司和机场销售优质GE航空发动机、控制系统和售后维修服务,这个商业模式不仅易于模仿,而且对GE而言收益不高。通用电气航空公司的高层在困境面前跳出惯性思维,开始向航空公司提供航空发动机"飞行使用时间服务"。他们为每台已售出和未售出的发动机动力系统加装发动机使用时间检测装置,并通过GPS远程监控每台发动机的性能和使用状况,在线诊断并修正发动机使用中的问题,同时统计它们的运转时间。这一新系统,将智能高效地为每一个客户提供最完美的飞行服务。

实际上,航空发动机的最终用户不是飞机制造商,而是机场和航空公司,甚至是乘坐飞机的乘客,绝大多数最终用户并不关心乘坐飞机使用的发动机品牌是什么、发动机本身质量的优劣,他们只关注飞行过程(起飞过程、飞平过程、降落过程)的安全性、稳定性与舒适性。另一方面,单次购买、维修、更换发动机为航空公司财务状况带来巨大的波动,航空公司不愿花钱对发动机进行大型常规保养或及时检修,使飞行舒适度下降,飞行服务的最终客户——乘客感到不满意。

公司找到了可进入的需求空间,找到了它的最终用户:机场、航空公司与乘客。通过给航空公司租航空发动机、卖发动机的飞行使用时间,不需要航空公司另外付保养维修费用,由通用电气航空公司单独承担航空发动机的购买、维修、调试、更新升级。对最终用户而言,这样做保证了高效、稳定、舒适的飞行过程,为乘客提供舒适稳定的飞行体验;自己的生产部门也不用卖命地加班加点生产发动机,花大力气做广告卖发动机,只要有飞机起飞,通用电气航空公司的收益就是持续而稳定的;对航空公司而言,减少了财务支出的波动性,最终达到三赢。

记录:

(1)请分析上述案例中的远程运维元素和智能服务元素,并记录:

远程运维:_____

_____

_____

_____

智能服务:_____

_____

_____

_____

（2）从制造航空发动机到销售航空发动机的飞行使用时间，对于通用电气航空公司的这一创新转型，请记录你和小组成员的体会和看法。

答：_____

_____

_____

_____

记录小组讨论的主要观点，推选代表在课堂上简单阐述你们的观点。

评分规则：若小组汇报得 5 分，则小组汇报代表得 5 分，其余同学得 4 分，依此类推。

活动记录：_____

_____

_____

_____

实训评价（教师）：_____

_____

第14课

智能制造安全与法律

学习目标

知识目标：
（1）熟悉信息技术、人工智能、智能制造的安全思想与伦理规范。
（2）熟悉智能制造信息安全的相关知识与要求。
（3）熟悉信息技术、人工智能、智能制造的法律要求。

素质目标：
（1）重视人工智能伦理与职业素养的培养，重视智能制造的安全思想。
（2）勤于思考，善于联想，掌握学习方法，提高学习能力。
（3）体验、积累和提高智能类专业的学习素养。

能力目标：
（1）尊重个人隐私，遵守信息技术道德规范，遵纪守法。
（2）理解团队合作，协同作业的精神，在项目合作、团队组织中发挥作用。
（3）掌握专业知识的学习方法，培养阅读、思考与研究的能力。

重点难点：
（1）人工智能伦理规范。
（2）智能制造系统信息安全技术框架。

导读案例

国家五部门：减少对汽车数据无序收集和违规滥用

据"网信中国"消息，国家互联网信息办公室、国家发展和改革委员会、工业和信息化部、公安部、交通运输部联合发布《汽车数据安全管理若干规定（试行）》（以下简称《规定》），自2021年10月1日起施行。国家互联网信息办公室有关负责人表示，出台《规定》旨在规范汽车数据处理活动，保护个人、组织的合法权益，维护国家安全和社会公共利益，促进汽车数据合理开发利用。

随着新一代信息技术与汽车产业加速融合，智能汽车产业、车联网技术的快速发展，以自动辅助驾驶为代表的人工智能技术日益普及，汽车数据处理能力日益增强（见图14-1），暴露出的汽车数据安全问题和风险隐患日益突出。在汽车数据安全管理领域出台有针对性的规章制度,明确汽车数据处理者的责任和义务,规范汽车数据处理活动,是防范化解汽车数据安全风险、保障汽车数据依法合理有效利用的需要,也是维护国家安全利益、保护个人合法权益的需要。

图 14-1　汽车工业大数据

《规定》倡导,汽车数据处理者在开展汽车数据处理活动中坚持"车内处理""默认不收集""精度范围适用""脱敏处理"等数据处理原则,减少对汽车数据的无序收集和违规滥用。

《规定》明确,汽车数据处理者应当履行个人信息保护责任,充分保护个人信息安全和合法权益。开展个人信息处理活动,汽车数据处理者应当通过显著方式告知个人相关信息,取得个人同意或者符合法律、行政法规规定的其他情形。处理敏感个人信息,汽车数据处理者还应当取得个人单独同意,满足限定处理目的、提示收集状态、终止收集等具体要求或者符合法律、行政法规和强制性国家标准等其他要求。汽车数据处理者具有增强行车安全的目的和充分的必要性,方可收集指纹、声纹、人脸、心律等生物识别特征信息(见图 14-2)。

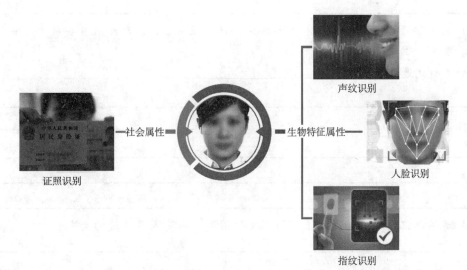

图 14-2　生物识别特征信息

《规定》强调,汽车数据处理者开展重要数据处理活动,应当遵守依法在境内存储的规定,加强重要数据安全保护;落实风险评估报告制度要求,积极防范数据安全风险;落实年度报告制度要求，按时主动报送年度汽车数据安全管理情况。因业务需要确需向境外提供重要数据的，汽车数据处理者应当落实数据出境安全评估制度要求，不得超出出境安全评估结论违规向境外提供重要数据，并在年度报告中补充报告相关情况。

《规定》提出，国家有关部门依据各自职责做好汽车数据安全管理和保障工作，包括开展数据安全评估、数据出境事项抽查核验、智能（网联）汽车网络平台建设等工作。对于违反本规定的汽车数据处理者，有关部门将依照《中华人民共和国网络安全法》《中华人民共和国数据安全法》等法律、行政法规的规定进行处罚。

国家互联网信息办公室有关负责人指出，汽车数据安全管理需要政府、汽车数据处理者、个人等多方主体共同参与。省级以上网信、发展改革、工业和信息化、公安、交通运输等有关部门在汽车数据安全管理过程中，将加强协调和数据共享，形成工作合力。

资料来源：根据网络资源整理

阅读上文，请思考、分析并简单记录：

（1）汽车工业，尤其是自动驾驶汽车的迅速发展，在很大程度上依托大数据技术作为基础。国家五部门柜台规定，要求减少对汽车数据的无序收集和违规滥用，对此，请简单说明你的看法。

答：_____

_____

_____

（2）根据你掌握的汽车知识，你觉得汽车工业的大数据会涉及哪些具体内容？

答：_____

_____

_____

（3）人工智能技术的发展离不开大数据，就个人而言，你对个人数据被无序利用在意吗？为什么？

你的关键词选择是：_____

_____

答：_____

_____

_____

（4）请简单记述你所知道的上一周发生的国际、国内或者身边的大事。

答：_____

_____

_____

_____

人工智能治理已逐步从伦理原则等软性约束，迈向全面具有可操作性的法律规制的新阶段。人工智能治理的过程是各主体对人工智能研究、开发、生产和应用中出现的安全、发展、公平和争议等问题，通过运营法律、伦理、技术手段进行协调、处理、监管和规范的过程。目前，全球人工智能治理路径包括系统化规制和场景化立法规制同步探索。未来，人工智能规制和数据治理紧密结合将是重要趋势。

14.1 人工智能与安全

同其他高科技一样，人工智能也是一把双刃剑。认识人工智能的社会影响，正在日益得到人们的重视。2018年2月，牛津大学、剑桥大学和OpenAI公司等14家机构共同发布题为《人工智能的恶意使用：预测、预防和缓解》的报告，指出人工智能可能给人类社会带来数字安全、物理安全和政治安全等潜在威胁，并给出了一些建议来减少风险。

14.1.1 人才和基础设施短缺

对于很多潜在的人工智能用户而言，要想实现人工智能的成功应用，必须首先解决两方面突出问题：一是人才短缺问题，即无法吸引和留住人工智能技术开发方面和相关管理方面的人才；二是技术基础设施短缺问题，即数据能力、运算网络能力等数字能力薄弱。

人工智能仍然仅能解决特定问题并具有严重的背景依赖性，这意味着人工智能当前执行的是有限的任务，通过嵌入到较大型系统来发挥作用。作为一种处于早期发展阶段的技术，人工智能促成的能力提高微不足道，迫切地将人工智能投入使用的当前用户会面临着巨大的前期成本，效益不高。

许多用户所执行的任务涉及人类生命或高昂的设备风险，因此在依靠人工智能执行任务之前首先要解决人工智能的可靠性问题。在不同领域，许多责任和知识产权相关法律问题尚未得到充分研究，大量关键任务尚无明确途径确保人工智能的可靠性。这些都是人工智能管理挑战，只有建立了配套的人工智能生态系统，用户才能在这些方面得到满足。

信任方面，人工智能透明度的重要性和必要性因具体的人工智能应用而定；人工智能的算法、数据和结果都必须可信；用户必须能理解人工智能系统可能被愚弄的机制。

安全性方面，为打造强大且富有弹性的数字化能力，需要在研发、操作和安全之间进行平衡；在各机构中树立网络风险管理文化与网络安全负责制至关重要。在人员与文化方面，使用人工智能需要具备相关领域的专业知识、接受过技术训练且拥有合适工具的工作人员；各机构必须培养数据卓越文化。

数字能力方面，为了成功运用人工智能技术，各机构必须打造基本的数字能力；通过信息和分析获得竞争优势，需要包括上至总部下至部署作战人员在内的整个系统的全力投入。

政策方面，一是必须制定伦理方面的政策和标准，指导人工智能技术的应用；二是必须通过一系列政策措施来加强人工智能生态系统，改革人员雇用权限和安全许可流程，以更好地招募和利用人才，与业界进行全面接触与合作，要重视中小型数据科学公司，投资于处在早期阶段的研发工作，开发可解决人工智能可靠性问题的工具；三是必须认识到国际社会在人工智能方面的活动，采取措施保护人工智能生态环境，利用资源，与拥有共同目标、设备和数据共享协议的伙伴合作，同时在与拓展新伙伴时，也要注意打造这些共同性。

14.1.2 安全问题不容忽视

人工智能的飞速发展一定程度上改变了人们的生活，但与此同时，由于人工智能尚处于初期发展阶段，该领域的安全、伦理、隐私的政策、法律和标准问题引起人们的日益关注，直接影响人们与人工智能工具交互对其的信任。

有些研究者认为，让计算机拥有智商是很危险的，它可能会反抗人类。这种隐患已经在多部电影中出现过，其关键是是否允许机器拥有自主意识的产生与延续。如果使机器拥有自主意识，则意味着机器具有与人同等或类似的创造性、自我保护意识、情感和自发行为。

人工智能最大的特征是能够实现无人类干预的，基于知识并能够自我修正地自动化运行（见图14-3）。在开启人工智能系统后，人工智能系统的决策不再需要操控者进一步的指令，这种决策可能会产生人类预料不到的结果。设计者和生产者在开发人工智能产品的过程中可能并不能准确预知某一产品可能会存在的风险。因此，对于人工智能的安全问题不容忽视。

图14-3 人工智能最大特征是实现无人类干预

由于人工智能的程序运行并非公开可追踪，其扩散途径和速度也难以精确控制。在无法利用已有传统管制技术的条件下，想要保障人工智能的安全，必须另辟蹊径，保证人工智能技术本身及在各个领域的应用都遵循人类社会所认同的伦理原则。

14.1.3 设定伦理要求

人工智能是人类智能的延伸，也是人类价值系统的延伸。在其发展的过程中，应当包含对人类伦理价值的正确考量（见图14-4）。

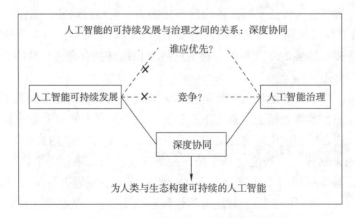

图14-4 人工智能是人类智能的延伸

设定人工智能技术的伦理要求，要依托于社会和公众对人工智能伦理的深入思考和广泛共识，并遵循一些共识原则：

（1）人类利益原则：即人工智能应以实现人类利益为终极目标。这一原则体现对人权的尊重、对人类和自然环境利益最大化以及降低技术风险和对社会的负面影响。在此原则下，政策和法律应致力于人工智能发展的外部社会环境的构建，推动对社会个体的人工智能伦理和安全意识教育，让社会警惕人工智能技术被滥用的风险。此外，还应该警惕人工智能系统作出与伦理道德偏差的决策。

（2）责任原则：即在技术开发和应用两方面都建立明确的责任体系，以便在技术层面可以对人工智能技术开发人员或部门问责，在应用层面可以建立合理的责任和赔偿体系。在责任原则下，在技术开发方面应遵循透明度原则；在技术应用方面则应当遵循权责一致原则。

14.1.4　强力保护个人隐私

人工智能的发展是建立在大量数据的信息技术应用之上，不可避免地涉及个人信息的合理使用问题，因此对于隐私应该有明确且可操作的定义。人工智能技术的发展也让侵犯个人隐私的行为更为便利，因此相关法律和标准应该为个人隐私提供更强有力的保护。

此外，人工智能技术的发展使得政府对于公民个人数据信息的收集和使用更加便利。大量个人数据信息能够帮助政府各个部门更好地了解所服务的人群状态，确保个性化服务的机会和质量。但随之而来的是，政府部门和政府工作人员个人不恰当使用个人数据信息的风险和潜在的危害应当得到足够的重视。

人工智能语境下的个人数据的获取和知情同意应该重新进行定义。首先，相关政策、法律和标准应直接对数据的收集和使用进行规制，而不能仅仅征得数据所有者的同意；其次，应当建立实用、可执行的、适应于不同使用场景的标准流程以供设计者和开发者保护数据来源的隐私；再次，对于利用人工智能可能推导出超过公民最初同意披露的信息的行为应该进行规制。最后，政策、法律和标准对于个人数据管理应该采取延伸式保护，鼓励发展相关技术，探索将算法工具作为个体在数字和现实世界中的代理人。

涉及的安全、伦理和隐私问题是人工智能发展面临的挑战。安全问题是让技术能够持续发展的前提。技术的发展给社会信任带来了风险，如何增加社会信任，让技术发展遵循伦理要求，特别是保障隐私不会被侵犯是亟须解决的问题。为此，需要制定合理的政策、法律、标准基础，并与国际社会协作。建立一个令人工智能技术造福于社会、保护公众利益的政策、法律和标准化环境，是人工智能技术持续、健康发展的重要前提。

14.2　智能制造系统信息安全

我国工业和信息化部经过多年的积累和努力，在国内多方力量的共同协助下，于2018年10月正式发布《国家智能制造标准体系建设指南（2018年版）》（以下简称《指南2018》）。根据该指南的论述，智能制造系统的基础是工业控制系统，因而其信息安全问题作为智能制造系统的基础共性技术范畴，落脚在工业控制系统之上（见图14-5）。

在《指南2018》中，智能制造系统安全属于"基础共性技术"中的"安全类"，分为功能安全、信息安全和人因安全三个方面，这里主要讨论智能制造信息安全。信息安全标准，即用于保证智能制造领域相关信息系统及其数据不被破坏、更改、泄露，从而确保系统能连续可靠地运行，包括软件安全、设备信息安全、网络信息安全、数据安全、信息安全防护及评估等的标准。

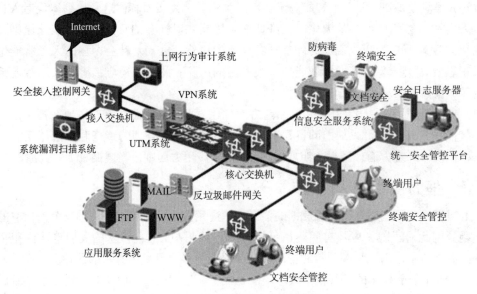

图 14-5 智能制造信息安全

从《指南 2018》的附件 3 可见,在已发布或者制定的智能制造基础共性标准和关键技术标准中,"基础共性"的"安全类"共包含 30 项标准,围绕工业控制系统信息安全的两项。因此,在讨论智能制造系统信息安全时,我们更多地关注信息安全在制造系统中的实际着力点,即包括工业控制系统在内的基础共性之处。

工业控制系统广泛应用于化工、石油、电力、天然气、核设施以及国家先进设备制造等行业,对于国家基础设施实现自动化作业起到至关重要的作用,所以其面临的安全威胁可能带来非常巨大的影响。一旦工业控制系统被破坏,受其控制的关键基础设施也会面临十分严峻的威胁,进而影响公众的日常生活,甚至造成重大安全事故。

目前,我国许多工控设备和系统依赖于进口,随着工业控制系统网络技术的发展,工业控制系统中多个设备的集成工作、安全认证问题开始凸显。连入互联网后,工业控制系统直接暴露的风险也不断加大。由于历史原因,工业控制系统中普遍使用的工业协议缺乏安全加密和认证机制。从整体来看,智能制造系统信息安全形势需要引起重视。

14.2.1 传统网络与制造系统网络比较

智能制造系统涉及支持工业生产过程调度的各种控制网络或系统,这些系统的主要功能是负责监测和控制工业生产当中的各类操作流程,例如,石油天然气传输、电力的调度、自来水处理、炼油炼钢生产、铁路运输等。智能制造系统充分利用计算机及网络通信等技术,使工业生产或作业过程自动化、流程化、精确化。智能制造系统中的工业控制系统网络与传统网络有一些差异,主要体现在以下几个方面。

(1)可用性:众多工业控制系统被部署在极其重要的关键生产环节中,包括机器人控制、仓储管理控制、传输线控制、质量检测等。这些环节需要不间断地正常运行以保证社会运转。因此,工业控制系统对于可用性的需求远远超过一般传统网络,任何意料之外的运行中断都是无法接受的。此外,许多工业控制系统在停止或启动工作时,会影响整个智能制造系统的正常生产。为了尽可能保证系统持续运行，一些工控系统会部署多个功能重复的部件同时运行，以防其中一个部件突然出现故障停机。

（2）风险管理：传统网络环境在传输数据时，更加关注数据的保密性和完整性。反之，工业控制系统优先考虑可用性和系统对社会的影响。

（3）通信方式：传统网络采用标准通信协议，工业控制系统中的通信方式则要复杂许多，除了各大厂商自己的专用协议之外，还有可能涉及一些特殊的传播媒介，如卫星传播、无线广播。工控系统网络往往更加复杂，需要考虑设备使用环境的差异。

（4）结构侧重点：传统网络安全强调信息的保护，避免信息在设备传输或存储过程中意外泄露。由于中心服务器包含更多敏感数据，传统网络侧重于中心节点的防护。工控网络的终端节点［如可编程逻辑控制器（PLC）或分布式控制系统（DCS）］直接控制着实体设备的运行，一旦中心服务器被攻击，受其控制的PLC等硬件设备将执行恶意代码，从而破坏基础设施。

（5）节点资源：工控网络中节点的计算、存储、带宽等资源十分有限。在保证原本功能正常执行的基础上，实现安全认证时，需要考虑如何在有限的资源里达到效率和安全性的平衡。许多现代密码学技术由于计算和存储开销过大，难以在工业控制系统中部署。

（6）生命周期：传统网络中组件的生命周期一般在3～5年，而工业控制系统中组件可能会服役15～20年，甚至更长。

14.2.2 智能制造系统信息安全着力点

信息化和工业化深度融合，控制网、生产网、管理网、互联网互联互通成为常态，智能制造生产网络的集成度越来越高，越来越多地采用通用协议、通用硬件和通用软件，生产控制系统信息安全问题日益突出，面临更加复杂的信息安全威胁。智能制造系统信息安全包括若干重要环节，这些环节也是智能制造系统安全防护的主要着力点，在系统中表现为不同系统层次的各个安全模块。

（1）网络安全：与互联网的深度融合，网络IP化、无线化以及组网灵活化给智能制造网络带来更大的安全风险。

（2）控制安全：控制环境开放化使外部互联网的威胁渗透到生产控制环境中。

（3）应用安全：网络化协同、个性化定制等业务应用的多样化对应用安全提出了更高要求。

（4）数据安全：数据的开放、流动和共享使得数据和隐私保护面临前所未有的挑战。

（5）设备安全：设备智能化使生产装备和产品更易被攻击，进而影响正常生产。

14.2.3 智能制造系统信息安全需求

根据欧盟网络与信息安全局（ENISA）关于工业控制系统安全提出的风险因素，这里归纳出以下七类智能制造系统信息安全需求：

（1）专用通信协议本身安全性脆弱，缺乏可靠的认证、加密机制，缺乏消息完整性验证机制。

（2）智能制造系统面临继承传统IT系统及其标准存在漏洞的可能性，需要对智能制造系统采用IT系统标准后的安全性进行严格验证和测试。

（3）在智能制造系统层次结构中，企业网络使得其他三个相连的层次将面临其带来的安全风险，必须严格限制在企业网络中使用设计生产和作业的智能制造系统服务，对资源使用加强认证和访问控制，同时制订必要的网络划分、域控制和隔离策略。

（4）智能制造系统的各个层次间存在过程控制、监控、测量等设备和计算机服务器间的通信，必须对层间通信引入可靠的加密和认证机制。

（5）当智能制造系统与 IT 系统融合并采用部分现行 IT 标准时，需要考虑对现有 IT 系统安全解决方案在智能制造系统中的应用进行扩展、裁剪、修改或再开发。

（6）对企业采用的智能制造系统相关设备的专业信息、运行参数必须进行严格保护。

（7）智能制造系统的使用企业需要制订全局性资源防护安全策略和计划。

智能制造系统与传统 IT 系统对信息安全的需求存在明显差异，智能制造系统最先考虑的是系统可用性，其次是完整性，第三是保密性；传统 IT 系统首先考虑的是保密性、完整性，然后才是可用性。另外，智能制造系统的高实时性、高可靠性、复杂的电磁环境、特定的供电环境、恶劣的温度湿度环境、专业的通信协议、不同的使用人员等，都对工业级安全产品提出了有别于传统 IT 系统的功能和性能需求。

目前主流的智能制造系统安全产品主要通过改造硬件平台，提升数据处理的实时性，增加专用协议识别功能，完善和改进易用的人机交互管理系统来实现，使其满足工业级网络运行环境、网络通信高实时性、访问控制识别工业控制协议等要求。我国智能制造系统信息安全产品的研发和应用目前还处于起步阶段。因此，加快工业控制系统信息安全的制度建设，制定工业控制系统信息安全标准，提升工业控制系统信息安全的保障能力等，都是我国智能制造发展战略中急需解决的课题。

14.3 智能制造系统安全保障技术框架

2017 年 9 月美国国家标准与技术研究院发布了智能制造系统安全框架总则。这是一系列网络安全活动和预期结果，这些活动在关键基础设施部门被确定为必不可少的。安全保障技术框架用于提供行业标准、指导方针和实践方式，以便从保障实施单位的执行层面到实施/运营层面进行网络安全活动和结果的交流（见图 14-6）。

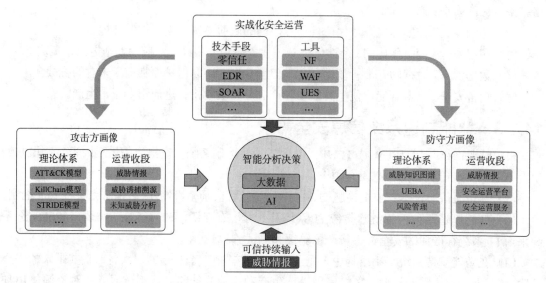

图 14-6　实战化攻防对抗技术框架

14.3.1 安全功能

框架核心包括五个功能,分别是识别、保护、检测、响应和恢复。综合考虑时,这些功能提供了组织管理网络安全风险的高级战略视图。

(1) 识别:帮助组织了解进而管理系统、资产、数据和功能的网络安全相关风险。识别功能中的活动是有效使用框架的基础。理解业务环境、支持关键功能和相关网络安全风险,使组织能够根据其风险管理策略和业务需求,集中精力并确定识别功能中的活动优先顺序。例如,资产管理、商业环境、治理、风险评估和风险策略管理。

(2) 保护:制定并实施适当的保护措施,确保能够提供关键基础设施服务。保护功能中的活动支持限制或遏制潜在网络安全事件的影响。例如,访问控制、意识和训练、数据安全、信息保护流程和规程、维护和防护技术。

(3) 检测:制定并实施适当的活动以识别网络安全事件的发生。检测功能中的活动可以及时发现网络安全事件。例如,异常和事件、安全连续监测和检测过程。

(4) 响应:制定并实施适当的活动,针对检测到的网络安全事件采取行动。响应功能中的活动支持控制潜在网络安全事件影响的能力。例如,响应规划、通信、分析、减轻和改进。

(5) 恢复:制定和实施适当的活动,以保持计划的弹性,并恢复因网络安全事件而受损的任何功能或服务。恢复功能中的活动支持及时恢复到正常的操作,以减少网络安全事件的影响。例如,恢复计划、改进和通信。

14.3.2 安全分类

制造业安全配置文件分为低、中、高三个级别,不同级别定义了不同风险安全性能力、功能和特异性。制造商或行业部门通过需求选择相应的等级配置文件应用于制造系统中。

(1) 如果完整性、可用性或机密性的丧失预期会对制造业务、制造产品、资产、品牌形象、财务、人员、公众或环境产生有限的不利影响,则潜在影响较低。

(2) 如果预计完整性、可用性或机密性的丧失会对制造业务、制造产品、资产、品牌形象、财务、人员、公众或环境产生严重的不利影响,则潜在影响是中等的。

(3) 如果预计完整性、可用性或机密性的丧失会对制造业务、制造产品、资产、品牌形象、财务、人员、公众或环境造成严重或灾难性的不利影响,则潜在影响是高的。

安全分类过程会影响实施配置文件时的工作量。支持最关键、敏感操作和资产的制造系统需要最大限度的关注和努力,以确保实现适当的操作安全性和风险缓解。

作业

1. 2018年2月,牛津大学、剑桥大学和OpenAI公司等14家机构共同发布题为《人工智能的恶意使用:预测、预防和缓解》的报告,指出人工智能可能给人类社会带来( )等潜在威胁。
   ① 数字安全   ② 物理安全   ③ 设备安全   ④ 政治安全
   A. ①③④   B. ①②④   C. ②③④   D. ①②③

2. 虽然人工智能已经得到飞速发展,但处于发展( )阶段,该领域的安全、伦理、隐私的政策、法律和标准问题引起人们的日益关注。
   A. 中期   B. 远期   C. 后期   D. 初期

3. 作为一种处于早期发展阶段的技术，下列叙述中不正确的说法是（　　）。
   A. 人工智能领域已经较好地解决了信息安全问题，是值得信任的行业
   B. 人工智能目前仅能解决特定问题并具有严重的背景依赖性
   C. 人工智能当前执行的是有限的任务，通过嵌入到较大型系统来发挥作用
   D. 迫切将人工智能投入使用的当前用户面临着巨大的前期成本，效益不高

4. 有些研究者认为，让计算机拥有智商是很危险的，其关键是是否允许机器拥有（　　）的产生与延续。
   A. 程序控制　　　B. 自动执行　　　C. 自主意识　　　D. 学习能力

5. 人工智能最大的特征是能够实现（　　）的，基于知识并能够自我修正地自动化运行。
   A. 自动操作　　　　　　　　　　　B. 无人类干预
   C. 有人类干预　　　　　　　　　　D. 公开可追踪

6. 由于人工智能的程序运行并非（　　），想要保障人工智能的安全，必须另辟蹊径。
   A. 自动操作　　　　　　　　　　　B. 无人类干预
   C. 有人类干预　　　　　　　　　　D. 公开可追踪

7. 人工智能是人类智能的延伸，在其发展过程中，应当设定伦理要求，遵循一些共识原则，但不包括以下（　　）。
   A. 以实现人类利益为终极目标
   B. 尊重人权、对人类和自然环境利益最大化以及降低技术风险和对社会的负面影响
   C. 维护人工智能系统做出的与社会伦理道德有偏差的决策
   D. 在技术开发和应用两方面都建立明确的责任体系

8. 人工智能的发展建立在大量数据的信息技术应用之上，相关法律和标准应该为（　　）提供强有力的保护。
   A. 开发权益　　　B. 个人隐私　　　C. 知识结构　　　D. 社会利益

9. 人工智能技术的发展使得政府对于公民个人数据信息的收集和使用（　　）。大量个人数据信息能够帮助政府各个部门确保个性化服务的机会和质量。
   A. 更加便利　　　B. 十分困难　　　C. 没有障碍　　　D. 无所顾忌

10. 人工智能语境下的个人数据获取和知情同意应该重新定义，相关政策、法律和标准应该（　　）。
    A. 仅需征得数据所有者的同意
    B. 支持任意获取个人信息，以开展有针对性的个性化服务
    C. 帮助机构轻松获取个人资料，推动大数据事业发展
    D. 直接对数据的收集和使用进行规制

11. 2018年10月我国正式发布《国家智能制造标准体系建设指南（2018年版）》，其中规定智能制造系统的基础是（　　），因而其信息安全问题与之相关。
    A. 传统工业制造　　　　　　　　　B. 先进设备制造
    C. 工业控制系统　　　　　　　　　D. 网络通信系统

12. 工业控制系统广泛应用于化工、石油、电力、天然气、核设施以及国家（　　）等行业，所以其面临的安全威胁可能带来非常巨大的影响。
    A. 传统工业制造　　　　　　　　　B. 先进设备制造

C. 一般控制系统　　　　　　　　　　　D. 网络通信系统

13. 智能制造系统的工业控制系统被部署在极其重要的关键生产环节中，需要（　）地运行以保证社会运转。

　　A. 不间断　　　　　　　　　　　　　B. 尽量连续

　　C. 间断离散　　　　　　　　　　　　D. 连续或间断

14. 在传输数据时，与传统网络环境不同，工业控制系统优先考虑（　）和系统对社会的影响。

　　A. 保密性　　　B. 连续性　　　C. 可用性　　　D. 适用性

15. 传统网络中组件的生命周期一般在3～5年，而工业控制系统中组件可能会服役（　）年。

　　A. 1～2　　　B. 5～7　　　C. 10～12　　　D. 15～20

16. 智能制造系统信息安全包括若干重要环节，这些环节也是智能制造系统安全防护的主要着力点，除了网络安全、应用安全，还包括（　）。

　　① 控制安全　　② 数据安全　　③ 设备安全　　④ 政治安全

　　A. ①③④　　　B. ①②④　　　C. ②③④　　　D. ①②③

17. 智能制造系统与传统IT系统对信息安全的需求存在明显差异，智能制造系统（　）。

　　A. 最先考虑的是系统可用性，其次是完整性，第三是保密性

　　B. 最先考虑的是系统完整性，其次是可用性，第三是保密性

　　C. 最先考虑的是系统保密性，其次是可用性，第三是完整性

　　D. 最先考虑的是系统可用性，其次是保密性，第三是完整性

18. 智能制造系统安全框架的核心包括五个功能，分别是（　）、保护、检测、响应和恢复。

　　A. 加密　　　B. 识别　　　C. 清洗　　　D. 整合

19. 在智能制造系统安全框架中，如果完整性、可用性或机密性的丧失预期会对制造业务、制造产品、资产、品牌形象、财务、人员、公众或环境产生有限的不利影响，则潜在安全影响为（　）。

　　A. 中等　　　B. 不详　　　C. 低　　　D. 高

20. 在智能制造系统安全框架中，如果预计完整性、可用性或机密性的损失会对制造业务、制造产品、资产、品牌形象、财务、人员、公众或环境造成严重或灾难性的不利影响，则潜在安全影响是（　）的。

　　A. 中等　　　B. 不详　　　C. 低　　　D. 高

课程学习与实践总结

1. 课程的基本内容

至此，我们顺利完成了"智能制造"课程的全部教学任务。为巩固通过课程实训所了解和掌握的知识和技术，请就此做一个系统的总结。由于篇幅有限，如果书中预留的空白不够，请另外附纸张粘贴在边上。

（1）本学期完成的"智能制造"课程的学习内容主要有（请根据实际完成的情况填写）：

第1课：主要内容是＿＿＿＿＿＿＿＿＿＿＿＿＿＿＿＿＿＿＿＿＿＿＿＿＿＿＿＿＿＿＿

＿＿＿

第 2 课：主要内容是_____
_____
_____

第 3 课：主要内容是_____
_____
_____

第 4 课：主要内容是_____
_____
_____

第 5 课：主要内容是_____
_____
_____

第 6 课：主要内容是_____
_____
_____

第 7 课：主要内容是_____
_____
_____

第 8 课：主要内容是_____
_____
_____

第 9 课：主要内容是_____
_____
_____

第 10 课：主要内容是_____
_____
_____

第 11 课：主要内容是_____
_____
_____

第 12 课：主要内容是_____
_____
_____

第 13 课：主要内容是_____
_____
_____

第 14 课：主要内容是_____
_____
_____

（2）请回顾并简述：通过学习，你初步了解了哪些有关智能制造的重要概念（至少 3 项）。
① 名称：_____
　简述：_____
_____
_____

② 名称：_____
　简述：_____
_____
_____

③ 名称：_____
　简述：_____
_____
_____

④ 名称：_____
　简述：_____
_____
_____

⑤ 名称：_____
　简述：_____
_____
_____

2. 研究性学习的基本评价
（1）在全部研究性学习的活动中，你印象最深，或者相比较而言你认为最有价值的是：
① _____
你的理由是：_____
_____
_____

② _____

你的理由是：_____

_____

_____

_____

（2）在所有研究性学习中，你认为应该得到加强的是：

① _____

你的理由是：_____

_____

_____

_____

② _____

你的理由是：_____

_____

_____

_____

（3）对于本课程和本书的学习内容，你认为应该改进的其他意见和建议是：

_____

_____

_____

_____

_____

3. 课程学习能力测评

请根据在本课程中的学习情况，客观地在智能制造知识方面对自己做一个能力测评，在表 14-1 所示的 "测评结果" 栏中合适的项下打 "√"。

表 14-1 课程学习能力测评

关键能力	评价指标	测评结果					备注
		很好	较好	一般	勉强	较差	
课程基础内容	（1）了解本课程的知识体系、理论基础及其发展						
	（2）熟悉制造业基本概念						
	（3）熟悉智能制造技术新概念						
	（4）熟悉智能制造主要应用场景						

续表

关键能力	评价指标	测评结果					备注
		很好	较好	一般	勉强	较差	
CPS系统	（5）熟悉信息物理系统CPS知识						
	（6）掌握CPS体系与应用场景						
工业大数据	（7）熟悉工业大数据概念与思维						
	（8）熟悉工业大数据应用场景						
智能制造技术	（9）了解基于智能代理的智能制造						
	（10）了解离散型智能制造						
	（11）了解流程型智能制造						
	（12）了解智能制造信息技术						
	（13）了解智能制造装备技术						
	（14）了解协同制造与个性化定制						
智能制造服务	（15）了解远程运维与智能服务						
	（16）了解智能制造法律法规						
	（17）了解智能制造技术发展						
	（18）了解智能制造安全与隐私保护						
解决问题与创新	（19）掌握通过网络提高专业能力、丰富专业知识的学习方法						
	（20）能根据现有的知识与技能创新地提出有价值的观点						

说明："很好"5分，"较好"4分，依此类推。全表满分为100分，你的测评总分为_____分。

4. 智能制造学习总结

_____
_____
_____
_____

5. 教师对课程学习总结的评价

_____
_____
_____

附录

作业参考答案

第1课

1.B	2.D	3.A	4.C	5.B	6.D	7.A
8.D	9.C	10.A	11.B	12.D	13.A	14.C
15.D	16.C	17.A	18.B	19.A	20.D	

第2课

1.A	2.B	3.D	4.C	5.A	6.C	7.B
8.D	9.A	10.C	11.B	12.D	13.A	14.C
15.D	16.B	17.D	18.B	19.A	20.A	

第3课

1.A	2.C	3.D	4.B	5.A	6.C	7.D
8.B	9.A	10.C	11.D	12.B	13.D	14.A
15.C	16.D	17.B	18.A	19.C	20.B	

第4课

1.C	2.C	3.C	4.A	5.B	6.D	7.C
8.A	9.C	10.D	11.A	12.A	13.B	14.C
15.D	16.A	17.C	18.D	19.C	20.A	

第5课

1.B	2.A	3.D	4.C	5.B	6.A	7.D
8.A	9.B	10.C	11.A	12.D	13.B	14.D
15.C	16.A	17.B	18.D	19.C	20.A	

第6课

1.C	2.A	3.B	4.D	5.C	6.A	7.B
8.D	9.C	10.A	11.C	12.A	13.D	14.A
15.C	16.B	17.D	18.D	19.B	20.C	

第 7 课

1.C	2.D	3.A	4.B	5.A	6.D	7.B
8.C	9.A	10.D	11.B	12.A	13.C	14.D
15.B	16.A	17.D	18.C	19.B	20.A	

第 8 课

1.A	2.D	3.B	4.C	5.A	6.D	7.B
8.A	9.A	10.B	11.C	12.D	13.B	14.D
15.A	16.C	17.A	18.B	19.A	20.D	

第 9 课

1.B	2.D	3.C	4.A	5.D	6.C	7.A
8.B	9.C	10.D	11.A	12.B	13.C	14.D
15.A	16.C	17.D	18.B	19.A	20.C	

第 10 课

1.B	2.A	3.C	4.D	5.C	6.B	7.A
8.C	9.D	10.A	11.B	12.A	13.C	14.D
15.C	16.A	17.B	18.D	19.C	20.A	

第 11 课

1.B	2.C	3.A	4.B	5.D	6.A	7.C
8.D	9.C	10.B	11.A	12.D	13.C	14.D
15.B	16.C	17.B	18.A	19.D	20.B	

第 12 课

1.A	2.C	3.B	4.C	5.A	6.D	7.C
8.B	9.A	10.D	11.C	12.A	13.B	14.D
15.C	16.A	17.B	18.D	19.A	20.C	

第 13 课

1.C	2.A	3.B	4.D	5.C	6.B	7.A
8.C	9.B	10.D	11.A	12.D	13.A	14.C
15.A	16.B	17.C	18.D	19.B	20.A	

第 14 课

1.B	2.D	3.A	4.C	5.B	6.D	7.C
8.B	9.A	10.D	11.C	12.D	13.A	14.C
15.D	16.D	17.A	18.B	19.C	20.D	

参考文献

[1] 李杰，倪军，王安正. 从大数据到智能制造 [M]. 上海：上海交通大学出版社，2016.

[2] 李杰，邱伯华，刘宗长，等. CPS 新一代工业智能 [M]. 上海：上海交通大学出版社，2017.

[3] 李杰. 工业大数据 [M]. 邱伯华，等译. 北京：机械工业出版社，2019.

[4] 陈明. 智能制造导论 [M]. 北京：机械工业出版社，2021.

[5] 李晓雪. 智能制造导论 [M]. 北京：机械工业出版社，2020.

[6] 周苏，王文. 人工智能概论 [M]. 北京：中国铁道出版社有限公司，2020.

[7] 周苏，鲁玉军. 人工智能通识教程 [M]. 北京：清华大学出版社，2020.

[8] 周苏. 大数据导论 [M]. 北京：清华大学出版社，2016.

[9] 周苏. 大数据可视化 [M]. 北京：清华大学出版社，2016.

[10] 吴明晖，周苏. 大数据分析 [M]. 北京：清华大学出版社，2020.

[11] 柳俊，周苏. 大数据存储：从 SQL 到 NoSQL[M]. 北京：清华大学出版社，2021.

[12] 周苏. 创新思维与 TRIZ 创新方法 [M]. 2 版. 北京：清华大学出版社，2019.

[13] 周苏，张效铭. 创新思维与创新方法 [M]. 北京：中国铁道出版社，2019.